미국의 재난관리

(U.S. Federal Emergency Management)

정종제 · 김광용 · 김윤희 · 이종설 · 지용구

비앤엠북스

| 역 | 자 | 서 | 문 |

본서는 기본적으로 미국 의회조사국(Congressional Research Service)의 보고서를 번역한 것으로 두 부분으로 구성되어 있다. 앞부분은 미국의 연방 재난관리(federal emergency management) 체계를 개괄적으로 살펴보는 부분이고, 뒷부분은 미국의 재난관리(emergency management)와 국토안보(homeland security) 조직의 역사에 대해 살펴보는 부분이다.

앞부분에서는 먼저 의회조사국(Congressional Research Service)의 "연방 재난관리에 관한 간략한 개요(Federal Emergency Management: A Brief Introduction)"를 번역하였고, 주정부와 지방정부에 대한 국토안보부의 보조금 부분은 "주와 지방에 대한 국토안보부의 지원(Department of Homeland Security Assistance to State and Localities: A summary and issues for the 111th Congress)"을 번역하였으며, 시민의용대와 관련된 부분은 연방재난관리청(Federal Emergency Management Agency)의 "2011년 시민의용대 위원회 등록과 개관 보고서(Citizens Corps Councils Registration and Profile Data FY2011 National Report)"를 번역하였다. 뒷부분에서는 미국 재난관리(emergency management)와 국토안보(homeland security) 조직의 역사를 살펴보기 위해 2006년까지의 역사는 "연방 재난관리 및 국토안보: 역사적인 발전 및 입법적 선택(Federal Emergency Management and Homeland Security Organization: Historical Developments and Legislative Options)"을, 2006년 이후의 변화는 "허리케인 카트리나 이후 연

방 재난관리 정책의 변화: 법률조항의 요약(Federal Emergency Management Policy Changes After Hurricane Katrina: A Summary of Statutory Provisions)"을 번역하였다. 뒷부분의 두 보고서는 전체가 아닌 일부분을 번역하였다.

보고서가 이해하기 어렵거나 좀 더 자세한 설명이 필요하다고 생각되는 경우에는 국토안보부(Department of Homeland Security), 연방재난관리청(Federal Emergency Management Agency), 의회조사국(Congressional Research Service), 전국주지사협회(National Governors' Association) 같은 기관의 보고서와 공문서, 교육 교재 그리고 각종 논문 등을 참고와 미주, 첨부 등으로 보완하여 미국의 재난관리체계를 좀 더 쉽게 이해할 수 있도록 하였다. 가능하면 각종 자료의 출처를 밝힘으로써 미국의 재난관리나 재난관리에 대해 공부하고자 하는 이들이 참고하고 찾아볼 수 있도록 하였다.

본서가 미국의 재난관리 체계를 이해하는 데 조금이나마 도움이 되기를 바란다.

2017년 8월

역자 일동

| 의 | 회 | 조 | 사 | 국 |

미국 의회조사국(Congressional Research Service)은 1914년 윌슨(Thomas W. Wilson) 대통령에 의해 미국 의회도서관 내 입법참조국(Legislative Reference Service)으로 출범한 이후1970년에 시행된 조직개편법에 의해 의회조사국으로 개칭하고 입법 관련 정책분석과 연구역량을 확대하게 되었다.

의회조사국은 의회예산처(Congressional Budget Office), 회계감사원(General Accounting Office), 의회도서관(Library of Congress)과 함께 미국의회의 4대 입법보조기관으로 자리하고 있다. 입법보조기관이란 미국상원 · 하원의원들의 입법 활동을 돕기 위한 기관을 의미하며, 이러한 이유로 의원들을 위해 입법 관련 현안에 대한 보고서 발간 및 의원보좌관들에 대한 다양한 세미나와 워크숍을 개최한다.

브루킹스 연구소 등의 민간 정책연구소와는 달리 입법이나 정책에 직접적인 영향을 미치는 보고서를 발간하기보다는 철저히 사실에 근거한 중립적 보고서를 발간하고 있으며, 의원질의에 대한 철저한 기밀유지(confidential), 엄격한 연구방법론과 데이터를 통한 보고서의 권위확보(authoritative), 객관적이고 초당파적인 공정한 보고서 작성(objective and nonpartisan)을 조직의 가치로 삼고 있다.

현재 의회조사국은 약 600명의 직원을 두고 있으며, 미국법(American Law), 국내사회정책(Domestic Social Policy), 외교 · 국방 · 무역(Foreign Relation, Defense, and Trade), 정부와 재정(Government and Finance), 자원 · 과학 · 산업 · 환경(Resources, Science and Industry, and Environment)으로 구성된 5개의 조사분과를 두고 있다.

2016년도에 의회조사국에서 발간한 연차보고서에 따르면, 의회조사국은 개별 브리핑과 전화와 메일 등을 통해 62,491건에 이르는 질의를 처리하였으며 9,980건의 조사보고서를 생산하거나 갱신하였다. 의회조사국 웹사이트인 www.crs.gov에는 10,000건이 넘는 조사보고서가 등재되어 있으며, 이 웹사이트는 연간 170만 회가 넘는 조회수를 기록하고 있다.

차례

제1부 연방 재난관리 개요

제2부 연방 재난관리 및 국토안보 조직(역사적 발전과 입법적 선택)과 허리케인 카트리나 이후 연방 재난관리 정책의 변화(법률조항의 요약)

【참고 차례】

【표 차례】

【그림 차례】

【첨부 차례】

PART 1

연방 재난관리 개요

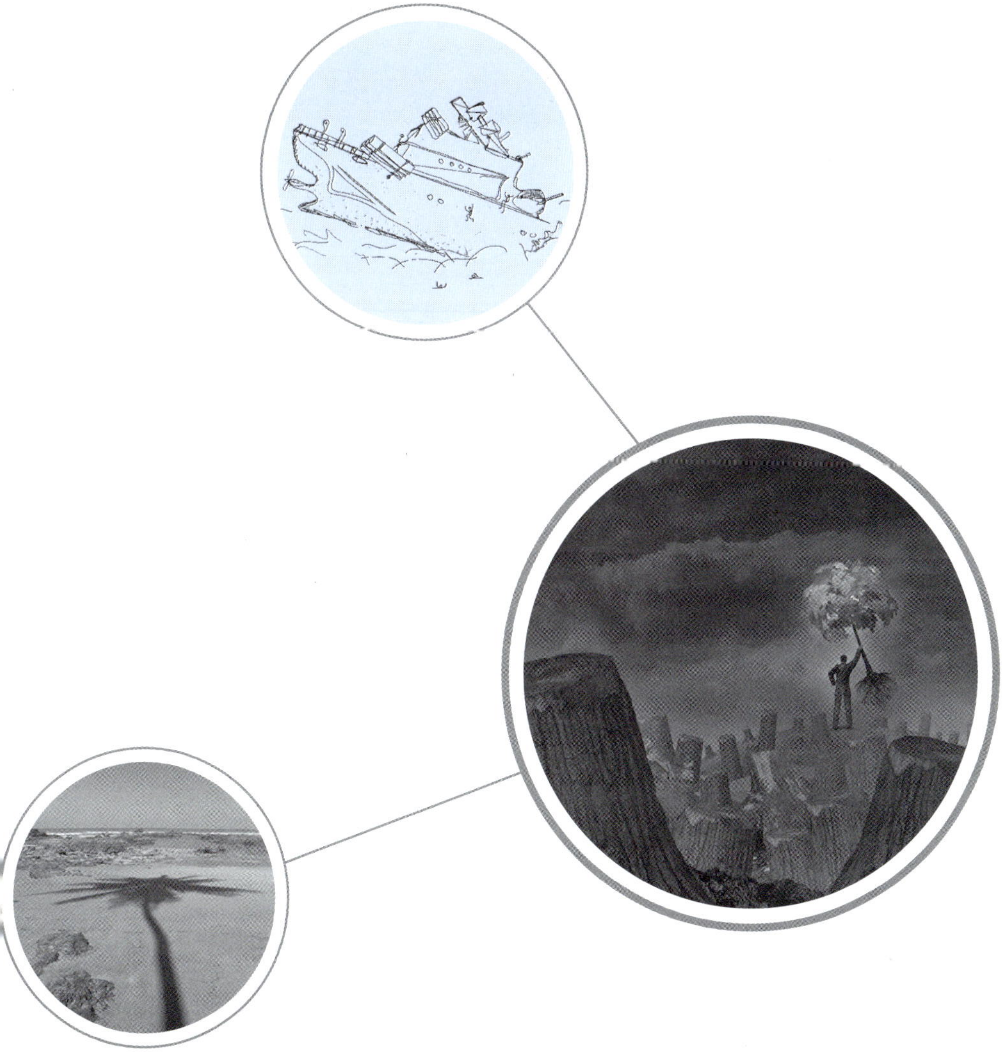

제1장 서론

재난관리(emergency management)는 주로 자연적 또는 인위적으로 발생하는 위해나 위험요인(hazards)을 회피 또는 대처하는 것과 관련된 모든 활동을 일컫는다.[1] 미국의 재난관리는 고도로 분권화되어 있어 재난상황에 따라 그 운영이 달라진다. 정부기관, 비정부기관, 그리고 민간단체에게 복수의 관할권이 부여되는 경우도 종종 있다. 재난관리는 지역단위로 시작되지만, 연방정부는 주정부가 지원을 요청할 때 중요한 역할을 하게 된다. 하나의 사건과 관련되는 인력의 규모와 유형은 그 사건의 상황과 강도에 따라 달라진다. 이와 유사하게 재난관리 기능이나 활동권한의 법적인 프레임워크도 분산되어 있고 다양한 기관이 관련된다.

이 보고서는 미국의 연방 재난관리체계의 원칙과 기초에 대한 개론을 의회 의원들과 보좌진에게 제공하기 위해 작성된 것이다. 여기에는 연방재난관리청(Federal Emergency Management Agency, FEMA), 방위군(National Guard), 농무부(Department of Agriculture, USDA), 국방부(Department of Defence, DOD), 육군공병대(Army Corps of Engineers), 보건후생부(Department of Health and Human Services, HHS), 주택도시개발부(Department of Housing and Urban Development, HUD), 교통부(Department of Transportation, DOT), 환경보호청(Environmental Protection Agency, EPA), 산림청(Forest Service), 중

소기업청(Small Business Administration, SBA)을 포함한 여러 연방정부기관들의 활동에 대해 기술하고 있다.

또한 이 보고서는 재난관리의 4단계인 ① 경감(mitigation), ② 대비(preparedness), ③ 대응(response), ④ 복구(recovery)와 주요 재난(major disasters), 비상사태(emergencies), 화재(fires) 발생 시 연방정부에 지원을 요청하기 위한 과정, 그리고 스태포드법(Robert T. Stafford Disaster Relief and Emergency Assistance Act)에서 규정하고 있는 선포(declaration)의 종류에 대한 설명도 포함하고 있다.

이 보고서는 스태포드법의 선포에 따른 연방정부와 주정부 간의 비용분담(cost share)에 관한 설명과 연방지원이 이루어지는 과정에 대한 논의, 그리고 연방재난관리청이 다른 정부기관에 지원을 요청하는 과정도 담고 있다.

연방정부와 주정부 수준에서 시행되는 다양한 재난관리 활동의 프레임워크, 연방정부의 재난관리에 영향을 미치는 중요한 법률과 정책의 개요, 각 주정부와 지방정부를 지원하는 기관들에 대해서도 이 보고서에 기술되어 있다.

이와 관련된 이슈들을 좀 더 심도 있게 다룬 의회조사국(Congressional Research Service, CRS)의 다른 보고서들을 별도로 표시하여 독자들의 이해를 높이고자 하였다.[2)]

참고 1 미국 연방 재난관리의 역사

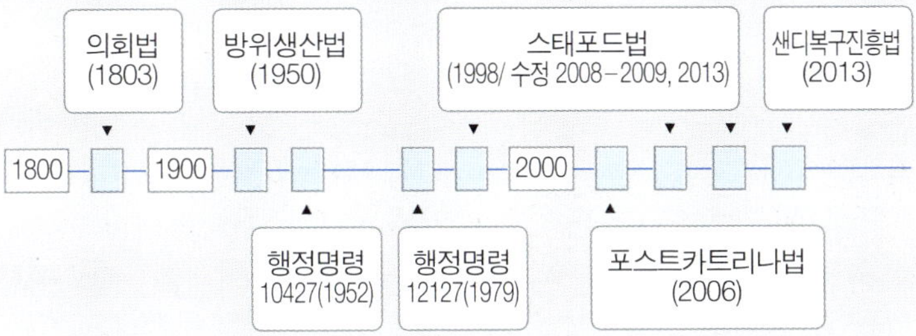

1803년 의회법(Congressional Act of 1803)

1803년 의회법은 뉴햄프셔 시를 완전히 황폐화시킨 화재 발생 이후, 연방 수준에서 재난구호를 제공하기 위한 최초의 법이었으며, 이후 여러 입법을 통해 재난지원을 하게 된다. 1803년에서 1950년까지 연방정부는 지진, 화재, 홍수, 토네이도 등 약 100건의 재난에 대한 지원을 하였다.

1950년 방위생산법(Defense Production Act of 1950)

1950년 방위생산법은 연방재난구호와 관련된 종합적인 법률이다. 1950년 재난구호법(Disaster Relief Act of 1950)은 대통령에게 연방기관들이 주정부와 지방정부에 대한 직접적인 지원을 승인하는 재난선포권한을 부여하였다. 1950년 연방 민방위법(Federal Civil Defense Act of 1950)의 제정을 통해 민방위기관, 학교, 정부기관 그리고 다른 기관들에 일상화된 민방위 훈련의 국가적 체계를 구축하였다.

행정명령 10427(Executive Order 10427)

1952년에 트루먼(Truman) 대통령이 발령한 행정명령은 연방의 재난지원 개념이 주정부, 지방정부 그리고 민간부문 조직의 자원을 대체하는 것이 아니라 보충하기 위한 것(intended to supplement, not supplant)이라는 것을 강조한 것으로, 이는 오늘날까지 동일한 개념으로 적용되고 있다.

행정명령 12127(Executive Order 12127)

카터(Carter) 대통령은 1979년 행정명령 12127을 통해 여러 부처에 분산되어 있던 재난 관련 책임을 새로운 연방재난관리청(FEMA)으로 통합하였다.

스태포드법(Stafford Act)

오늘날 비상사태 발생 시, 재난구호 분야에서 주정부와 지방정부에게 연방의 지원을 제공하는 것과 관련하여 핵심이 되는 법이 스태포드법(Robert T. Stafford Disaster Relief and Emergency Assistance Act, Public Law 100－707)이다.

포스트카트리나법(Post－Katrina Emergency Management Reform Act of 2006)

포스트카트리나법은 주요 재난 또는 비상사태 선포(major disaster or emergency declaration) 이후 인명 구조와 지역주민의 고통 경감을 위해 주정부의 특별한 요청이 없이도 연방재난관리청(FEMA)에 의해서 빠른 지원이 제공될 수 있도록 하는 원칙을 포함하는 등 주요 사항에 대한 개정 내용을 포함한다.

샌디 복구진흥법(Sandy Recovery Improvement Act of 2013)

샌디 복구진흥법은 연방재난관리청이 다양한 프로그램을 통해서 재난지원을 할 수 있는 방법에 큰 변화를 가져왔다.

출처 Federal Emergency Management Agency(2010). *Fundamentals of Emergency Management Independent Study 230.a.*

제2장 재난관리의 핵심 개념과 접근방법

이 장에서는 연방 재난관리의 핵심이 되는 중요한 개념들을 설명하고 있다. 이 개념들 중 많은 부분은 주정부에서 만들어진 것이고, 여전히 주정부와 지방정부에서 사용되고 있다. 주정부에서 만들어진 몇 가지 개념들은 연방정부 차원에서 국가적인 표준으로 수정되어 적용되고 있다.

1) 통합위험요인 모델(All-Hazards Model)

통합위험요인 모델은 어떠한 위험요인에 의한 재난 또는 비상사태가 발생하더라도 재난관리에 있어 일반적인 공통 과정과 기능이 존재한다는 아이디어에 기초를 두고 있다. 예를 들어 지진을 대응하고 대비하는 과정이 폭발사고나 테러리스트들의 공격에 대비하고 대응하는 과정과 비슷하다는 것이다. 따라서 재난관리자들은 비상사태(emergency) 또는 재난(disaster)별로 독립적(standalone)이고 특화된 프로그램을 사용하는 것이 아니라 좀 더 유연하고 비용을 절감할 수 있는 방법으로 재난관리 활동을 수행할 수 있는 것이다. 또 다른 장점은 재난관리 기능을 수행하는 것은 모든 위험요인에 대한 통합접근 모델의 기본 원칙이라고 할 수 있는 "적응"을 포함하고 있다는 것이다.[3] 따라서 한 가지 형태의 사건에서 얻은 교훈과 그 대비 과정을 다른 형태의 비상사태와 재난 시나리오에 적용할 수 있다.

참고 2 왜 통합적 재난관리체계(Integrated emergency management system)가 필요한가?

통합적 재난관리는 1980년대 초반 재난관리자들에 의해 채택된 핵심 개념이다. 이 개념은 재난위험의 규모와 복잡성에 관계없이 재난 발생 시 지휘와 통제, 조정 등 통합위험요인의 접근방식(all-threats/hazards approach)을 구체화한 것이며, 전체 지역사회 대비 개념(concept of whole community preparedness)과 평행을 이룬다. 통합적 재난관리는 방법론 그 이상의 것으로서 여러 재난관리 활동의 통합을 위한 문화(재난관리를 공동기업으로 보는 생각의 방식)라고 할 수 있다. 이것은 정부, 사회구성원, 비정부 조직, 민간부문에서 이루어지는 재난관리 활동을 통합하기 위해 필요한 중요한 조직문화를 형성하기 위한 의도였다. 재난관리는 재난기간뿐 아니라 일상 의사결정에서도 통합되어야 한다.

비상사태나 재난이 발생하면 ① 다른 기관, 다른 관할구역, 다른 정부 수준에서 온 인력들이 함께 업무를 수행할 필요가 있고, ② 신속한 의사결정이 요구된다.

신속하고 효율적인 비상작전(emergency operations)을 위해서는 모든 참여자들이 재난이나 사건 발생 시 함께 일할 수 있는 시스템이 요구된다. 통합적 재난관리체계는 네트워킹을 통해 재난관리 역량을 증대시키기 위한 개념적 프레임워크다. 이러한 역량은 네트워킹, 조정, 연계, 상호작용, 파트너십, 그리고 자원 부족에 대해 창의적으로 사전에 준비하지 않으면 특히 재난 시에는 쉽게 활용할 수 없다는 점을 전제로 한다. 이 체계는 지역사회를 위협하는 모든 위험요인에 대해 재난관리의 네 단계에 모두 활용할 수 있어야 하고, 적절한 장소에서 재난관리자원을 구할 수 있어야 하며, 공동의 목표를 위해 모든 참가자들과 동반자들을 결집시켜야만 한다.

출처 Federal Emergency Management Agency(2010). *Fundamentals of Emergency Management Independent Study 230.a*.

참고 3 미국 재난관리의 원칙[4)]

① 포괄적(Comprehensive): 재난관리자들은 재난과 관련된 통합위험요인(all hazards), 모든 관리 단계(all phases), 모든 이해관계자(all stakeholders), 모든 영향(all impacts)을 고려하고 계산하여야 한다.

② 미래지향적(Progressive): 재난관리자들은 미래 위험을 예측하고 재난에 대한 저항력과 복원력이 있는(disaster-resistant and disaster-resilient) 지역공동체를 구축하기 위한 예방과 대비 조치를 취해야 한다.

③ 위험 기반(Risk-driven): 재난관리자들은 우선순위를 설정하고 자원을 할당하는 데 있어 적절한 위험관리 원칙(위험식별(hazard identification), 위험분석(risk analysis)과 영향분석(impact analysis))을 활용해야 한다.

④ 통합적(Integrated): 재난관리자들은 지방 · 주 · 연방의 정부기관과 지역사회의 모든 부문들의 활동을 확실하게 통합해야 한다.

⑤ 협력적(Collaborative): 재난관리자들은 신뢰 형성, 팀 분위기 조성, 공감대 형성, 의사소통 강화를 위해 위험관리를 담당하는 개인과 조직 간에 진실되고 폭넓은 관계를 맺고 유지해야 한다.

⑥ 조정된(Coordinated): 재난관리자들은 공동의 목적을 달성할 수 있도록 모든 관련된 이해관계자들의 활동을 조정해야 한다.

⑦ 유연한(Flexible): 재난관리자들은 재난의 도전을 극복하기 위하여 창조적이고 혁신적인 접근방법을 활용해야 한다.

⑧ 전문적(Professional): 재난관리자들은 교육, 훈련, 경험, 윤리적 실천, 공복의식, 그리고 지속적으로 발전하는 과학과 지식에 기반을 둔 접근법을 높게 평가해야 한다.

출처 Federal Emergency Management Agency et al.(2007). *Emergency Management Definition, Vision, Mission, Principles,* at https://training.fema.gov/hiedu/docs/ emprinciples/ principles%20of%20emergency %20management%20brochure.doc

2) 국가사고관리체계(NIMS)와 사고지휘체계(ICS)

재난관리 기능은 국가사고관리체계(National Incident Management System, NIMS)의 원칙에 따라 관리된다. 국토안보 대통령령 5(Homeland Security Presidential Directive 5, HSPD−5)[5]에 따라 관리되는 국가사고관리체계(NIMS)는 사고지휘체계(Incident Command System, ICS)에 기반을 둔 대비 및 대응모델이다. 사고지휘체계(ICS)는 1970년대 남부 캘리포니아에서 다수의 인명피해와 대규모 재산손실을 가져온 일련의 화재사건 이후, 소방관들에 의해 개발된 현장의 지휘와 통제(command and control) 모델이다. 무엇보다도 당시 재난대응 시 조직의 중복적인 대응 활동과 다수기관 조정실패, 의사소통 문제로 인해 화재에 제대로 대응하지 못했다는 점에 주목하였다. 사고지휘체계는 통합대응 시에 혼란을 줄이기 위해 비슷한 용어와 통신 시스템, 조직구조를 사용함으로써 대응 기능을 표준화한다.[6] 또한 국가사고관리체계(NIMS)는 확장 가능한(더 많은 조직이 어떤 사건에 함께 대응할 수 있도록 조직체계를 유연하게 확장할 수 있는 가능성) 대응구조를 만들기 위해 사고지휘체계의 개념을 사용한다. 이는 모든 관할기관과 정부기관, 조직(jurisdictions, agencies and organizations)이 복잡한 대형사고에 통일된 대응을 할 수 있게 한다. 주와 지방정부는 국가사고관리체계를 준수해야 일부 대비보조금을 받을 수 있다.

참고 4 사고지휘체계(Incident Command System, ICS)

사고지휘체계(ICS)는 1970년대 캘리포니아 도시에서 발생한 일련의 대형화재 이후 개발되었다. 일련의 대형화재 사고로 인해 재산손실이 수백만 달러에 달했고, 많은 사람들이 사망하고 부상을 입었다. 이러한 대형사고의 원인조사 및 연구결과, 대응과 관련된 문제들은 자원의 부족이나 전술의 실패 때문이 아니라 부적절한 관리에 기인한다는 것을 발견하였다.

정의

- 크고 작은 비상사태뿐만 아니라 비상사태가 아닌 경우의 요구에도 대응하기 위한 표준화된 관리도구이다.
- 업무처리의 모범 사례(best practices)에 기반을 둔 전국적인 재난관리의 표준이 된다.
- 의도적 사건(예: 퍼레이드나 시위), 자연재난, 테러행위에 적용될 수 있다.
- 국가사고관리체계(NIMS)의 근간이 된다.

사고지휘체계(ICS)는 공통된 조직구조 내에서 시설과 장비, 인력, 절차, 의사소통 등 재난관리 요소들 간의 조합을 통합함으로써 효과적이고 효율적인 국내 사고관리를 위해 설계된 관리 시스템이다. 사고지휘체계의 기본 전제는 폭넓게 활용될 수 있다는 것이다. 사고지휘체계는 작은 사고에서부터 복잡한 사고 및 자연재난과 인적재난까지 넓은 범위의 비상사태에 대해 장기 및 단기간의 현장작전(operation)을 조직화하는 데 적용되고 있다. 사고지휘체계는 연방, 주, 지방, 부족과 같은 모든 정부뿐만 아니라 많은 민간부문과 비영리조직에서도 사용되고 있다. 사고지휘체계는 재난유형과 분야를 넘어 광범위하게 적용된다. 사고지휘체계는 지휘(command), 작전(operations), 계획(planning), 물류(logistics), 재무와 행정(finance and administration)의 5가지 주요한 기능 분야의 활동에서 작동하도록 일반적인 구조로 구성되어 있다.

14가지 특징

- 표준화(Standardization)

① 공통용어(Common Terminology): 조직의 기능, 사고 기능, 자원의 명세, 직위의

명칭의 정의를 지원하기 위해 공통용어를 사용한다.

- 명령(Command)

② 명령권의 확립과 이관(Establishment and Transfer of Command): 명령 계통은 사고 초기부터 명확하게 확립되어야 한다. 명령권이 이관될 때는 안전하고 효과적인 작전이 지속될 수 있도록 필요한 정보를 포함한 브리핑 절차를 거쳐야 한다.

③ 지휘계통 및 명령통일(Chain of Command and Unity of Command): 지휘계통은 사고관리조직의 직급에 따른 명령계통을 의미한다. 명령통일은 모든 인력들은 사고현장에서 한 사람에게만 보고한다는 것이다. 이러한 원칙은 보고관계를 명확히 하고 다수의 일관되지 않은 지시로 인한 혼란을 방지한다. 모든 수준의 사고관리자는 자신의 감독하에 있는 모든 인력의 행동을 통제할 수 있어야 한다.

④ 통합명령(Unified Command): 하나의 관할구역에 다수 기관이 관련된 사고 또는 다수의 관할구역에 다수의 기관이 관련된 사고와 같이 다수의 관할권이 관계된 사고에서 통합명령은 개별기관의 권한과 책임, 책무에 영향을 미치지 않고 서로 다른 법적 · 지리적 · 기능적 권한과 책임을 가진 기관들의 효과적인 협업을 가능하게 한다.

- 계획/조직구조(Planning/Organizational Structure)

⑤ 목표관리(Management by Objectives): 중요한 목표의 설정, 사고목표에 기반을 둔 전략의 개발, 임무와 계획절차 규정의 개발과 공표, 정의된 전략을 지원하기 위한 다양한 사고관리 기능과 관련된 활동과 이러한 활동을 이루기 위한 노력에 대한 구체적이고 측정 가능한 목표를 설정하고, 성과 측정을 위한 결과와 시정작용을 작동시키기 위해 문서화한다.

⑥ 모듈식 조직(Modular Organization): 사고의 크기와 복잡성뿐 아니라 사고로 인해 만들어지는 위험환경의 세부사항에 기반을 두고 모듈식으로 사고명령(Incident Command)조직의 구조를 발전시킨다.

⑦ 사고조치계획(Incident Action Plan): 사고조치계획(Incident Action Plan)은 작전과 지원활동 두 가지 맥락에서 모든 사고목표와 관련된 일관성 있는 의사소통 수단을 제공한다.

⑧ 관리 가능한 통제범위(Manageable Span of Control): 통제범위는 효과적이고 효율적인 사고관리의 중요한 요소이다. 사고관리체계(ICS)에서 사고관리의 감

독책임과 관련된 사람의 통제범위는 3명에서 7명이어야 한다.

- 시설과 자원(Facilities and Resources)

⑨ 사고현장과 시설(Incident Locations and Facilities): 다양한 목적을 위해 다양한 형태의 작전지원시설이 사고현장 인근에 설치된다. 전형적으로 지정된 시설은 사고지휘소(Incident Command Post), 기지(Base), 임시숙소(Camp), 숙영지(Staging Area), 대량사상자 분류지역(Mass Causality Triage Area)과 기타 필요한 시설이다.

⑩ 포괄적 자원관리(Comprehensive Resource Management): 자원 활용을 정확히 하고 최신 상황을 유지하는 것은 사고관리의 중요한 요소이다. 자원은 사고관리 또는 재난대응을 지원하기 위해 배치나 할당에 활용가능하거나 잠재적으로 활용 가능한 인력, 팀, 장비, 물자, 시설로 정의된다.

- 의사소통과 정보관리(Communications/Information Management)

⑪ 통합적 의사소통(Integrated Communications): 사고 관련 의사소통은 일반적인 의사소통계획과 상호정보교환이 가능한 의사소통의 절차와 구조를 개발하고 활용하여 시행되어야 한다.

⑫ 정보와 첩보의 관리(Information and Intelligence Management): 사고관리조직은 사고와 관련된 정보와 첩보를 수집하고 분석하고 공유하고 관리하기 위한 절차를 확립해야만 한다.

- 전문성(Professionalism)

⑬ 책임성(Accountability)

– 등록(Check-In): 기관에 소속되어 있는지와 관계없이 모든 대응자들은 사고지휘관(Incident Commander)에 의해 확립된 절차에 따라 임무를 받기 위해 보고를 해야만 한다.

– 사고조치계획(Incident Action Plan): 대응작전은 사고조치계획에 따라 대강이 정해진 대로 지휘되고 조정되어야 한다.

– 명령통일(Unity of Command): 사고작전에 관련이 있는 인력들은 단 한 사람의 감독자에게만 배치될 것이다.

– 개인적 책임(Personal Responsibility): 모든 대응자들은 적절한 판단을 해야 하고 자신의 행동에 책임을 져야 한다.

– 통제의 범위(Span of Control): 감독자는 자신의 직원들과 적절하게 의사소통하고 감독하고 통제할 수 있고, 자신의 감독하에 있는 자원을 관리할 수 있어야

한다.

– 자원추적(Resource Tracking): 감독자는 자원의 상태에 변화가 있을 때에는 기록하고 보고해야만 한다.

⑭ 파견/배치(Dispatch/Deployment): 인력과 장비는 요청이 있거나 권한이 있는 사람에 의해 배치될 때에만 대응해야 한다.

출처 Federal Emergency Management Agency, Emergency Management Institute, *ICS Review Report*, at http://training.fema.gov/emiweb/is/icsresource/assets/reviewmaterials.pdf

참고 5 국가사고관리체계(National Incident Management System, NIMS)

정의

- 사고를 관리하기 위한 종합적인 전국 규모의 시스템적 접근
- 모든 위험요인과 재난에 대한 정책, 개념, 원칙, 용어 그리고 조직 과정의 핵심적인 집합
- 다수 조직들이 현장의 작전 현황(operating picture)을 공유할 수 있도록 통신과 정보관리의 상호작용을 위한 필수 원칙
- 다른 관할권과 조직 사이의 조정을 위한 표준화된 자원관리절차
- 모든 사고에 적용 및 확장 가능

주요 효과

- 조직적이고 기술적인 상호작용성과 협력을 강화
- 보편적 적용 가능성을 가진, 측정 가능하고 유연한 프레임워크를 제공
- 모든 위해와 위험에 대한 대비를 촉진
- 매우 다양한 조직이 재난관리와 사고대응에 효과적으로 참여
- 전문적인 재난관리와 사고대응의 실행을 제도화

적용 범위

국가사고관리체계(NIMS)는 모든 사고와 연방 · 주 · 지방정부, 민간조직, 주요 기반시설 소유자와 운영자, 비영리단체, 그리고 재난관리와 관련된 모든 조직의 이해

관계자에게 적용 가능하다. 관할 정책결정의 책임이 있는 선출직과 임명직 공무원, 정책결정자들은 그 관할 지역에 더 나은 봉사를 위해 국가사고관리체계에 대해 반드시 이해해야 한다.

구성요소

사고지휘체계(ICS) 같은 기존의 조직구조를 기반으로 구축되었다. 국가사고관리체계(NIMS)는 사고 또는 계획된 사건에 대한 대응을 지원하기 위해 만든 선제적인 시스템이다. 전국적으로 재난관리와 사고대응을 통합시키기 위해 국가사고관리체계는 5가지 주요 분야 또는 구성요소에 초점을 두고 있다. 이 요소들을 조화롭게 기능하도록 연계함으로써 더 크고 종합적인 사고관리 시스템을 구성할 수 있다. 국가사고관리체계는 대비, 의사소통과 정보 관리(Communications and Information Management), 자원 관리(Resource Management), 명령과 관리(Command and Management), 지속적인 관리와 유지보수(Ongoing Management and Maintenance)로 구성되어 있다.

국가사고관리체계(NIMS)는 다음에 제시된 것들이 아님을 유념해야 한다.

- 대응계획이다.
- 대규모 사고 기간에만 사용한다.
- 특정한 재난관리 사고대응인력에만 적용 가능하다.
- 사고지휘체계(ICS) 또는 조직도에 불과하다.

출처 U.S. Department of Homeland Security, Federal Emergency Management Agency, National Incident Management Fact Sheet, at http://www.fema.gov/pdf/emergency/nims/NIMSFactSheet.pdf

3) 재난관리의 단계(Phases of Emergency Management)

재난관리 기능은 주로 ① 경감(mitigation), ② 대비(preparedness), ③ 대응(response), ④ 복구(recovery) 4단계로 분류된다.7) 재난관리 기능을 분류하는 것은 그 활동을 구분하고 개념화시키는 데에는 효과적이다. 하지만 지원금을 받기 위해 이 4단계를 반드시 주(州) 단위에서 사용할 필요는 없다. 뒤에서 다시 논의하겠지만 연방정부는 이 4단계와는 다른 프레임워크 접근을 사용한다. 이 장에서는 각 단계별로 일어나는 활동을 예시한다.[8)]

재난관리의 단계는 개념적으로 활동과 자원의 목표를 정하는 데는 유용하지만 종종 각 단계의 활동들이 중첩되기 때문에 단계별 구분이 명확하지는 않다.[9)] 예를 들어 복구 사업은 예방의 요소를 가지고 있으며(예를 들어 건축물의 재건축은 현재의 건축기준을 사용한다), 비상사태에 대응하는 과정에도 복구 과정의 요소들이 포함되어 있다(즉각적인 폐기물 처리). 또한 이 단계들은 순환적이기도 하다.

참고 6 재난관리 4단계(Four Phases of Emergency Management)

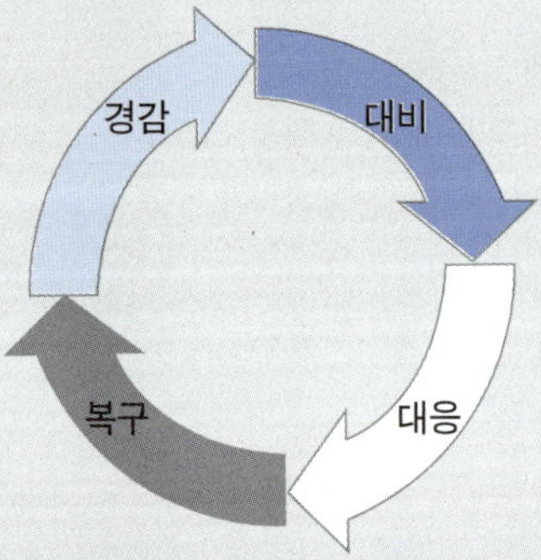

출처 Federal Emergency Management Agency, Emergency Management Institute, NEHRP – National Earthquake Hazards Reduction Program, Introduction to emergency management. at http://training.fema.gov/EMIWeb/EarthQuake/NEH0101220.htm

(1) 경감(Mitigation)

경감 활동은 일반적으로 피해의 정도를 줄이고 완화시키기 위해 구조적인 위험요소를 줄이거나 제거하는 것이다. 예방 활동은 장기적이고 지속적인 효과가 있고 보험요율에 영향을 미칠 수 있다. 많은 경우 경감 활동은 대형재난의 복구단계에서 실행된다.

경감 활동의 몇 가지 예를 들어보면 다음과 같다.

- 화재, 강풍, 지진에 대비한 건축법규
- 홍수위험지역에 건축을 제한하는 구역제도
- 손상된 구조물을 탄성이 높고 복원력이 있는 재질로 복구
- 저지대에 대한 정보를 제공하는 홍수지도와 홍수지역 내에 있는 집이나 구조물을 다른 곳으로 이주
- 홍수를 예방하기 위한 댐과 제방건설

(2) 대비(Preparedness)

대비는 위험요소를 제거하거나 줄이기보다는 대응기관들이 향후 비상사태나 재난상황 발생 시 효과적으로 대응할 수 있도록 평시에 준비한다는 점에서 예방과 다르다.

대비 활동의 예를 보면 다음과 같다.

- 훈련
- 계획

- 식품, 물, 의료자원의 사전 확보
- 위험요소를 탐지하기 위한 정보와 감시 활동
- 비상대응계획을 발전시키기 위하여 계획된 활동의 정확성과 사후 보고서의 활용에 대한 확인

(3) 대응(Response)

대응 활동은 생명을 구하고, 환경과 재산을 보호하며 인간의 기본적인 요구를 충족하기 위한 즉각적인 활동을 의미한다. 대응은 비상계획의 실행과 관계된 활동을 말하며 다음 활동을 포함한다.

- 피해자 대피
- 대응팀, 의료자원, 다른 구조자원의 배치
- 비상지휘 기능의 확립

(4) 복구(Recovery)

복구 활동은 필요한 서비스를 제공하고 재난과 사고로 발생한 피해를 회복하는 것이다. 복구 활동은 다음을 포함하고 있다.

- 정부 기능과 서비스의 재구축(예: 응급 서비스, 공공 안전, 학교)
- 이재민을 위한 주거와 서비스
- 비축물자(stockpile)의 재보급

4) 프레임워크 접근(Framework Approach)

2011년 3월 30일 오바마(Obama) 대통령은 '대통령 정책명령 8: 국가대비(Presidential Policy Directive 8: National Preparedness, PPD−8)'를 발령하였다.[10] 이것은 2003년 12월 7일 부시(George W. Bush) 대통령이 서명한 국토안보 대통령령 8(Homeland Security Presidential Directive 8, HSPD−8)을 대체하게 된다.[11] 대통령 정책명령 8(PPD−8)은 이전의 국토안보 대통령령 8(HSPD−8)과 유사하게, 국가가 어떻게 연방정부에서부터 일반시민에 이르기까지 국가의 안보에 가장 커다란 위험을 야기하는 위협과 위험요인으로부터 예방 · 보호하고, 재난이나 비상사태가 발생했을 때 그 피해와 영향을 줄이며, 적극적으로 대응 · 복구할 수 있는지에 대한 지침을 제공하고 있다. 이러한 위협에는 테러공격, 인적재난(기름유출) 및 자연재난이 포함된다.[12] 대통령 정책명령 8은 포스트카트리나법(Post Katrina Emergency Management Reform Act of 2006)에서 요구하는 몇 가지 "포괄적인 대비 시스템(comprehensive preparedness system)"을 충족시키기 위한 의도였다.[13]

대통령 정책명령 8(PPD−8)은 세분화된 재난관리 요소들이 예방(prevention) · 보호(protection) · 경감(mitigation) · 대응(response) · 복구(recovery)[14]의 기능에 따른 국가계획 프레임워크(National Planning Frameworks) 시스템으로 통합됨으로써 대비목표가 달성될 수 있다고 하고 있다.[15]

이 프레임워크들은 연방 재난관리의 측면에서 관련된 임무 분야에 다양한 연방정부기관의 역할과 책임을 부여하기 위한 것이다. 이 프레임워크의 일부는 개발 중에 있고,[16] 일부는 적용되고 있다. 여기에서는 각 프레임워크에 대해 간략히 설명하고자 한다.

(1) 국가예방 프레임워크(National Prevention Framework)

다른 프레임워크들이 자연재난과 인적재난, 각종 사고들을 다루는 데 반하여 국가예방 프레임워크는 테러리즘을 예방하는 데 목적이 있다. 국가예방 프레임워크는 정보, 감시, 정보공유 및 경고와 연방정부가 테러위협을 감지하고 확인하는 활동과 관련된 연방정부기관에 역할과 책임을 부여하고 조정한다.[17)]

(2) 국가보호 프레임워크(National Protection Framework)

국가보호 프레임워크는 사이버안전, 교통안전, 그리고 농수산업 및 식품안전 등 국토안보(homeland security)와 관련된 기관이나 재난관리 관련 기관을 조정하고 역할을 부여한다. 또한 국가보호 프레임워크의 업무초안[18)]은 국가보호와 관련된 새로운 기술 개발, 교육과정 및 학위 프로그램 등 학문 및 연구기관에서도 활용할 것을 권장하고 있다.[19)]

(3) 국가경감 프레임워크(National Mitigation Framework)

국가경감 프레임워크는 자연재난으로부터 인명 및 재산의 손실을 줄이는 역량을 다루고 있다.[20)] 여기서, 경감 활동은 지역단위에서 주로 이루어지기 때문에 연방정부가 하는 역할이 그다지 뚜렷하지 않다는 점에서 다른 프레임워크와 차별성이 있다.[21)]

(4) 국가대응 프레임워크(National Response Framework, NRF)

2008년 1월에 발표된 국가대응 프레임워크는 이전의 연방대응계획

(Federal Response Plan)과 국가대응계획(National Response Plan, NRP) 등 2개의 대응계획을 보완한 것이다. 연방대응계획은 적용범위가 좁다는 문제가 있었고, 국가대응계획은 명확한 목표가 설정되지 않았으며 용어의 혼동 문제도 제기되었다.[22] 국가대응 프레임워크는 자연 및 인적재난에 대한 연방의 대응을 기술한 것이다. 그러나 국가대응 프레임워크는 작전계획(operation plan)이라기보다는 모든 종류의 사고에 대한 여러 정부기관과 관할기관의 대응을 조정하고 지휘하는 데 있어 가장 중요한 재난관리의 원칙을 명시한 것이라고 할 수 있다. 국가대응 프레임워크는 ① 재난지원 기능 부록(Emergency Support Functions Annex), ② 지원 부록(Support Annex), ③ 사고 부록(Incident Annex)으로 구성된 세 가지 부록을 통해 실행된다.[23]

① **재난지원 기능 부록(Emergency Support Functions Annexes)**

재난지원 기능(Emergency Support Function, ESF)은 15개의 부록으로 구성된다. 재난지원 기능(ESF)은 연방정부부처와 청의 역량과 자원에 따라 특정 사건에 대한 연방정부부처와 청의 재난지원 기능을 분류한다.[24] 예를 들어 기름유출에 대응하는 역할은 재난지원 기능 10번(ESF #10, 유류 및 위험물질 부록)에 수록되어 있다. 재난지원 기능은 재난관리 감시나 지원 역할을 하는 연방정부기관도 지정한다.

② **지원 부록(Support Annexes)**

기능적인 과정과 행정 기능을 실행하는 연방정부, 주정부, 지방정부, 민간부문 그리고 비정부기관 등을 그룹으로 묶는 8개의 지원 부록이 있다.[25] 지원 부록도 역할과 책임을 지정한다.[26]

참고 7 국가대응 프레임워크의 구조(Organization of the NRF)

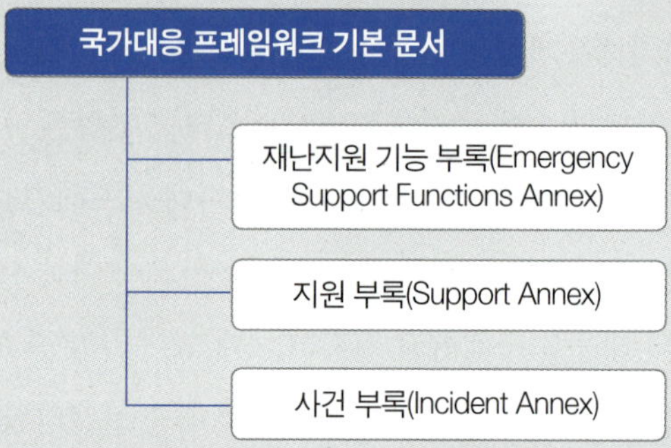

출처 U.S. Department of Homeland Security, *National Response Framework(2nd Edition)*. May 2013.

③ 사고 부록(Incident Annexes)

8개의 사고 부록[27]은 특정한 사건과 관련이 있는 정책과 관련 부처들을 설명하고, 발생한 사건의 상황을 묘사하며, 계획실행을 위한 가정상황을 설명한다. 또한 사건 대응과 관련된 "조정 및 협조" 기관들을 기술한다.[28]

(5) 국가재난복구 프레임워크(National Disaster Recovery Framework, NDRF)

2011년 9월 발령된 국가재난복구 프레임워크는 재난복구와 관련된 기관에 역할과 책임을 부여하고 조정한다. 국가재난복구 프레임워크의 목적은 보건, 사회, 경제, 자연, 그리고 환경 측면에서 재난 피해를 입은 주정부나 지방정부의 관할구역을 복원 · 재개발 · 활성화시키는 것이다.[29] 국가재난복구 프레임워크에는 다음과 같이 6개의 복구지원 기능(Recovery Support Function)이 있다.

① 지역사회계획과 능력 향상(Community planning and capacity building)

② 경제(Economic)

③ 보건 및 사회복지 서비스(Health and Social Services)

④ 주거(Housing)

⑤ 기반시설체계(Infrastructure Systems)

⑥ 자연 및 문화자원(Natural and Cultural Resources)

참고 8 재난지원 기능 부록(Emergency Support Functions Annexes)

ESF #1	교통(Transportation)
ESF Coordinator	교통부(Department of Transportation)
ESF #2	통신(Communications)
ESF Coordinator	국토안보부(DHS/National Communications System)
ESF #3	공공사업 및 건설(Public Works and Engineering)
ESF Coordinator	국방부/육군공병대(DOD/U.S. Army Corps of Engineers)
ESF #4	화재진압(Firefighting)
ESF Coordinator	농무부/산림청과 국토안보부/연방재난관리청/소방청(USDA/U.S. Forest Service and DHS/FEMA/U.S. Fire Administration)
ESF #5	재난관리(Emergency Management)
ESF Coordinator	국토안보부/연방재난관리청(DHS/FEMA)
ESF #6	주민보호, 긴급지원, 주거, 복지(Mass Care, Emergency Assistance, Housing, and Human Services)
ESF Coordinator	국토안보부/연방재난관리청(DHS/FEMA)
ESF #7	물류관리와 자원 지원(Logistics Management and Resource Support)
ESF Coordinator	조달청과 국토안보부/연방재난관리청(General Services Administration and DHS/FEMA)
ESF #8	공중보건 및 의료 서비스(Public Health and Medical Services)
ESF Coordinator	보건후생부(Department of Health and Human Services)

ESF #9	수색 및 구조(Search and Rescue)
ESF Coordinator	국토안보부/연방재난관리청(DHS/FEMA)
ESF #10	유류 및 위험물질 대응(Oil and Hazardous Materials Response)
ESF Coordinator	환경보호청(Environmental Protection Agency)
ESF #11	농업 및 자연자원(Agriculture and Natural Resources)
ESF Coordinator	농무부(Department of Agriculture)
ESF #12	에너지(Energy)
ESF Coordinator	에너지부(Department of Energy)
ESF #13	공공안전 및 안보(Public Safety and Security)
ESF Coordinator	법무부/주류 · 담배 · 화기 및 폭발물 단속국(Department of Justice/Bureau of Alcohol, Tobacco, Firearms, and Explosives)
ESF #14	항구적인 지역사회 복구(Long-Term Community Recovery)
ESF Coordinator	국토안보부/연방재난관리청(DHS/FEMA)
ESF #15	대외관계(External Affairs)
ESF Coordinator	국토안보부(DHS)

출처 U.S. Department of Homeland Security, *National Response Framework(Second Edition)*, May 2013.

참고 9 국가대비(National Preparedness)

배경[30)]

2002년 11월 의회에서 입법된 국토안보법(Homeland Security Act, HSA)은 국토안보부장관에게 연방재난관리청 청장(FEMA Director)을 통해 국가의 재난 대비와 대응역량을 개선하도록 지시하고 있다. 법률에 명시된 두 가지 책임은 ① 연방과 비연방기관들이 재난에 대응할 수 있도록 "종합적인 국가사고관리체계의 구축(comprehensive national incident management system)", ②"기존의 연방정부 재난 대응계획들을 국가대응계획(national response plan)으로 통합"하는 것이다.[31)]

국토안보법(HSA) 시행 수개월 후에, 부시(Bush) 대통령은 국토안보부장관이 국가사고관리체계(NIMS)와 국가대응계획(NRP)을 개발하고 집행하도록 요구하는 국토안보 대통령령 5(Homeland Security Presidential Directive 5, HSPD-5)를 발령하였다.[32)] 그로부터 얼마 후, 대통령은 테러리스트들의 공격 또는 심각한 재난을 대비하는 연방기관들이 준수해야 하는 절차를 확인하기 위하여 국토안보 대통령령령 5(HSPD-5)와 이에 상응하는 국토안보 대통령령 8(HSPD-8)을 발령했다.[33)] 국토안보 대통령령 8은 국토안보부장관에게 위험요인과 관계없이(모든 위험, all-hazards) 대규모 피해를 발생시키는 모든 재난과 사고에 적용 가능한 국가대비목표(national preparedness goal, NPG)의 개발과 위협 및 참사사고를 예방하고 대응하는 데 필요한 자원의 균형을 맞추는 대비 우선순위, 그리고 목표를 설정하도록 요구한다. 이 지시는 또한 국가대비목표(NPG)에 "테러 활동을 포함한 주요 사건(major events)"에 대한 준비 활동의 평가를 가능하게 하는 준비상태 평가기준(readiness metrics)과 지원요소를 포함하도록 하고 있다.[34)]

이를 종합하면, 국토안보법(HSA), 국토안보 대통령령(HSPD)에 의한 문서, 계획 및 구성요소들에 대한 필요요건은 국가대비체계(NPS)를 구축하도록 유도하기 위한 시도라고 할 수 있다.

대통령 정책명령 8(Presidential Policy Directive 8)[35)]

국가대비는 국가의 모든 부분에서 실행되어야 한다는 의미이다. 대통령 정책명령 8(PPD-8)은 개인, 기업, 지역사회 기반 단체, 종교기반 단체, 학교, 부족, 그리고 연방 · 주 · 지방정부를 포함한 전체 사회가 참여하는 대비에 관한 국가적 접근방식을 설명하고 있다. 대통령 정책명령 8은 국가의 대비 활동을 다음과 같은 주요 요소를 활용해서 연계한다.

- 국가대비목표(National Preparedness Goal)
- 국가대비체계(National Preparedness System)
- 전체 지역사회계획(Whole Community Initiative)
- 연도별 국가대비연보(Annual National Preparedness Report)

국가대비목표(National Preparedness Goal)

국가대비목표(NPG)는 대비에 대한 통합적이고 계층화된 전 국가적(integrated, layered, and all-of-Nation) 접근방식을 제공한다. 이 목표를 성공적으로 달성함으로써 사회 전반에 걸쳐 큰 위험을 초래할 수 있는 위협과 위험을 예방 · 보호 · 경감 · 대응 · 복구하는 데 필요한 역량을 갖춘 안전하고 복원력 있는 국가를 만들 수 있다.

국가대비목표에서는 5가지 임무 분야에 걸쳐서 핵심역량(core capabilities)을 구축하고 유지할 것으로 강조하고 있다.

핵심역량이란 무엇인가(What Are Core Capabilities?)

핵심역량은 국가대비목표를 달성하는 데 필요한 명확한 중요 요소로, 예방 · 보호 · 경감 · 대응 및 복구 등의 임무를 수행하는 데 필수적인 것이다.

국가대비체계(National Preparedness System)

국가대비체계는 전체 사회의 국가대비목표 달성을 가능하게 하는 통합적인 안내서, 프로그램, 그리고 절차를 의미한다. 이 체계는 다음의 6가지 주요 요소들을 포함한다.

① 위험 확인 및 평가(Identifying and Assessing Risk)
② 역량 필요요건 측정(Estimating Capability Requirements)
③ 역량 구축 및 유지(Building and Sustaining Capabilities)
④ 역량전달계획(Planning to Deliver Capabilities)
⑤ 역량 검증(Validating Capabilities)
⑥ 검토와 갱신(Reviewing and Updating)

국가계획 프레임워크(National Planning Frameworks)

국가대비체계(NPS) 안에는 각 임무에 대한 국가계획 프레임워크를 포함하고 있는 국가계획체계(National Planning System)가 있다. 각각의 프레임워크는 임무 분야에서 핵심역량의 전달 그리고 다른 임무 분야들에서 핵심역량 전달의 지원에 필요한 조정구조에 대한 간결하고 높은 수준의 설명을 포함하고 있다.

지역사회 전체를 활용하는 재난관리(Leveraging the Whole Community)

효과적인 재난관리는 다음 부문들의 전문성과 역량을 자극함으로써 지역사회의 자원을 발견 · 연계 · 강화하는 것을 의미한다.

- 개인과 가정(Individuals and households)
- 민간과 비영리부문(Private and nonprofit sectors)
- 신뢰에 기반을 둔 조직을 포함한 지역사회단체(Community entities, including advocacy and faith-based organizations)
- 연방 · 주 · 지방 · 부족정부를 포함하는 모든 정부(All levels of government)

국가대비 가이드라인(National Preparedness Guidelines)

국가대비 가이드라인은 국가대비목표와 이와 관련된 대비수단들의 개발을 완결하는 것이다.

가이드라인의 목적

- 국가대비를 강화하기 위해 국가(연방 · 주 · 지방 · 부족 · 자치령)의 활동을 조직화
- 국가대비에 대한 국가의 투자를 위한 가이드
- 과거 재난으로부터의 교훈을 국가대비 우선순위에 반영
- 역량과 위험에 기반을 둔 투자계획절차를 촉진
- 대비 프로세스와 성과를 측정하기 위한 준비 측정기준(readiness metrics)과 특히 테러행위를 포함하는 주요 재난에 대응하는 국가의 전반적인 대비역량을 평가하기 위한 체계 구축

가이드라인의 주요 요소

가이드라인은 국가가 대비되어 있다는 것이 무엇을 의미하는지 정의한다. 가이드라인에는 4가지 주요 요소가 있다.

① 국가대비 비전(National Preparedness Vision)은 국가의 핵심 대비목표에 대한 명확한 설명을 제공한다.

> 국가는 위험과 자원 및 필요가 균형을 이루는 방식으로 모든 위험요인의 예방 · 보호 · 대응 및 복구를 위한 조정된 역량을 갖추고 있다.
>
> **출처** U.S. Department of Homeland Security(2007). *National Preparedness Guidelines.*

② 국가계획 시나리오(National Planning Scenarios)는 가장 큰 위험을 초래할 수 있는 잠재적인 테러리스트 공격과 자연재난을 포함한 다양한 상황을 묘사하고 있다. 민간부문과 연방 · 주 · 지방 · 부족정부의 국토안보에 대한 대비 업무계획에 초점을 둔 15가지 시나리오가 마련되었다. 이 시나리오들은 모든 유형의 재난을 대비하는 데 필요한 조정된 연방계획, 훈련, 연습 및 지원금 투자의 근거가 된다.

③ 공통 업무 목록(Universal Task List, UTL)은 국가계획시나리오로 대표되는 주

요 재난에 대한 예방 · 대비 · 대응 · 복구 업무를 용이하게 하는 약 1,600여 개의 고유한 업무 메뉴이다. 이 목록에는 공통 용어(common vocabulary)가 제시되어 있고, 모든 수준의 조직들의 필수역량 개발을 지원하는 주요 업무들이 명시되어 있다. 물론 모든 조직이 모든 업무를 수행하는 것은 아니다.

④ 목표역량 목록(Target Capabilities List, TCL)은 지역사회, 민간부문, 그리고 연방 · 주 · 지방 · 부족정부가 재난에 효과적으로 대응하기 위해 공통적으로 보유해야만 하는 37개의 특정 역량을 정의한다.

출처 Federal Emergency Management Agency(2010). *Fundamentals of Emergency Management Independent Study 230.a*

참고 10 프레임워크 접근(Framework Approach)

2011년 3월에 발령된 '대통령 정책명령 8: 국가대비(PPD 8: National Preparedness)'는 미국의 안전을 위협하는 주요한 위협에 대한 체계적인 대응을 통해 미국 사회의 안보와 복원력(resilience)을 강화하는 것을 목적으로 하고 있다. '대통령 정책명령 8: 국가대비'는 예방(prevention), 보호(protection), 경감(mitigation), 대응(response), 복구(recovery)의 5가지 대비 분야를 규정하고 있으며, 미국 내 확고한 대비를 갖추고 이를 견고하게 하도록 미국 전역에 적용할 수 있는 일련의 정책문서를 만들도록 지시하고 있다. 국가계획 프레임워크(National Planning Frameworks)는 국가대비 시스템의 일부로서, 국가대비목표(NPG)에서 규정된 주요 역량들을 갖추고, 유지하며, 활용하기 위한 전략과 전술을 설정하고 있다. 국가계획 프레임워크는 미국 전역의 조정된 체계, 임무와 책임의 정렬을 규정하고 있으며, 이것들은 5가지의 대비 분야에서 서로 상호작용하기 위해 통합된다. 프레임워크는 개인, 비영리단체, 비정부기구, 민간영역, 지역사회, 기반시설 및 정부기구의 역할을 규정하고 있다.

연방재난관리청(FEMA)은 5가지의 대비 분야에 대한 각각의 프레임워크 문서를 발간하였다. 다만, 여기서는 국가계획 프레임워크라는 각 프레임워크에 대한 개략적인 소개 문서를 통해서 각 프레임워크가 규정하고자 하는 내용과 이를 위해 필요한 주요 역량, 그리고 다양한 행동들을 소개하고자 한다.

프레임워크는 국가대비목표(NPG)를 통해 규정된 32개 핵심역량의 개발과 그 역량들이 실제 작동하기 위한 주요 명제들을 설정하였다. 이 명제들은 국가대비체계를 공고히 하는 데 있어 본질적인 요소이다. 세 가지 명제는 ① 전체 지역사회의 연계된 파트너십, ② 집행에 있어서의 계량성(Scalability) · 복원성(Resilience) · 적응성(Adaptability), ③ 각 프레임워크 간의 통합이다.

전체 지역사회를 연계시키는 것은 안전하고 적응력 있는 국가를 만드는 데 있어 대단히 중요한 요소이며, 개인과 사회의 대비는 그러한 성공을 위한 중요한 요소이다. 효과적인 파트너십은 전체 커뮤니티의 모든 요소(필요할 경우 국제적인 파트너들을 포함)와 그러한 모든 요소의 연계에 달려 있다. 연계된 파트너십을 구축하기 위해서는 명확하고, 일관적이며, 효과적이고, 문화적으로 적합한 의사소통과 공유된 상황인식이 요구된다. 가장 효과적인 파트너십은 모든 가용재원을 동원하는 것, 즉 통합된 노력을 만들어 내기 위해서 기존의 또는 새로운 조화된 체계를 발견하고, 발달시키고, 양성하며 강화하는 것을 의미한다.

핵심역량은 크고 작은 위협과 위험들이 진화하는 것에 맞추어 이를 제거할 수 있도록 계량적이고 신축적이며 적용 가능하고 실제 집행되어야 한다. 계량적이고 신축적이며 적용 가능하고 조화된 체계를 통해 핵심역량을 필요로 하는 주요 역할과 책임을 도출할 수 있다. 신축성(flexibility)은 지역사회별로 그들이 직면하고 있는 위험 제거와 관련된 수요와 역량, 인구통계학적인 요소, 통치구조, 비전통적인 파트너들과의 협력 노력을 체계화하는 데 도움이 된다.

5가지 대비 분야는 국가적인 대비 활동을 체계화하는 도구가 된다. 핵심역량은 상호의존적이고 어떠한 위험과 위협에도 공통적으로 적용이 가능하다. 5가지 대비 분야는 서로 의존적이고, 필요로 하는 자원이 유사하며, 활동에 있어서도 중첩된다. 예를 들어 기획(planning), 공보와 경보(public information and warning), 작전의 조율(operational coordination)이라는 세 가지 핵심적인 역량들은 5가지 모든 대비영역에 필요하다. 이러한 공통된 핵심역량은 임무 분야 및 관련된 노력을 통합하고, 나머지 역량들이 성공하는 데 있어서도 중요한 역할을 한다.

위의 세 가지 공통 핵심역량 이외에도 다른 핵심역량이 하나의 대비 분야를 넘어서 작용하고 있다. 대비 분야의 자원과 절차를 통합하는 것은 핵심역량을 극대화하고 위험을 최소화하는 데 중요한 역할을 한다. 핵심역량 중 많은 것들이 공유된 자산과 서비스를 통해서 다양한 대비 분야에 연계될 수 있다. 예를 들어, 상황인지를 위해 제공된 공간정보 서비스는 다양한 재난 대응에 적용될 수 있고 다른 대비 분야에도 적용될 수 있다.

국가예방 프레임워크(National Prevention Framework)

다른 프레임워크들이 자연재난, 인적재난, 그리고 각종 사고에 대비하기 위한 것인 데 비해 국가예방 프레임워크는 테러리즘을 예방하기 위한 것이다. 국가예방 프레임워크는 지역사회 구성원들부터 정부의 고위관료들을 포함한 전체 사회가 테러 시도를 좌절시키기 위해서, 국토에 대한 현존하는 위협과 관련한 정보 · 첩보를 제공하고 발견하기 위해서 무엇을 해야 하는지 규정한다. 이 프레임워크는 미국 영토 내에서 현존하는 테러를 예방함으로써 안전하고 적응력 있는 국가라는 국가대비목표를 이루는 데 기여한다. 이 프레임워크에서 규정되는 절차와 정책은 현존하는 법률 및 규정과 일치될 수 있도록 조정될 것이다.

예방 프레임워크는 연방 · 주 · 지방정부의 지도자와 책임자, 민간 및 비영리기관, 개인에게 위협적이고 현존하는 테러를 예방, 회피 또는 멈추도록 하기 위한 다음의 가이드를 제공한다.

- 현존하는 테러공격을 예방하기 위해 필요한 핵심역량 기술(description)
- 긴급한 상황에서 예방 역량을 발휘하기 위한 핵심적인 역할과 책임의 구조화
- 모든 이해관계자들이 공통으로 역할을 할 수 있는 조화된 체계의 기술
- 다른 4가지 대비 분야에 걸쳐, 그리고 전체 지역사회 내에서 예방노력이 통합될 수 있는 체계를 구축하기 위한 기반 마련

예방은 위협적이고 현존하는 테러를 예방, 회피 또는 좌절시키기 위한 핵심역량으로 다음 7가지 핵심역량을 포함한다.

① 기획(planning)
② 공보와 경보(public information and warning)
③ 작전의 조율(operational coordination)
③ 법의학과 원인규명(forensics and attribution)
④ 첩보와 정보공유(intelligence and information sharing)
⑤ 차단과 중단(interdiction and disruption)
⑥ 검사, 수색, 탐지(screening, search, and detection)

조율된 체계는 문제해결을 촉진하고, 자원에 대한 접근성을 높이고, 협력과 정보

공유를 증대시킨다. 조율된 체계는 민간, 비영리기구, 정부부처나 기관들의 예방 분야 역량을 증대시킨다. 이 조율된 체계는 다양한 수준에서 기능을 발휘하는데, 국가적 차원에서는 다음과 같은 기구들의 관계에서 나타난다. 예를 들어, 국토안보부 국가작전센터(DHS Operations Center), 연방수사국 전략적 정보 및 작전센터(FBI Strategic Information and Operations Center), 국가정보부 산하 국가테러대비센터(Office of the Director of National Intelligence National Counterterrorism Center), 국방부(Department of Defense), 국가 군 지휘센터(National Military Command Center), 연방수사국 합동 테러대비 태스크포스(FBI Joint Terrorism Task Force)와 다른 기관들이다. 연방수사국 합동 테러대비 태스크포스 주정부나 주요 도시지역의 합동센터(fusion center), 주정부나 지방정부의 테러대응 또는 정보조직들과 같은 현장정보그룹(Field Intelligence Groups)의 협력체계는 테러예방에 핵심적인 역할을 하게 된다. 이러한 체계는 계량적이고, 신축적이며, 적응력이 높다.

국가보호 프레임워크(National Protection Framework)

국가보호 프레임워크는 사이버안전, 교통안전, 그리고 농수산업 및 식품안전을 포함하는 국토안보(homeland security) 관련 기관이나 재난관리 관련 기관을 조정하고 역할을 부여한다. 보호 프레임워크는 미국의 이익, 염원, 삶의 번성을 중대한 위험으로부터 보호함으로써 안전하고 적응력 있는 국가라는 국가대비목표를 이루는 데 기여한다.

이 프레임워크는 연방 · 주 · 지방정부의 지도자와 책임자, 민간 및 비영리기관, 개인에게 다음 가이드를 제공한다.

- 안전하고 복원력이 있는 국가를 만들기 위해 주(州) 차원에서 필요한 보호 분야의 핵심적인 역량의 기술
- 보호역량을 전달하는 데 필요한 핵심 역할과 책임의 기술
- 모든 이해관계자들이 공통으로 역할을 할 수 있는 조율된 체계의 기술
- 다른 4가지 대비 분야에 걸쳐, 그리고 전체 지역사회 내에서 보호노력이 통합될 수 있는 체계를 구축하기 위한 기반을 마련

보호는 위협, 테러행위, 인적 또는 자연재난으로부터 국가를 보호하기 위한 다음 11가지 핵심역량을 포함한다.

① 기획(planning)
② 공보와 경보(public information and warning)
③ 작전의 조율(operational coordination)
④ 접근통제와 신분확인(access control and identity verification)
⑤ 사이버보안(cybersecurity)
⑥ 첩보와 정보공유(intelligence and information sharing)
⑦ 차단과 중단(interdiction and disruption)
⑧ 물리적 보호 조치(physical protective measures)
⑨ 보호 프로그램과 활동에 대한 위험관리(risk management for protection program and activities)
⑩ 검사, 수색, 탐지(screening, search, and detection)
⑪ 공급망 통합과 안전(supply chain integrity and security)

국가보호 프레임워크의 맥락에서 보면, 조율된 체계는(사건 발생 이전에) 일시적으로 집중된 경고기간, 사건의 대응기간, 또는 예고된 사건을 지원하는 기간 동안 필요한 정부의 보호 자세와 능력을 강화하고 보호 관련 프로그램의 집행을 원활하게 한다. 이 프레임워크는 계획을 수립하고, 훈련과 교육 프로그램을 이행하며, 정보공유를 확대하고, 연구개발자산을 형성하고, 공통된 취약성을 개선하며, 자원을 정비하고, 보호역량이 실제 발휘되도록 하는 데 기여한다. 보호 분야에 공헌하는 협력체계에는 다음의 기관들이 포함되나 이에 한정되는 것은 아니다. 그러한 기관에는 작전센터(operation centers), 법 집행 태스크포스(law enforcement task forces), 주요기반시설 파트너십(critical infrastructure partnership), 거버넌스 이사회(governance board), 지역 컨소시엄(regional consortiums), 합동센터(fusion center)와 같은 정보공유 메커니즘, 건강점검 네트워크(health surveillance networks)와 모든 수준에서의 정부-민간 파트너십 기구들이 포함된다.

국가경감 프레임워크(National Mitigation Framework)

국가경감 프레임워크는 재난피해를 경감시켜 인명 및 재산의 손실을 줄이는 능력을 다룬다. 국가경감 프레임워크는 어떻게 국가가 경감역량을 강화하여 위험을 관리할 것인지에 대한 공통의 플랫폼을 구축한다. 이 프레임워크는 경감과 관련된 국가 전체 지역사회의 역할을 규정한다. 이 프레임워크는 재해의 축소, 즉 생명과 재산의 손실을 줄이기 위하여 국가가 어떻게 경감과 관련된 핵심역량을 개발하고 채택하며 조화시켜야 하는지를 보여준다. 이 프레임워크는 객관적이고 풍부한 증거에 기반하고 있는 지식과 지역사회의 실제 경험에 기초하여 수립되었으며, 이를 통해 위험인지능력을 제고하고, 전국에 걸친 경감 관련 상품, 서비스, 자산의 확대를 추구한다.

국가경감 프레임워크는 경감 활동과 관련한 7개의 핵심역량을 논의한다.

① 기획(planning)
② 공보와 경보(public information and warning)
③ 작전의 조율(operational coordination)
④ 지역사회복원력(community resilience)
⑤ 장기 취약성 저감(long-term vulnerability reduction)
⑥ 위험과 재난복원력 측정(risk and disaster resilience assessment)
⑦ 위협과 위험의 확인(threats and hazard identification)

경감을 위한 협력체계는 모든 계획 수립, 의사결정, 개발사업에 있어 위험관리와 경감 활동이 고려되는 문화를 창출하는 데 초점을 맞춰야 한다. 협력체계를 통해 실현되는 위험관리 및 경감 활동에 대한 고려는, 그 협력체계의 수준이 국가 · 주 · 지역단위를 불문하고, 국가의 위험과 그에 따른 재해를 줄일 것이다. 특히, 국가 차원의 경감 활동에 있어서는 연방정부가 경감 활동과 관련되는 연방 프로그램을 보다 유용하게 만들고 그것을 통해서 일이 진행되는 시간을 줄일 수 있도록 하는 노력이 필요하다.

국가대응 프레임워크(National Response Framework)

국가대응 프레임워크는 모든 자연재난, 인적재난에 대해 국가가 어떻게 대응해야 하는지를 기술한다. 이 프레임워크는 국가사고관리체계(NIMS)를 통해 규명된 계량할 수 있고, 신축적이며 적용 가능한 개념들을 토대로 정립되었으며, 대응을 위한 핵심임무와 역할을 기술한다. 국가대응 프레임워크는 심각하지만 순전히 지역적인 사고에서부터 광범위한 규모의 테러 또는 대형 자연재난에 이르는 다양한 사건을 관리하기 위한 책임기관과 우수 사례를 보여준다. 대응 프레임워크는 핵심적인 역량을 발휘하기 위한 원칙, 임무, 책임과 협력체계를 기술하는데, 이는 대응노력이 다른 임무 분야와 어떻게 통합되는지를 보여주기도 한다. 국가대응 프레임워크는 항상 유효한 상태이며 그 요소들은 언제나 집행될 수 있다. 국가대응 프레임워크에서 기술된 구조, 역할, 책임은 위험상황이나 심각한 사건이 예상될 때, 혹은 실제 사건에 대응할 때 부분적으로 사용되거나 모든 사항이 집행될 수 있다. 국가대응 프레임워크 구조와 절차의 선택적인 집행은(재난의 규모에 따라 대응하는 기관과 수준이 달라져야 한다는 의미에서) 계량적인 대응, 특정 자원과 역량의 활용, 각 사건에 적합한 수준의 협력이 이루어질 수 있도록 하는 것이다.

대응 분야는 순전히 지역에서 지역의 자산을 통해 해결할 수 있는 재난에서부터 전 국가적인 역량이 동원되어야 하는 대규모 재난에 이르기까지 효과적으로 사건을 대응할 수 있도록 하는 데 초점을 맞추고 있다. 대응 분야의 목적은 생명을 구하고, 재산과 환경을 보호하며, 인간의 기본적인 욕구를 충족시키고, 사건을 안정화하고, 기본적인 행정서비스와 지역사회 기능을 복원시키며, 복구를 위해 전환되는 안전한 여건을 만들어 가는 데 있다. 이러한 대응 분야는 14가지의 핵심역량을 요구한다.

① 기획(planning)
② 공보와 경보(public information and warning)
③ 작전의 조율(operational coordination)
④ 주요 교통수단(critical transportation)
⑤ 환경대응/보건과 안전(environmental response/health and safety)
⑥ 사상자관리 서비스(fatality management service)
⑦ 기반시설체계(infrastructure systems)
⑧ 집단구호 서비스(mass care service)
⑨ 대형 수색구조작전(mass search and rescue operations)
⑩ 현장안전, 보호, 법 집행(on-scene security, protection, and law enforcement)
⑪ 작전통신(operational communications)
⑫ 공적 · 사적 서비스와 자원(public and private services and resources)
⑬ 공중보건과 의료 서비스(public health and medical service)
⑭ 상황 평가(situational assessment)

계량적 · 신축적 · 적응적인 협력체계는 대응 분야의 핵심역량을 발휘할 수 있도록 하는 임무와 책임을 정렬하는 데 있어서 필수적이다. 체계의 신축성은 지역사회별로 직면하고 있는 위험 제거와 관련된 수요와 역량, 인구통계학적인 요소, 통치구조, 비전통적인 파트너들과의 협력을 고려한 대응노력을 체계화하는 데 도움이 된다. 국가대응 프레임워크는 전국에 동일하게 적용시킬 수 있는 하나의 구조(one-size-fits-all)에 기초하는 것이 아니라, 특정 사건에 대응할 수 있는 능력을 갖춘 가장 낮은 수준의 정부가 우선 사건에 대응하도록 하는, 연결된 대응이라는 개념에 기초하고 있다.

국가재난복구 프레임워크(National Disaster Recovery Framework)

국가재난복구 프레임워크는 대규모 재난을 위한 복구 활동을 증진시키기 위한 가이드라인으로서 재난에 영향을 받은 주 · 부족 · 지방정부의 효과적인 복구를 도와주는 가이드라인이다. 이 프레임워크는 재난복구 관리자들이 통합되고 협력적인 방식으로 복구를 진행해야 한다는 신축적인 구조를 제시한다. 프레임워크는 또한 어떻게 최선의 방식으로 복구하고, 재개발하며, 건강 · 사회 · 경제 · 자연 · 환경적 구조를 다시 활성화하고, 더 복원력이 있는 국가를 만드는가에 초점을 맞추고 있다.

국가재난복구 프레임워크는 다음을 규정한다.

- 핵심적인 복구원칙
- 복구 조정자와 다른 이해관계자들 간의 역할과 책임
- 사전 · 사후 재난복구계획을 위한 가이드라인
- 지역사회가 더 강하고 현명하게 안전한 사회를 재구축할 기회를 만들기 위해 필요한 전반적인 절차

국가재난복구 프레임워크의 8가지 핵심역량은 다음과 같다.

① 기획(planning)
② 공보와 경보(public information and warning)
③ 작전의 조율(operational coordination)
④ 경제회복(economic recovery)
⑤ 보건 및 사회복지 서비스(health and social service)
⑥ 주거(housing)
⑦ 기반시설체계(infrastructure systems)
⑧ 자연과 문화자원(natural and cultural resources)

국가재난복구 프레임워크는 4가지 새로운 개념을 소개한다.

① 연방 재난복구 조정관(Federal Disaster Recovery Coordinator, FDRC)
② 주정부 또는 부족정부 재난복구 조정관(State or Tribal Disaster Recovery Coordinators)
③ 지방정부 재난복구 관리관(Local Disaster Recovery Managers)
④ 복구지원 기능(Recovery Support Functions)

연방 재난복구 조정관, 주정부 또는 부족정부 재난복구 조정관, 지방정부 재난복구 관리관은 복구와 관련된 고려사항을 의사결정에 반영하고, 복구 과정에서 나타나는 필요하고 실행 가능한 조정(adjustment) 수요를 살펴보는 데 있어 중요한 접점 역할을 한다. 복구지원 기능은 문제해결을 조장하고, 자원에 대한 접근성을 개선하며, 연방과 주정부 · 비정부파트너 · 이해관계자들을 조정하기 위한 협력적 체계이다. 각각의 지원 기능별로 소관 연방정부기관이 있으며 이들은 지방정부, 주정부, 비정부기관, 민간단체 등을 포함하는 파트너들과 함께 활동한다. 또한 이 개념들은 재난의 규모에 따라 계량적이다.

국가계획 프레임워크는 각 대비 분야가 국가대비에서 갖는 역할을 설명하고, 전체 지역사회가 어떻게 핵심적인 역량을 구축하고, 유지하며, 실제 활용할 것인지에 대한 중요한 전략과 신조를 제공한다. 이 프레임워크에서 사용된 개념들은 후속적인 계획 활동을 가이드하는 데 사용될 것이며, 이러한 계획들은 (관련된 기관과 참여자들의) 역할과 책임에 대한 세부적인 정보를 제공하고, 핵심역량을 완성해 나가기 위한 중요한 과업을 규정하며, 자원과 인력, 충원에 관한 사항을 찾아내게 될 것이다.

최상위 대비 수준을 달성하기 위한 국가의 노력으로서 국가계획 프레임워크가 실행되어 감에 따라서, 전 지역사회 관계자들은 역량과 능력을 갖추고 유지하기 위한 주요한 의사결정과 광범위한 전략적 함의들에 대해 공통적인 이해를 확대해 나가야 한다. 이 프레임워크들은 현존하는 문서로서, 향후 진행되는 정책과 환경, 새로운 조건, 실제 적용과의 일치성을 평가하기 위해 정기적으로 재검토될 것이다. 첫 번째 검토는 이 문서가 공개된 이후 18개월 이내에 이루어질 것이다. 그 이후의 재검토들은 4년마다 프레임워크의 효과성을 검증하기 위하여 수행될 것이다.

프레임워크가 지정하고 있는 주요 부처와 공공기관들은 각 프레임워크를 위한 재검토와 유지절차를 조정하고 감독하게 될 것이다. 전체적인 재검토는 각 프레임워크 간의 통합이라는 명제하에서 이루어질 것이다. 개정절차는 안전한 사회라는 국가대비목표를 이루기 위해 필수적인 핵심역량을 설정 · 유지 · 이행하기 위한 노력을 통합하기 위해 필요한 문서들을 개발하거나 업데이트하는 것을 포함할 수 있다. 프레임워크에 대한 중요한 업데이트는 연방의 고위 수준의 기관 간 재검토절차를 통해서 이루어질 것이다. 각 프레임워크는 다음 사항을 이루기 위하여 재검토될 것이다.

- 임무 분야의 목표와 목적을 지원하기 위한 핵심역량에 대한 정보의 평가와 업데이트
- 프레임워크가 책임 있는 기관을 잘 반영하고 있는지 확인
- 5가지 대비 분야 간의 통합과 일치성
- 국가적인 위험환경의 변화에 따른 절차 변경
- 일상적인 운영, 훈련 그리고 실제 사건을 통해 얻은 교훈의 반영
- 각 임무 분야와 관련된 국가적 과업의 절차, 새로운 법과 행정부 명령, 대통령 지시를 집행하기 위한 필요성, 국가의 우선순위와 중요 과업, 또는 국가적 역량의 전략적인 변경을 반영

이러한 프레임워크의 실행과 재검토는 효과적인 사례, 훈련과 운영을 통해 얻어진 교훈과 계속적인 기술개발을 고려하여 이루어질 것이다. 이러한 기술은 표준화된 접근방식을 사용하는 모든 대비 분야에 걸쳐 효율적인 통합이 이루어질 수 있도록, 지역에 관계된 데이터와 맥락, 상호의존성을 반영함으로써 미국이 더 효율적으로 위험환경에 적응할 수 있게 할 것이다.

출처 FEMA(2014). *Overview of the National Planning Framework.*

참고 11 32가지 핵심역량(Core Capabilities)

- 기획(planning): 공통(모든 분야)
- 공보와 경보(public information and warning): 공통(모든 분야)
- 작전의 조율(operational coordination): 공통(모든 분야)
- 법의학과 원인규명(forensics and attribution): 예방/보호
- 차단과 중단(interdiction and disruption): 예방/보호
- 첩보와 정보공유(intelligence and information sharing): 예방/보호
- 검사, 수색, 탐지(screening, search, and detection): 예방/보호
- 접근통제와 신분확인(access control and identity verification): 보호
- 사이버보안(cybersecurity): 보호
- 물리적 보호조치(physical protective measures): 보호
- 보호 프로그램과 보호 활동에 대한 위험관리(risk management for protection program and activities): 보호
- 공급망 통합과 안전(supply chain integrity and security): 보호
- 지역사회복원력(community resilience): 경감
- 장기 취약성 저감(long-term vulnerability reduction): 경감
- 위험과 재난복원력 측정(risk and disaster resilience assessment): 경감
- 위협과 위험의 확인(threats and hazard identification): 경감
- 주요 교통수단(critical transportation): 대응
- 환경대응/보건과 안전(environmental response/health and safety): 대응
- 사상자관리 서비스(fatality management service): 대응
- 화재관리와 진압(fire management and suppression): 대응
- 기반시설체계(infrastructure systems): 대응/복구
- 물류와 공급망 관리(logistics and supply chain management): 대응
- 집단구호 서비스(mass care service): 대응
- 대형 수색구조작전(mass search and rescue operations): 대응
- 현장안전, 보호, 법 집행(on-scene security, protection, and law enforcement): 대응
- 작전통신(operational communications): 대응
- 공중보건, 건강관리 및 의료 서비스(public health, healthcare and medical service): 대응

- 상황 평가(situational assessment): 대응
- 경제회복(economic recovery): 복구
- 보건 및 사회복지 서비스(health and social service): 복구
- 주거(housing): 복구
- 자연과 문화자원(natural and cultural resources): 복구

출처 Federal Emergency Management Agency. Core Capabilities, at https://www.fema.gov/core-capabilities

참고 12 국가계획시나리오(National Planning Scenarios)

주요 시나리오 상황	국가계획시나리오	
1. 폭파 공격(사제폭발물을 사용한 폭파)	Scenario 12	폭파 공격 – 사제폭발물을 사용한 폭파
2. 핵 공격	Scenario 1	핵 공격 – 사제 핵무기
3. 방사능 공격(방사능오염폭탄)	Scenario 11	방사능 공격 – 방사능오염폭탄
4. 생물학적 공격(다른 병원균과의 결합)	Scenario 2	생물학적 공격 – 탄저병 연무제
	Scenario 4	생물학적 공격 – 흑사병
	Scenario 13	생물학적 공격 – 식품 오염
	Scenario 14	생물학적 공격 – 해외 동물 질병
5. 화학적 공격(다른 물질과의 결합)	Scenario 5	화학적 공격 – 수포제
	Scenario 6	화학적 공격 – 유독성 산업 화학물질
	Scenario 7	화학적 공격 – 신경물질
	Scenario 8	화학적 공격 – 염소 탱크 폭발
6. 자연재난(다른 재난과의 결합)	Scenario 9	자연재난 - 대규모 지진
	Scenario 10	자연재난 - 대규모 허리케인
7. 사이버 공격 시나리오	Scenario 15	사이버 공격
8. 유행성 인플루엔자 시나리오	Scenario 3	생물학적 질병 발생 - 유행성 인플루엔자

출처 U.S. Department of Homeland Security. Federal Emergency Management Agency, National Planning Scenarios Fact Sheet.

참고 13 뉴욕 주(州) 포괄적 재난관리계획[36][37](NYS Comprehensive Emergency Management Plan, CEMP)

뉴욕 주의 포괄적 재난관리계획(CEMP)의 개발은 뉴욕 주 행정입법, 규정 2B에 따라 요구된다. 이 계획은 뉴욕 주 재난대비위원회(NYS Disaster Preparedness Commission)를 구성하는 뉴욕 주정부 재난관리실(Office of Emergency Management)과 관련 기관들에 의해 개발되고 유지된다.

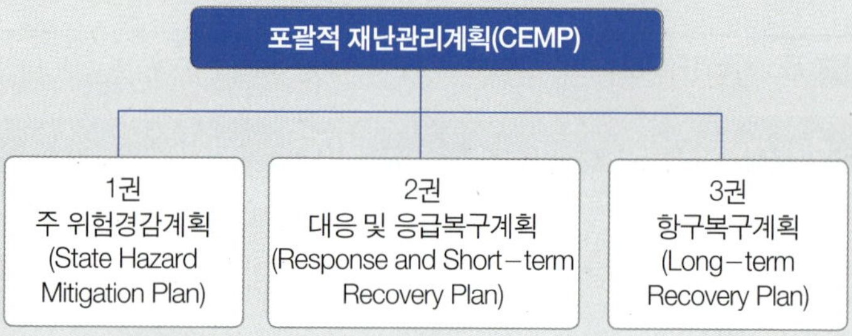

주 위험경감계획(State Hazard Mitigation Plan)

재난관리계획 중 이 부분은 뉴욕 주의 전반적인 위험경감계획절차, 위험 평가, 전략 개발, 계획의 집행을 다룬다. 연방재난관리청(FEMA)으로부터 경감계획에 대해 승인을 받으면 뉴욕 주와 지역사회들은 (계획상에 반영된) 재난 발생 시 영향을 감소시키기 위하여 연방재난관리청(FEMA)이 제공하는 전체적인 재난복구 프로그램과 5가지 재난경감 프로그램(보조 프로그램을 의미)을 신청할 수 있는 권한을 갖게 된다.[38] 또한 승인을 받으면 뉴욕 주가 (연방에서) 진행 중인 경감 활동 관련 기회들을 확인하고 주와 지방정부 수준에서 경감대책을 집행하기 위하여 활용 가능한 연방의 자금을 최대한 이용할 수 있는 기회를 갖게 된다. 이 계획은 자연재난위험 데이터를 제공하고 지역의 계획 수립자가 경감계획과 지역전략을 수립할 수 있도록 전체적인 흐름과 구조 측면에서 가이드라인을 제공한다.

대응 및 응급복구계획(Response and Short-Term Recovery Plan)

이 문서의 목적은 어떠한 비상 또는 재난상황에서도 집행되는 주의 중요한 정책과 관계 당국, 대응조직구조를 확인하는 데 있으며, 이는 종합적이고 여러 기관이 관련된 주정부의 대응을 보장하게 될 것이다. 포괄적 재난관리계획 중 대응 및 응급복구계획 부분은 주정부의 대응을 위한 기본적인 계획구조를 제공하고 주에 영향을 미칠 수 있는 모든 종류의 위험으로부터 응급복구를 진행시키는 구조를 포함한다. 이 계획은 또한 여러 가지 기능적인 특정 위험에 관련된 부속서의 개발을 위한 기초적인 프레임워크로서의 역할을 한다.

항구복구계획(Long-Term Recovery Plan)

이 계획은 연방의 스태포드법과 다양한 연방-주정부 프로그램들에서 제공되는 경감을 포함한 항구복구 활동과 기능을 집행하기 위한 규정을 포함한다. 이 계획은 또한 항구복구계획과 여건과 재난의 영향에 따라서 카운티 또는 지방정부 차원에서 집행될 수 있는 새로운 프로그램들에는 지방정부가 1차적인 역할을 한다.

참고 14 뉴욕 주 위험경감계획(State Hazard Mitigation Plan) 목차

1.0 서론

1.1 필수 조건
1.2 계획 재택설차
1.3 계획 수립절차
1.4 연방 및 주 규정과의 부합
1.5 계획 요약 및 현행화
1.6 뉴욕 주에 관해

2.0 계획 수립절차

2.1 계획 수립 과정의 문서화
2.2 관련 기관 간 조율
2.3 프로그램 통합

3.0 위험 확인(Hazard Identification) 및 위험 평가(Risk Assessment)

3.1 개요 및 방법론
3.1.1 위험 식별

4.5 재원 확보

5.0 경감전략의 조정

5.1 지역의 재원과 기술적 지원

5.2 지방의 계획 통합

5.3 지방 지원의 우선순위

6.0 계획 유지

6.1 계획의 감시, 평가, 업데이트

6.2 경감 활동 과정의 감시

7.0 심각한 반복적 피해

7.1 반복 피해 경감전략

7.2 반복 피해 지역과의 협조

참고 15 뉴욕 주 재난단계별 재난대응센터(Emergency Operation Center, EOC) 가동

주정부의 대응기관은 사고의 범위와 강도에 기초하여 가동된다. 세 개의 가동 단계[39]가 있으며 이는 매일 매일의 정상상태 운영에 우선한다. 정상상태 운영 시 뉴욕 주 재난관리실은 보통의 일상적인 운영을 지휘하고, 주 감시센터(State Watch Center)는 잠재적인 재난을 감시 및 모니터링하며, 주 재난대응센터는 즉각적인 대응태세를 유지한다.

1. 3단계(Level 3) – 상황실 가동(situation room activation): 진행되는 상황과 사고에 대해 더욱 자세히 모니터링하기 위해 뉴욕 주 재난관리실 관계자에 의해 가동

   • 3단계에서는 상황 보고를 위해 필요시에는 주정부의 대응태세를 높이기 위한 준비를 위해 일부 기능이 가동될 수 있음.

   • 3단계는 하나 또는 그 이상의 기관에 의해 훈련으로 특화되어 있는 사고에 대

응하고, 제한적인 영향을 미치는 상황이나 사고의 진행상황을 관리하며, 규정에 따른 권한을 가진 당국에 의해 허용된 필요 지원을 제공하기 위해서 가동될 수 있음.

- 3단계에서는 기능별 소속기관(Functional Branches)[40] 또는 그룹이 상황을 모니터하고 주정부의 대응태세를 높이도록 준비하기 위해서 부분적인 대표성을 가질 수 있음.
- 3단계에서는 뉴욕 주정부 재난관리실장(주정부장관) 또는 지정된 자(예를 들어, 대응 분야 조정관, 재난대응센터장)와 가동된 기능별 소속기관(Functional Branches) 책임자들은 긴급상황의 가동과 현재의 대응을 지원하기 위해서 각 소속기관의 어떤 부서의 활동이 필요한지 공동으로 확인할 수 있음.
- 이 시점에서 사고의 진행상황 예측을 논의하기 위해 최초의 다기관 조정(Multi-Agency Coordination, MAC) 회의가 이루어질 수 있음.

2. 2단계(Level 2) – 부분 가동(partial activation): 광범위하게 또는 잠정적으로 뉴욕 주에 큰 영향을 미칠 수 있는 비상상황이나 재난상황에 대응하기 위해 추가적인 기관들 또는 기능별 소속기관을 활성화하는 단계. 주의 비상사태 선포(State Emergency Declaration)하에서, 주지사는 주정부의 모든 기관들이 재난대비위원회(Disaster Preparedness Commission)의 조정하에 지원 역할을 하도록 지휘할 수 있음.

- 2단계에서는 개별 기관들뿐 아니라 일부 또는 모든 기능별 소속기관이 활성화될 수 있음.
- 뉴욕 주정부 재난관리실장(주정부장관) 또는 지정된 자(예를 들어, 대응 분야 조정관, 재난대응센터장)와 가동된 기능별 소속기관 책임자들은 긴급상황의 가동과 현재의 대응을 지원하기 위해서 각 소속기관의 어떤 기관들이 요구되는가를 공동으로 확인할 수 있음.
- 이 시점에서, 주정부 대응에 대한 주된 정책을 확인하고 참여 중인 기관들에게 일반적인 지침을 제공해 주는 중요 전략을 수립하기 위하여 다기관 조정그룹이 가동될 수 있음.
- 다기관 상황조직(Multi–Agency Situation Unit, MASU)은 해당 사고에 특정된 예상대응 문제를 찾기 위해 가동될 수 있음. 이 조직은 해당 사건 관리에 직접

책임이 있는 기관의 담당자들로 구성됨.

- 이 시점에서 주정부는 상황에 기초하여 중요한 공공 메시지와 권고사항을 내보내기 위한 합동정보센터(Joint Information Center, JIC) 설립을 고려해야 함.

3. 1단계(Level 1) – 전체 가동(Full Activation with possible National Response Framework Coordination): 1단계를 요구하는 사건은 대부분 대통령의 주요 재난 또는 비상사태 선포(Presidential Declaration of Major Disaster or Emergency) 지역과 연방정부가 깊이 관여하게 되는 사건임.

- 1단계에서는 기능별 소속기관, 개별 기관, 연방 등 전체적인 개입이 요구됨.
- 뉴욕 주정부 재난관리실장(주정부장관) 또는 지정된 자(예를 들어, 대응 분야 조정관, 재난대응센터장)와 가동된 기능별 소속기관 책임자들은 각 소속기관의 어떤 부서들이 1단계 가동을 지원해야 하는지를 공동으로 확인할 수 있음.
- 기능별 소속기관 책임자들은 관련되는 연방정부의 지원 기능 담당기관들과 상호의견을 교환하고 협조해야 함.
- 주정부는 연방정부 조정관과 협력할 수 있는 주정부 조정관(State Coordinating Officer, SCO)을 지정할 수 있음. 주정부 조정관과 연방정부 조정관은 공동현장사무소가 설립될 때까지 주정부 대응센터에서 일하게 됨.
- 2단계에서 합동정보센터(JIC)가 가동되지 않았다면, 주정부는 1단계에서는 상황에 기초하여 중요한 공공 메시지와 권고사항을 내보내기 위하여 합동정보센터를 가동할 수 있음.
- 2단계에서 다기관 상황 조직(MASU)이 가동되지 않았다면, 해당 사건에 관련된 예상대응 문제를 찾기 위해 가동될 수 있음.

제3장 스태포드법의 연방 지원

미국의 재난관리체계는 확장 가능한 재난관리체계이다. 이것은 지방정부의 복구나 대응능력이 한계를 초과하게 되면 주정부에 지원을 요청할 수 있다는 의미이다. 사고나 재난의 규모가 압도적으로 커서 주정부가 보유하고 있는 자원으로 해결하지 못할 경우에는 주지사가 연방정부에 지원을 요청할 수 있다.

재난관리체계의 확장 가능성은 재난관리를 실용적이고 효율적이게 할 수도 있으나, 주정부의 자치권 보호에 목적을 둔 연방제 내에서는 정치적인 요소가 관련될 수 있다. 주정부가 지원요청을 제의하도록 하는 제도는 연방정부가 대응 및 복구 업무를 주도할 수도 있다는 우려를 완화시킬 수 있다. 스태포드법[41]은 어떤 사고가 미국의 헌법과 법률이 관할하는 지역과 관련되고, 미국이 그 사고에 대한 명확한 책임과 권한을 행사할 수 있다고 대통령이 판단한 경우 주지사의 요청이 없더라도 비상사태를 선포할 수 있는 권한을 대통령에게 부여하고 있다.[42] 하지만 이런 경우는 매우 드물고, 대부분의 연방 재난지원은 주지사의 요청에 따라 대통령이 선포(presidential declaration)한 경우에 이루어진다.[43]

스태포드법은 세 가지 유형의 선포를 통해 연방지원의 권한을 부여한다. ① 주요 재난 선포(Major disaster declarations), ② 비상사태 선포(Emergency Declarations), ③ 화재관리 지원(Fire Management Assistance Grant, FMAG) 선포이다.[44] 그러나 화재관리 지원(FMAG) 선포는 주로 연방재난관리청(FEMA) 지역사무소 국장(Regional Director)을 통해 이루어진다.[45] 비상사태와(Emergency) 주요 재난 선포(Major Declaration)는 대통령에 의해서만 발령될 수 있다. 각 선포에 대한 상세한 사항은 다음과 같다.

1) 주요 재난 선포(Major Disaster Declarations)

스태포드법에서는 주요 재난(Major Disaster)을 다음과 같이 정의한다.

> 미국 내 어떤 지역에서 발생한 자연재앙(허리케인, 토네이도, 폭풍우, 만조, 너울, 해일, 쓰나미, 지진, 화산 폭발, 산사태, 이류, 눈보라 또는 가뭄) 또는 원인과는 상관없이 발생한 화재, 홍수, 또는 폭발로 인해 주정부, 지방정부, 그리고 다른 재난구호조직들의 피해와 손실 및 고충을 완화하기 위한 활동과 활용 가능한 자원을 보충하기 위해 대통령이 주요 재난지원의 승인을 결정하기에 충분할 정도로 심각하고 엄청난 정도의 피해를 야기하는 재난[46]

주지사가 주요 재난 선포를 요청하면 연방재난관리청이 주 대표들과 만나 예비피해산정(preliminary damage assessment)을 진행한다. 일반적으로 연방재난관리청은 주의 예비피해산정이 법으로 정한 기준을 초과하면 대통령에게 주요 재난의 선포를 건의한다.[47][48] 대통령은 건의에 따라 선포할 수도 있고 하지 않을 수도 있다.

(1) 주요 재난 선포에 따라 제공되는 지원(Assistance provided under Major Disaster Declarations)

스태포드법에 따르면 대통령이 주요 재난을 선포(major disaster declaration)하면 연방재난관리청을 통해 세 가지 주요 지원이 제공될 수 있다. ① 공공지원(Public Assistance, PA) 프로그램, ② 개인지원(Individual Assistance, IA) 프로그램, ③ 위험경감지원금 프로그램(Hazard Mitigation Grant Program, HMGP)이 그것이다. 스태포드법에 따르면 피해가 심하지 않을 경우 공공지원(PA)만 제공하는 주요 재난은 선포할 수 있고, 피해가 크면 공공지원(PA)과 개인지원(IA)을 모두 제공하는 주요 재난 선포를 할 수 있다.

공공지원(PA) 프로그램은 응급보호 조치(emergency protective measures), 폐기물 처리(debris removal), 그리고 자격요건을 충족한 시설에 대한 보수, 대체, 복원(repair, replacement, restoration of eligible facilities) 지원을 주정부, 지방정부, 그리고 일부 비영리단체에게 제공한다.[49] 복구 과정 중 위험요소 완화조치도 공공지원 프로그램에서 제공한다. 그러나 사고의 영향을 받은 모든 정부기관이 지원받을 수 있는 것은 아니다. 연방재난관리청 담당자가 도움이 필요하다고 승인한 기관만이 지원을 받을 수 있다. 원칙적으로 공공지원 프로그램을 통해 제공될 수 있는 지원에는 상한선이 없다.

개인지원(IA) 프로그램은 연방재난관리청 담당자가 지원을 승인한 사람에게만 제공된다. 개인지원에는 임시주거, 재난실업, 법률 서비스, 위기상담(예: 재난 관련 의료, 치과, 매장비용), 보험에 들지 않은 주택의 피해 지원이 포함된다. 현재 한 가정에 제공 가능한 최대 지원금의 규모는

31,400달러이다.[50)]

위험경감지원금 프로그램(HGMP)은 주요 재난(major disaster)이 발생한 주에 지원을 제공한다. 이런 재원들은 재난을 예방하거나 예방할 수 없다면 피해를 완화시키는 활동에 사용되어야 한다. 포스트카트리나법은 스태포드법에 의한 지원금이 2억 달러 이하로 제공되는 주요 재난의 경우에는 높은 비율(하나의 주에 스태포드법에 따른 전체 지원금의 15%)로 지원의 범위가 2억~10억 달러인 경우 10%, 그리고 10억 달러 이상 35억 달러 이하를 지원한 경우에는 7.5%의 위험경감지원금 프로그램을 지원하는 기준을 설정함으로써, 위험경감지원금 프로그램 지급 비율을 조정하였다.[51)]

참고 16 연방재난관리청(FEMA) 지역사무소

구분	담당지역
지역 I	코네티컷, 메인, 매사추세츠, 뉴햄프셔, 로드아일랜드, 버몬트
지역 II	뉴저지, 뉴욕, 푸에르토리코, 버진아일랜드
지역 III	델라웨어, 워싱턴 DC, 메릴랜드, 펜실베이니아, 버지니아, 웨스트버지니아
지역 IV	앨라배마, 플로리다, 조지아, 켄터키, 미시시피, 노스캐롤라이나, 사우스캐롤라이나, 테네시
지역 V	일리노이, 인디애나, 미시건, 미네소타, 오하이오, 위스콘신
지역 VI	아칸소, 루이지애나, 뉴멕시코, 오클라호마, 텍사스
지역 VII	아이오와, 캔자스, 미주리, 네브래스카
지역 VIII	콜로라도, 몬태나, 노스다코타, 사우스다코타, 유타, 와이오밍
지역 IX	애리조나, 캘리포니아, 하와이, 네바다, 사모아, 괌, 북 마리아나 군도 연방, 마셜 군도 공화국, 미크로네시아 연합 주
지역 X	알래스카, 아이다호, 오리건, 워싱턴

출처 FEMA Website, About the Agency Regional Offices, at http://www.fema.gov/about-agency

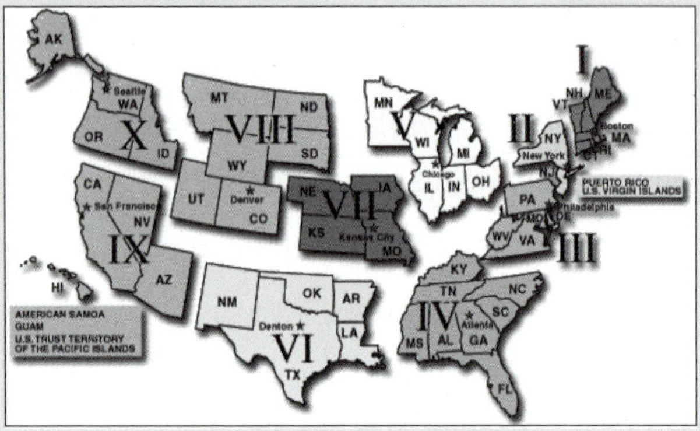

출처 FEMA Website, Regional Contact Information, at http://www.fema.gov/regional-contact-information

참고 17 미국의 재난관리에 관한 정부 간 관계

- 연방제(Federalism)에서 통치권(sovereignty)은 연방과 주에 나눠져 있다. 연방제의 제도 · 절차 · 정치는 재난대응에서 가장 중요하고 어려운 요인을 제공한다. 연방정부의 권한은 헌법에 열거되어 있어 그에 따라 통치할 수밖에 없는 데 반해, 주정부의 권한은 헌법에 명백하게 부여되어 있다.[52] 그 결과 주정부는 시민들의 건강 · 안전 · 복지를 유지하기 위한 "경찰권(police power)"을 갖고 있다. 헌법상의 시민권리를 침해하지 않거나, 의회법 또는 행정부령에 의해 법적으로 대체되지 않는 한, 경찰권의 범위는 주정부가 재난에 대응하는 데 가장 중요하고 지배적인 권한이 된다.[53]
- 연방주의의 원칙은 연방정부가 연방법률을 집행할 목적으로 주정부 공무원들을 징발(commandeering)하는 것을 금지한다. 비록 추가적인 입법으로 "징발 금지(no commandeering)" 원칙을 명확하게 하지는 않았지만 기본적인 개념은 연방의 재난대비 입법은 연방재원에 의한 연방의 인력, 연방 프로그램의 집행에 동의하거나 연방 프로그램의 집행의 대가로 연방 재원을 받은 주정부의 인력에 의해서 집행되어야 한다. 또는 주정부는 연방의 프로그램 또는 자신들의 정책 가운데 하나를 집행할지에 대한 선택권이 있다.[54]

• 지방정부는 법적으로 주정부의 일부이고 지방공무원들은 주의 법률이나 헌법조항에 따라서 허용된 권한과 자원을 가지고 있다. 주정부 이하 수준의 정부 기능은 각 주의 헌법에 달려 있다. 책임도 주마다 다르다.[55] 그러나 모든 주는 어떤 형태로든 재난관리법률을 가지고 있는데 이러한 법률은 다음의 내용을 포함하고 있다.[56]

① 주의 재난 또는 재난관리기관을 설립한다.
② 재난대응에서 주와 지방정부조직의 역할을 명확하게 한다.
③ 주의 비상사태(state of emergency)를 선포하는 행정권한을 부여한다.
④ 그러한 선포에 따른 특별한 집행권한을 설명한다.
⑤ 이웃 지방정부와 상호원조 형태의 협력을 허락한다.

• 지방정부 공무원들은 자신의 지역사회 내에서 발생하는 재난에 대비하고 대응할 법적 책임이 있다. 이 법적 책임은 주 공무원들에 의한 법적 위임, 지방정부를 설립하고 그들의 권력과 권한을 자세히 서술하고 있는 도시구성법(municipal incorporation laws), 도시 헌장(city charters),[57] 그리고 다른 법률과 헌법조항에 근거하고 있다.[58]
• 국가대응 프레임워크에 따르면 "재난 또는 위기대응의 가장 기본적인 명제는 사고는 일반적으로 가능하면 가장 낮은 수준의 관할기관에서 다룬다"는 것이다. 사고는 지역에서 시작하고 대부분이 지방정부 수준에서 다루어진다. 많은 사고들이 지방정부기관, 비정부기관, 그리고 민간부문의 통합된 대응을 필요로 한다. 그리고 일부는 이웃 관할기관이나 주의 추가 지원을 필요로 한다. 소수만이 연방의 지원을 필요로 한다.[59]
• 지역사회와 관련된 문제에 관해서는, 지방정부가 우선적 권한과 자치권을 가지고 있다. 문제에 가장 가까이 있는 사람들이 가장 좋은 해결책을 찾을 준비가 되어 있다. 미국의 재난대응체계는 이러한 원칙을 반영하고 있다. 핵심적인 가정은 사고(incident)는 전통적으로 가장 하위의 지리적, 조직적, 그리고 관할구역의 수준에서 가장 잘 관리될 수 있다는 것이다. 이러한 접근을 정당화할 수 있는 몇 가지 이유가 있다.[60]

① 모든 지역사회는 특성이 있다. 대비계획은 지역의 문화, 지리, 언어, 사회 기반시설, 정치적인 요소들을 고려해야만 한다.

② 지역사회는 공공안전에 대한 책임을 가지며 문제를 다루는 데 필요한 우수한 자산을 갖고 있다. 미국 내 수백만의 초기대응인력(소방, 경찰, 전기, 가스, 수도 같은 응급 서비스와 공공 서비스 담당자, 의료요원, 자원봉사단체) 대다수가 지방정부를 위해서 일하거나 지방정부와 일하고 있다.

③ 대부분의 재난은 초기 몇 시간이 중요하다. 특히 생명을 위협하는 부상은 즉각적인 조치를 필요로 한다. 제시간에 도착할 수 있는 유일한 인력인 지역 대응인력에게는 관할구역이 정해져 있다.

④ 우선순위가 중요하다. 주정부와 연방정부는 대형재난으로 피해를 입은 지역사회를 돕기 위하여 추가적인 자원 배분의 우선순위를 결정해야 한다. 지방정부는 재난으로 가장 큰 피해를 입은 지역에 더 강력히 대응하여 더 많은 지원을 받을 수 있도록 할 수 있다.

⑤ 대응이 중요하다. 지역사회가 재난대응에 주된 책임을 지지 않는다면, 시민들을 보호하는 데 필요한 자원과 자산에 대한 투자를 소홀히 할 것이다.

• (자연)재난에 대한 정부 간 대응은 상향식(bottom-up)으로 구성되어 있다. 재난대응은 지방정부 수준에서 시작해서 사전에 정해진 절차를 따라 주정부를 거쳐, 궁극적으로는 연방정부까지 이루어진다. 만약 상위의 정부가 참여하게 되면 상위 정부는 하위 정부의 활동을 대체하거나 대신하는 것이 아니라, 참여한 모든 수준의 정부가 재난구호정책을 집행하는 과정에서 함께 일하게 된다.[61)]

참고 18 주요 재난 선포에서 공공지원을 위해 고려되는 요소(Factors Considered for Public Assistance in Major Disaster Declarations)

• 지원 추정 비용(Estimated cost of the assistance): 연방재난관리청은 주 단위에서 재난의 영향을 측정하기 위해 주 전체의 1인당 영향지표(Statewide Per Capita Impact Indicator)를 활용한다. 2014년 10월 1일 이후 선포되는 주요 재난에 대해서는 주의 주민 1인당 1.41달러 이상의 피해가 최소기준(threshold figure)이다.[62)]

• 지역적 영향(Localized impacts): 연방재난관리청은 카운티(County) 단위에서 재난의 영향을 측정하기 위해 카운티 전체의 1인당 영향지표(County-wide Per Capita Indicator)를 활용한다. 2014년 10월 1일 이후 선포되는 주요 재난에 대해서 카운

티의 주민 1인당 3.56달러 이상의 피해가 최소기준이다.[63)]

- 보험 적용범위(Insurance coverage): 피해의 측정에서 보험가입의무가 있는 정부와 비영리기관에 대한 피해는 제외한다.
- 위험경감(Hazard mitigation): 주의 위험경감 활동으로 피해가 적게 발생하여 1인당 최소 피해기준을 초과하지 않은 경우에 연방재난관리청에서는 이를 고려한다.
- 최근의 반복 재난(Recent multiple disasters): 12개월 이내에 여러 가지 반복적인 재난으로 피해를 입은 경우 연방재난관리청에서는 이를 고려한다.
- 다른 연방지원 프로그램(Programs of other federal assistance): 다른 연방정부의 지원이 가능한 프로그램이 있는지 고려한다.

출처 McCarthy, F. X.(2010). CRS Report RL34146, *FEMA's Disaster Declaration Process: A Primer*. Congressional Research Service, Library of Congress.

참고 19　주요 재난 선포에서 개인지원을 위해 고려되는 요소(Factors Considered for Individual Assistance in Major Disaster Declarations)

- 피해의 집중(Concentration of damages): 피해의 집중은 개별 지역사회에 대한 피해의 밀도를 본다. "일반적으로 고도로 집중된 피해는 주 전반에 퍼져 있는 피해보다 연방의 지원이 더 필요하다."[64)]
- 트라우마(Trauma): 트라우마는 연방재난관리청 규정에서 생명의 손실과 부상, 일상적인 지역사회 기능의 붕괴, 전력과 수도의 손실을 포함한 긴급한 필요의 세 가지 형태로 정의된다.
- 특정한 주민(Special Populations): 연방재난관리청은 재난으로 피해를 입은 지역의 인구통계자료를 고려한다. 인구통계자료는 주민의 연령과 수입, 지역의 주택보유, 원주민 부족(Native American tribal groups)의 영향과 그 밖에 고려되어야 하는 관련 사항을 포함한다.
- 자원봉사기관 지원(Voluntary agency assistance): 자원봉사기관 지원은 자원봉사 및 자선단체, 주정부와 지방정부가 재난피해자 지원을 위해 무엇을 했고, 복구기간에 지원할 수 있는 가능성 평가를 포함한다. 연방재난관리청은 주와 지방의 프로그램이 "재난피해자의 필요를 충족할 수 있는지"[65)]를 고려한다. 이 요소는 주관적인 평가이기 때문에 재난선포 과정에서 가장 많은 논쟁을 초래한다.

• 보험 적용범위(Insurance coverage): 혜택의 중복금지 규정에 따라 다른 프로그램이나 보험 또는 다른 곳에서 지원받은 경우 지원을 받을 수 없다.[66)]

출처 McCarthy, F. X.(2010). CRS Report RL34146, FEMA's Disaster Declaration Process: A Primer. Congressional Research Service, Library of Congress.

2) 비상사태 선포(Emergency Declarations)[67)]

스태포드법에서 비상사태(emergency)의 정의는 다음과 같다.

미국 내 어떤 지역의 재산이나 공중보건, 안전을 보장하고 재난의 피해를 막기 위한 주정부나 지방정부의 활동과 역량을 보충하기 위해 연방정부의 지원이 필요하다고 대통령이 결정하는 경우 또는 상황[68)]

재난 선포(Disaster Declaration)와 같이 연방재난관리청은 주 대표들과의 회의를 통해 대통령에게 비상사태 선포 여부를 건의한다. 그러나 주요 재난과는 달리 재난비용의 규모를 평가하기 위한 1인당 산출공식(per capita formula)은 선포 건의에 반영되지 않는다.[69)]

(1) 비상사태 선포에 따라 제공되는 지원(Assistance provided under Emergency Declarations)

비상사태 선포는 주정부와 지방정부가 장래에 발생할 수도 있는 피해를 줄일 수 있는 필수적인 서비스와 활동들에 대한 권한을 부여한다. 비상사태 선포는 사건이 발생하기 전에 생명을 구하고 피해를 줄이기 위해 발령한다. 예를 들어 허리케인이 육지에 내습하기 이전에 지방정부가 대피를 지휘하고 사전에 자원을 배치하기 위해 발령될 수 있다.[70] 비상사태 선포 이후에 제공되는 지원의 종류에는 폐기물 처리, 식품과 의약품의 제공, 주정부나 지방정부에 대한 기술자문 지원 등이 있다.

비상사태 선포 시 공공시설이나 비영리시설의 보수나 대체를 위한 지원은 제공하지 않고 가정이나 개인에 대한 지원도 제공하지는 않는다.

3) 화재관리 지원 선포(Fire Management Assistance Grant Declarations)

스태포드법은 주정부나 지방정부가 공공 또는 민간 임야에서 발생하여 주요 재난이 될 가능성이 높은 화재를 경감 · 조정 · 관리하는 데 필요한 인력과 장비, 지원금 등 다양한 형태의 연방지원이 이루어질 수 있도록 한다.[71]

연방재난관리청은 주지사가 화재관리 지원(FMAG) 선포를 요청했을 때 주 대표들과 회의를 개최하기는 하지만 화재관리 지원 선포 여부에 대한 건의를 결정할 때, 화재비용의 규모를 추정하기 위해 1인당 산출공식(per capita formula)을 적용하지는 않는다.[72]

(1) 화재관리 지원에 따른 지원(Assistance provided under Fire Management Assistance Grants)

스태포드법은 대통령이 필수적인 지원을 할 수 있도록 권한을 부여하고 있다.[73] 필수적인 지원에는 지방정부, 적십자와 구세군 같은 재난지원조직을 통한 의약품과 의료의 제공, 식품의 배분 등이 포함되어 있다. 여기에는 폐기물 처리, 수색 및 구조, 응급대중 구호 및 구호소, 임시교량 등 도로통행, 학교를 위한 임시시설의 설치 그리고 기타 서비스의 제공도 포함된다. 화재관리 지원은 개인과 가정에 장기적인 지원은 제공하지 않는다.

제4장 비용분담

스태포드법에 따르면 대응 및 복구 활동의 비용은 일반적으로 주정부와 연방정부가 분담한다. 스태포드법에는 피해를 입은 시설의 수리 · 복구 · 대체를 위해 연방정부가 주정부에 지급해야 하는 세부적인 규모에 대한 규정이 포함되어 있다. 이를 "비용분담(Cost Shares)"이라고 하며, 스태포드법은 연방의 분담이 "75% 미만이 되지 않아야 한다"라고 규정하고 있다.[74)]

재원분담은 주정부의 부담을 줄이는 방향으로는 조정될 수 있으나 늘릴 수는 없다. 줄어든 주정부의 부담을 비용분담면제(cost-share waiver)라고 한다. 대부분의 경우, 비용분담면제는 연방재난관리청의 권한에 따라 조정되고 1인당 사전피해추정(per capita preliminary damage estimates)에 근거한 행정행위를 통해 집행사무소(executive branch)에서 시행한다.[75)] 추가적으로 1997년 이후, 특히 2005년 걸프 해안(Gulf Coast) 폭우에 따른 주정부의 재원분담능력에 대한 우려가 커지자 의회는 비용분담을 조정하는 권한을 행사하기 시작했다.[76)]

제5장 재난구호기금

스태포드법에 따라 제공되는 대부분의 지원은 연방재난관리청의 재난구호기금(Disaster Relief Fund, DRF)으로부터 제공된다.[77] 재난구호기금(DRF)은 연도제한 없는 회계(no-year account)[78]로 대응 활동을 지원하고 복구 프로그램의 재원을 조달한다. 재난구호기금은 다른 연방기관에 대한 임무부여(Mission Assignment, MA)[79]를 지원하기 위해 사용될 수 있다. 현재 관련 예산은 재난구호기금의 일반 세출 법안에 의한 재원과 재원이 고갈될 우려가 있을 때 추가로 제공되는 재원으로 구성되어 있다. 재난구호기금 잔고가 낮아지면 연방재난관리청은 일반적으로 장기 프로젝트를 정지시킨다(주로 공공지원과 위험경감지원금 프로그램이 이에 해당한다). 이 정책은 재난구호기금이 즉각적이고 생명을 위협하는 일에 우선적으로 투자될 수 있도록 한다. 이러한 규칙은 재난구호기금이 새로운 세출로 재정이 재정비될 때까지 지속된다.[80]

재난구호기금 잔고는 연방재난관리청이 주요 재난 선포를 건의하거나 대통령이 주요 재난 선포를 결정하기 위한 기준이 되지는 않는다.

제6장 종료

스태포드법의 복구 프로그램은 종료날짜가 엄격하게 제한되어 있는 것은 아니다.[81] 주요 재난을 "종료(Close Out)"하기 위한 필요조건은 미연방법(Code of Federal Regulations, 44 C.F.R. 13.50-Closeout)에 규정되어 있다. 일반적으로 공공지원(PA)과 위험경감지원금 프로그램(HMGP) 프로젝트를 완료하는 데 가장 오랜 시간이 소요된다. 대형 사회기반시설 프로젝트는 완성하는 데 수년이 걸리기도 한다. 공공지원과 위험경감지원금 프로그램은 공통적인 종료절차가 있다.

- 개별 프로젝트는 신청자들이 관리하게 되며, 각 프로젝트는 관련된 모든 비용이 증빙서류와 일치(reconciled)할 때 주정부와 연방재난관리청에 의해 종료된다.
- 재난과 비상사태는 모든 지원 프로젝트가 종료되고, 신청자에 대한 행정수당지출금이 증빙서류와 일치할 때 종료된다.
- 모든 재난 신청이 종료되었을 때 그 프로그램도 종료할 수 있다. 프로그램들은 주정부의 관리비용이 증빙서류들과 일치할 때 마감될 수 있다.
- 하나의 재난에 대한 프로그램들이 모두 마감되었을 때, 그 재난도 종

료된 것으로 볼 수 있다.[82)]

연방정부가 임무부여를 통해 조달하는 복구 프로젝트 및 활동을 위한 재원은 재난구호기금(DRF)으로 상환된다. 주정부는 추가적인 재원조달이 필요하다고 판단하는 경우 재심의를 요구할 수 있다.[83)]

제7장 다른 형태의 연방 선포

어떤 경우에는 스태포드법을 통한 주요 재난 선포가 연방재난관리청 이외의 연방정부 프로그램을 가동시킬 수도 있다. 예를 들어 주요 재난 선포를 통해 중소기업청(Small Business Administration, SBA)의 재난대출 프로그램을 가동시키는 상황이 있을 수 있다. 하지만 일부 연방부서 및 기관은 스태포드법과 별개로 재난 및 비상사태를 선포하고 대응할 권한이 있다. 위의 중소기업청(SBA)의 사례와 같이 이러한 권한은 연방재난관리청과 동시에 또는 독립적으로 시행될 수 있다.[84] 이는 국토안보 대통령령 5(Homeland Security Presidential Directive 5, HSPD–5)에 따라서 국토안보부장관이 조정하는 대응의 일부일 수도 있다. 위에서 설명했듯이 이러한 권한과 책임은 국가대응계획(NRF)이 마련한 틀 내에서 보완("부록"으로 알려진) 또는 보충운영계획 내에서 시행된다.

표 1–1은 별도의 권한을 갖고 다른 형태의 재난을 선포하고 대응할 수 있는 다른 연방정부부처/청의 사례이다.

| 표 1-1 | 다른 형태의 연방 선포

시나리오	부처/청	권한
농업과 식품 (Agriculture and Food)	농무부 (Department of Agriculture)	• 농무부장관은 해충이나 가축 질병의 출현으로 미국의 가축이 위협을 받는 경우 비상사태를 선포하고 조치를 취할 권한을 갖고 있다(7 U.S. Code §8306[2007]). • 농무부장관은 식물 해충이나 유독한 잡초의 출현으로 미국의 식물이나 식물의 생산물이 위협받는 경우 비상사태를 선포하고 조치를 취할 권한을 갖고 있다(7 U.S. Code §7715[2007]).
공중보건 비상 (Public Health Emergency)	보건후생부 (Department of Health and Human Services)	• 보건후생부장관은 공중보건과 복지를 보호하기 위해 조치를 취하고 공중보건 비상사태를 선포하며 공중보건 비상상황에 대비하고 대응할 권한을 갖고 있다(Public Health Service Act 42 U.S.C. §201 이하 참조.[2007]).
유류와 위험물질 유출(Oil and Hazardous Material Spills)	환경보호청(EPA) 또는 해안경비대 (Coast Guard)	• 환경보호청과 해안경비대는 기름유출과 위험물질·오염물질·오염균 유출 대응의 선도적 역할을 포함한 대응권한을 갖고 있다(42 U.S. Code §9601 이하 참조, 33 U.S. Code §1251 이하 참조). • 환경보호청장 또는 해안경비대장은 기름유출을 국가적으로 심각한 유출사고(Spill of National Significance)로 분류할 수 있다. 이러한 지정을 통해 국가사고지휘관(National Incident Commander)의 지명을 가능하게 한다(40 C.F.R. Part 300 [2006]).

주) 이러한 권한들은 독자적으로, 동시에 또는 대통령의 명령에 따라 국토안보부장관에 의해 조율되는 연방대응에 포함될 수도 있다.

출처 U.S. Department of Homeland Security, *National Response Framework(2nd Edition)*. May 2013.

제8장 연방의 연방 지원

사고를 해결하는 기능 및 책임이 있는 연방부처와 청은 정규 업무의 범위를 넘어섰을 때, 다른 연방기관들과 협력하여 문제를 해결할 수 있다. 스태포드법에 따른 연방의 연방 지원(Federal to Federal Support)은 임무부여(Mission Assignments, MA)를 통해 주로 수행되며, **표 1-1**에 제시된 사고와 같이 스태포드법의 적용을 받지 않는 것은 다른 기제(예를 들어 기관 간 협정(interagency agreements), 상호원조(mutual aid) 등)를 통해 실행된다.

1) 스태포드법에 따른 사고와 임무 부여(Stafford Act Incidents and Mission Assignments)

비상사태나 주요 재난이 선포되었을 때에도 연방재난관리청이 독점적으로 모든 재난대응 및 복구 업무를 수행하는 것은 아니다. 대통령은 연방정부가 스태포드법에 근거하여 주정부와 지방정부의 재난대응 및 복구 활동을 지원하는 권한과 자원을 연방기관이 사용하도록 지시할 권한을 갖고 있다. 일반적으로 비상사태 또는 주요 재난이 선포되었을 때, 또는 스태포드법 선포가 예상되거나 이에 준하는 때에 연방재난관리청은 임무를 부여하여 그 사고와 관련된 연방정부기관 및 조직이 주의 연방정부 지원 요청에 대처하도록 조정하거나, 전체 연방 활동을 지원하도록 조정한다. 임무부여(MA)를 통해 다른 정부기관이 하는 활동은 일반적으로 연방재난관리청이 재난구호기금(DRF)을 통해 변제한다.[85] 예를 들어 연방재난관리청은 보건후생부(HHS)에 환자의 가족 및 의료진이 아닌 사람을 보호하기 위해 연방 의료스테이션이 위치하고 있는 피난처를 구축하고 운영하도록 요청할 수 있다.

2) 비 스태포드법 사고(Non-Stafford Act Incidents)

국가대응 프레임워크(NRF)에 따라서 사고에 대응하는 연방정부부처 및 기관은 기관 간 협정, 기관 내 협정 또는 상호 원조(interagency intra agency agreements or mutual aid)의 실행을 통해 연방의 연방 지원을 받을 수 있다.

제9장 다른 주요 연방 법률과 정책

스태포드법을 보완해 주는 몇 가지 법률과 정책이 있다. 이 정책들은 재난대비, 경감, 대응, 재난구호에 있어서 연방정부의 역할을 규정하고 정의한다. 여기에서는 이와 관련된 주요 법률과 정책을 설명한다.[86)]

1) 재난경감법(Disaster Mitigation Act of 2000)

재난경감법(Disaster Mitigation Act of 2000, P.L. 106-390)을 통해 주정부 및 지방정부에 대한 기술적 · 재정적 지원 프로그램의 설치권한을 대통령에게 부여하도록 스태포드법을 개정하였다. 이 지원 프로그램은 주정부나 지방정부 관할권 내의 인명 및 재산피해 저감뿐 아니라 주요 서비스 및 시설 피해를 저감하기 위해 설계된 것으로 비용적인 측면에서도 효율적인 사전 재해위험요인 경감 대책의 실행을 지원하는 것이다.

재난경감법을 통해 국가재난경감지원금(National Pre-disaster Mitigation Fund)을 신설하였으며, 대통령에게 주정부 및 지방정부가 자신의 관할 내 모든 자연재난위험요인을 규명하고, 효과적인 위험요인 경감을 위한 민-관 협력관계를 구축할 수 있는 능력을 증명하는 주정부와 지방정부에 대해 기술적 및 재정적 지원을 제공할 수 있는 권한을 부여하였다.

참고 20 공중보건법 및 공중보건 비상권한(Public Health Service Act and Public Health Emergency Authorities)

- 공중보건법 규정에 따라 보건후생부장관은 공중보건 비상사태를 선포할 수 있고, 질병관리본부(Centers for Disease Control and Prevention, CDC), 식의약품청(Food and Drug Administration), 국가보건원(National Institute of Health)의 일부 조직과 공공보건 서비스 군의관단(Public Health Service Commissioned Corps)을 파견해서 대응한다.
- 공공보건 서비스 군의관단의 대장(Surgeon General)은 외국에서 국내로, 또는 주(州) 간에 전염병이 유입, 전염, 확산되는 것을 막기 위해 필요한 조치를 발령하거나 공포할 권한이 있다. 이후 대통령은 행정명령을 통해 이동제한 조치를 촉발할 수 있는 질병들을 구체화한다. 생물학적 무기에 의한 테러공격을 가정할 경우, 그 병원체가 기존 법령에서 명시하고 있는 질병 중의 하나를 전염시킬 수 있다면 연방의 권한이 발령될 수 있다.[87)]
- 공중보건법은 또한 보건후생부장관에게 질병관리본부(CDC)와 국토안보부(DHS)와 협력하여 생물학 테러리스트 공격이나 다른 공중보건비상에 대비하여 의약품, 백신과 다른 생물학 제품, 의료기기 그리고 다른 보급품의 전략적 비축(Strategic National Stockpile, SNS)을 유지하도록 지시하고 있다.

출처 Banks, W. C.(2011). *The Legal Landscape for Emergency Management in the United States*, National Security Studies Program Policy Paper.

2) 포스트카트리나법(Post Katrina Emergency Management Reform Act of 2006)

2005년 허리케인에 대한 대응책으로 연방정부의 재난관리에 관한 광범위한 개정이 이루어졌다. 대부분의 개정사항들은 2007년 회계연도의 국토안보부 세출 법률(DHS appropriations legislation for FY 2007)과 포스트카트리나법(이하 카트리나법)에 포함되어 있다.[88)]

포스트카트리나법은 연방재난관리청 지도부의 지위와 직위의 필요요건을 바꾸고, 연방재난관리청에 새로운 임무를 부여하였으며, 이전에 폐지되었던 임무들을 복원시키기도 하였다. 포스트카트리나법은 연방재난관리청 청장에게 재난 전후로 다양한 활동을 맡게 함으로써 기관의 권한을 강화하였다. 또한 새로운 법을 만드는 규정을 포함하고 있으며, 스태포드법과 국토안보법을 개정하였다.[89)]

포스트카트리나법을 통해 바뀐 규정 중 대비를 위한 특별 요구사항이 있다. 예를 들면, 대통령에게 국가대비목표(NPG)와 국가대비체계(NPS)를 수립하도록 하는 권한을 부여하였고, 테러를 포함한 모든 유형의 재난을 저감하고 모든 유형의 재난을 예방·대응·복구할 수 있는 국가의 역량을 확보하기 위해 국가대비목표를 완성·개정·갱신하는 권한을 부여하였다.[90)] 또한 국가대비목표는 국가사고관리체계(NIMS)와 국가대응계획(NRP, 현재는 NRF)과 부합되어야 한다고 명시하고 있다.[91)]

포스트카트리나법은 신규 정책 집행정보 등에 대한 의회의 보고를 받을 권한을 보장하기 위해서 보고 필요사항을 설정하였다. 여기에는 자격을 갖춘 인력이 있는지, 개인과 가족에 대한 지원을 강화하기 위한 가이드라인이 개발되고 있는지 등에 대한 정보가 포함된다.[92)] 다른 개정사항으로는 지출에 대한 감사, 그리고 사기·낭비·남용을 방지하고 감지해내기 위한 내부관리 통제 프로세스를 개발하고 유지하기 위한 감시 및 책임 대책이 포함되어 있다.

3) 국토안보 대통령령(Homeland Security Presidential Directives)

9/11 테러리스트 공격에 대한 대책으로 부시(Bush) 대통령은 연방정부의 재난관리정책에 영향을 끼친 몇 가지 국토안보 대통령령(Homeland Security Presidential Directives, HSPD)에 서명했다.[93] 이 중 핵심이 되는 것은 2003년 12월 1일에 서명한 국토안보 대통령령 8(HSPD−8, Framework Approach)과 2003년 2월 28일에 서명된 국토안보 대통령령 5(HSPD−5)이다. 국토안보 대통령령 5의 목적은 하나의 통합된 국가사고관리체계를 구축함으로써 미국 내 사고관리를 위한 미국의 역량을 강화시키는 것이다. 국토안보 대통령령 5는 국토안보부장관에게 국가대응계획(NRP)을 발전시키고, 국내 사고를 관리하기 위하여 국가사고관리체계(NIMS)의 실행을 통해 모든 수준의 정부(연방 · 주 · 지방 · 부족)를 단일한 프레임워크 안에서 협력하도록 하는 작전개념을 개발하도록 지시하고 있다. 국토안보 대통령령 5에 의거하여 모든 연방기관들은 국가사고관리체계를 채택하여야 한다.

참고 21 국토안보 대통령령 5(HSPD−5)

주제 국내 사고관리(Management of Domestic Incidents)

목적(Purpose)

1. 하나의 통합된 국가사고관리체계(NIMS)의 구축으로 미국 국내 사고관리능력 강화

정의(Definition)

2. 이 대통령령에서,

a. "장관"은 국토안보부장관을 의미한다.

b. "연방부처와 청(federal departments and agencies)"은 국토안보부와 5 U.S.C.(미

연방 법전, United States Code) 104(1)에 열거되어 있는 집행부처, 5 U.S.C. 104(1)에 정의되어 있는 독립기관, 5 U.S.C. 103(1)에 정의되어 있는 공기업(governmental corporations), 미국 우정청(United States Postal Services)을 의미한다.

c. "주(state)", "지방(local)", "미국(United States)"은 지리적인 의미로 사용될 때에는 국토안보법(Homeland Security Act of 2002)에서와 같은 의미를 가진다.

정책(Policy)

3. 테러리스트들의 공격, 주요 재난, 다른 비상사태를 예방 · 대비 · 대응 · 복구하기 위하여 미국정부는 국내 사고에 대해 단일의 종합적인 접근방법을 취할 것이다. 미국정부의 목적은 연방 · 주 · 지방 · 부족정부들이 국내 사고에 대한 범국가적인 접근을 통해 효율적이고 효과적으로 함께 일할 수 있는 역량을 갖추는 것이다. 이러한 노력을 통해 정부는 위기관리와 결과관리를 분리된 두 개의 기능이 아니라 단일의 통합된 기능으로 다룬다.

4. 국토안보부장관은 미국의 국내 사고관리의 중심이 되는 주요 연방공무원(principal Federal official)이다. 2002년 국토안보법에 따라 장관은 미국 내에서 테러리스트들의 공격, 주요 재난, 다른 비상사태를 대비 · 대응 · 복구하는 연방의 작전을 조정할 책임을 지고 있다. 장관은 다음 4가지 조건 중 하나가 적용된다면 테러리스트들의 공격, 주요 재난, 다른 비상사태를 대응하고 복구하는 데 활용되는 연방정부의 자원을 조정하게 된다.

   ① 독자적 권한에 따라 활동하는 연방부처나 청이 장관의 지원을 요청하는 경우
   ② 주와 지방정부 자원의 한계를 초과하고, 연방의 지원이 필요한 주와 지방의 권한에 의해 요청된 경우
   ③ 사고대응에 하나 이상의 연방부처나 청이 지속적으로 관련되는 경우
   ④ 장관이 대통령으로부터 국내 사고관리에 대한 책임을 맡도록 지시를 받는 경우

5. 이 대통령령의 어떤 것도 연방부처와 청이 법률상의 책임이행권한을 수행할 능력을 변경하거나 방해하지 않는다. 모든 연방부처와 청은 국내 사고관리에 관한 장관의 역할에 협조하여야 한다.

6. 연방정부는 국내 사고관리에서 주와 지방정부의 역할과 책임을 인지한다. 국내 사고를 관리하는 최초의 책임은 주와 지방정부에 있다. 연방정부는 주와 지방정

부의 자원이 한계를 초과하게 되었을 때 또는 연방의 이해가 관련되었을 때 주와 지방정부를 지원할 것이다. 장관은 적절한 계획, 장비, 교육과 훈련을 보장하기 위해 주와 지방정부와 함께 협력할 것이다. 장관은 주와 지방정부가 미국의 안보에 가장 중요한 계획과 역량을 포함한 통합재난관리계획과 역량(all hazards plans and capabilities)을 개발하도록 지원하고, 주와 지방, 연방계획이 양립될 수 있도록 보장할 것이다.

7. 연방정부는 테러리스트들의 공격, 주요 재난, 다른 비상사태를 예방 · 대비 · 대응 및 복구하는 데 있어서 민간과 비정부부문의 역할을 인지한다. 장관은 적절한 계획, 장비, 교육과 훈련을 보장하기 위해 그리고 사고관리 역량을 다루기 위한 협력관계를 촉진하기 위해 민간 및 비정부부문과 조율할 것이다.

8. 법무부장관은 국가보안법(National Security Act of 1947)과 다른 적용 가능한 법률, 행정명령 12333, 그리고 그 행정명령에 따라 법무부장관이 승인한 절차에 따라서, 미국 내 개인이나 집단에 의한 테러 활동이나 위협, 해외에서 미국시민 또는 기관을 대상으로 한 테러 활동이나 위협, 미 연방 내에서 발생하는 테러 활동뿐만 아니라 정보수집 활동과 관련된 범죄수사에 대한 책임을 진다. 일반적으로 연방수사국을 통해 활동하는 법무부장관은 국가안보를 보호하는 활동과 연계된 다른 연방부처 및 청과의 협력하여 미국에 대한 테러리스트들의 공격을 감지 · 예방 · 봉쇄 · 분쇄하기 위한 다른 법 집행기관들의 활동을 조율할 것이다. 미국의 범죄관할 내에서 가해지는 테러리스트의 위협 또는 실제 사건을 추적하고, 범인을 색출하여 법의 심판을 받게 하기 위하여, 미국의 법률 그리고 국가안전보장을 위한 다른 연방부처 및 청의 활동과 부합하는 미국의 모든 역량들을 법무부장관에게 지원토록 할 것이다. 법무부장관과 국토안보부장관은 두 부처 간의 협력과 조율을 위한 적절한 관계와 기제를 정립할 것이다.

9. 이 대통령령의 어떤 것도 최고통수권자인 대통령으로부터 국방부장관, 군사령관에 이르는 군 명령체계 또는 군 명령과 통제절차 등 군 명령계통을 포함한 국방부장관의 권한을 손상하거나 권한에 영향을 미치지 않는다. 국방부장관은 대통령의 지시에 따라서 또는 군의 대비와 일치하고 법과 상황에 따라서 적절할 때 행정당국에 군사지원을 제공할 것이다. 국방부장관은 시민을 지원하는 군대에 대한 명령권한을 보유한다. 국방부장관과 국토안보부장관은 두 부처 간의 협력과 조정을 위한 적절한 관계와 기제를 정립할 것이다.

10. 국무부장관은 국가의 안전을 보장하기 위한 미국정부의 다른 활동과 일치하도

록 국내 사고의 예방 · 대비 · 대응 · 복구 그리고 미국 국민과 해외에서의 미국의 이해와 관련된 국제적인 활동을 조율할 책임이 있다.

11. 국토안보보좌관(Assistant to the President for Homeland Security)과 국가안보보좌관(Assistant to the President for National Security Affairs)은 대통령의 지시에 따라서 각각 국내와 국제 사고에 대한 부처 간 정책조율의 책임을 질 것이다. 국토안보보좌관과 국가안보보좌관은 미국의 국내 · 국제 사건관리 활동이 매끄럽게 통합되도록 협력할 것이다.

12. 장관은 국내 사건과 관련된 정보가 적절하게 수집되어 공공 및 민간부문 · 주와 지방정부 · 연방부처와 청에 제공되고, 대통령에게는 일반적으로 국토안보보좌관을 통해 정보가 제공되게 할 것이다. 장관은 국내 사건의 예방 · 대비 · 대응 · 복구에 대한 국가(연방 · 주 · 지방 · 부족정부)의 준비와 대비에 관한 표준화되고 계량적인 보고서를 국토안보보좌관에게 제공할 것이다.

13. 이 대통령령의 어느 항목에서도 보좌관에게 연방부처 및 청, 그 지휘관 및 직원에게 명령을 발령할 권한을 부여하지 않는다.

업무(Tasking)

14. 모든 연방부처 및 청의 장은 전술한 4, 8, 9, 10항에서 할당받은 책임과 임무를 시행함에 있어서, 국가안보를 보장하기 위한 각각의 책임과 부합되는 적절한 협력, 자원 및 지원을 즉각적이고 전적으로 국토안보부장관, 법무부장관, 국방부장관, 국무부장관에게 제공한다.

15. 장관은 국가사고관리체계(NIMS)를 개발하고, 검토를 위해 국토안보위원회(Homeland Security Council, HSC)에 제출하고, 관리하도록 한다. 국가사고관리체계는 원인, 규모, 복잡성과 상관없이 국내 사고의 대비 · 대응 · 복구를 위해 연방 · 주 · 지방정부가 효과적이고 효율적으로 협업할 수 있는 일관된 범국가적인 접근방법을 제공한다. 연방 · 주 · 지방정부 역량의 상호운영성과 양립성을 제공하기 위한 국가사고관리체계(NIMS)는 사고지휘체계(ICS)를 포함하는 핵심개념, 원칙, 용어, 기술, 다수부처 조율체계, 일원화된 명령(unified command), 훈련, 자원(자원 형태 분류체계를 포함)의 확인과 관리, 자격과 인증, 그리고 사고정보와 사고자원에 대한 수집 · 추적 · 보고를 포함한다.

16. 장관은 국가대응계획(NRP)을 개발하고, 검토를 위해 국토안보위원회(HSC)에 제출하고, 관리하도록 한다. 장관은 국가대응계획(NRP)을 개발하고 시행하

는 데 적절한 대통령보좌관(경제정책보좌관(Assistant to the President for Economic Policy) 포함), 과학기술정책실(Office of Science and Technology Policy) 국장, 그리고 적절한 다른 연방기관과 협의한다. 이 계획은 연방정부의 국내 예방 · 대비 · 대응 · 복구계획을 하나의 모든 규정, 모든 위험요인계획(one all-discipline, all-hazards plan)으로 통합하도록 한다. 국가대응계획(NRP)은 비밀로 분류되지 않을 것이다. 만약 어떤 작전이 비밀로 분류되어야 한다면, 비밀로 분류된 국가대응계획 부록에 포함되도록 한다.

a. 국가사고관리체계(NIMS)를 활용하는 국내 사건대응에 관한 국가대응계획(NRP)은 국가 수준의 정책과 주와 지방정부의 사고 관리자들에게 연방의 지원과 직접적인 연방의 권한 및 책임을 행사하기 위한 운영 방향을 위한 구조와 기제를 제공한다.

b. 국가대응계획(NRP)은 여러 가지 위협 또는 위협수준에 대한 작전규정(protocols for operating), 국가대응계획의 통합된 요소 또는 지원운영계획으로서 기존의 연방 비상사태 및 사고관리계획의 결합(적절한 수정 및 개정과 함께), 그리고 공보(public affairs) 및 정부 간 의사소통(intergovernmental communication)을 포함한 추가적인 작전계획 또는 부록을 포함한다.

c. 국가대응계획(NRP)은 대통령, 장관, 국토안보위원회(HSC)에 사고를 보고하고, 평가를 제공하며, 권고를 위한 일관된 접근방법을 포함한다.

d. 국가대응계획(NRP)은 시험, 훈련, 사고의 경험, 그리고 새로운 정보와 기술을 고려하여 지속적으로 개선하기 위한 엄격한 요구사항을 포함한다.

17. 장관은 다음 사항을 완수한다.

a. 2003년 4월 1일까지 ① 다른 연방부처 및 청과 협의하여 국가대응계획(NRP) 초안을 마련해서 발간하고 ② 국가대응계획의 완전한 개발과 시행에 관한 계획을 국토안보보좌관에게 제출한다.

b. 2003년 6월 1일까지 ① 연방부처 및 청, 주와 지방정부와 협의하여 국가사고관리체계(NIMS)를 실행하기 위한 기준, 지침, 규약을 마련하고, ② 다른 연방부처 및 청, 주 및 지방정부와의 주기적인 협의를 포함한 국가사고관리체계의 지속적인 관리와 유지를 가능하게 하는 기제를 구축한다.

c. 2003년 9월 1일까지 연방부처 및 청, 국토안보보좌관과 협의하여 국가대응계획(NRP)을 완벽하게 실행하기 위해 기존의 권한과 규정을 살펴보고 개정이 필요한 사항을 대통령에게 건의한다.

18. 각 연방부처 및 청의 장은 각 부처와 청에 국가사고관리체계(NIMS)를 채택하도록 하고, 국가사고관리체계를 개발하고 유지함에 있어 장관을 지원하도록 한다. 모든 연방부처 및 청은 국내 사고관리와 비상사태의 예방 · 대비 · 대응 · 복구 · 경감 활동뿐만 아니라 주와 지방정부기관의 지원 시에 취해지는 활동에도 국가사건관리체계를 활용한다. 연방부처와 청의 장은 국가대응계획(NRP)에 참여하도록 하고, 장관이 국가대응계획을 개발하고 유지하는 것을 지원하며, 장관에 의해 개발된 국내 사고보고 시스템과 규정에 참여하고 활용한다.

19. 각 연방부처와 청의 장은 다음 사항을 수행한다.

a. 2003년 6월 1일까지 기존 계획을 국가대응계획(NRP)의 초기 버전에 따라 최초 수정한다.

b. 2003년 8월 1일까지 국가사고관리체계(NIMS)를 적용하고 실행할 계획을 장관과 국토안보보좌관에게 제출한다. 국토안보보좌관은 이러한 계획들이 국가사고관리체계를 효율적으로 실행하고 있는지 대통령에게 조언한다.

20. 2005 회계연도 시작과 함께 연방부처와 청은 법에서 허용하는 정도까지 보조금, 계약, 그리고 다른 활동을 통한 연방대비 지원을 제공하라는 국가사고관리체계 요구사항을 적용한다. 장관은 주 또는 지방기관들이 국가사고관리체계를 적용하는지를 결정할 지침과 기준을 제정한다.

출처 The White House, *Homeland Security Presidential Directive 5: Management of Domestic Incidents*, at http://www.dhs.gov/publication/homeland-security-presidential-directive-5

참고 22 대통령 정책명령 8(Presidential Policy Directive, PPD-8)

국가대비(National Preparedness)

• 본 대통령 정책명령은 테러 활동, 사이버공격, 전 세계적 전염병, 재앙적 자연재난 등을 포함한 미국의 안보에 가장 커다란 위험을 초래하는 위협에 대한 체계적인 대비를 통해 미국의 안전과 복원력을 강화하는 데 목적이 있다. 국가대비는 각급 정부(연방 · 주 · 지방 · 부족정부)와 민간부문, 비영리기구, 시민 개개인 모두의 책임이다. 모든 국민들이 국가를 위해로부터 보호하는 데 기여할 수 있다. 이와 같이 본 대통령 정책명령은 연방정부의 활동을 촉진하는 한편, 통합적이고 범국가적

인 역량에 기반을 둔 대비에 대한 접근방법(integrated, all-of-nation, capabilities-based approach to preparedness)을 도모하는 것을 목표로 한다.

- 따라서 대통령 본인은 대비에 필요한 핵심역량(core capabilities)을 규정하는 국가대비목표(NPG)와 국가가 목표를 달성하도록 하는 활동을 지도하는 국가대비체계(NPS)의 개발을 명령한다. 국가대비체계는 국가로 하여금 국가의 안전에 큰 위험이 되는 위협을 예방 및 보호하고, 그 위협의 영향을 완화하며, 위협에 대응하고 복구하기 위한 역량을 구축하고 개선하기 위해 필요한 국가의 능력이 발전하도록 이끌게 될 것이다.
- 국토안보대테러보좌관(Assistant to the President for Homeland Security and Counterterrorism)이 국가대비목표(NPG)와 국가대비체계(NPS)의 완성을 위한 부처 간 집행계획의 개발을 조정한다. 집행계획은 본 대통령 정책명령 시행일로부터 60일 이내에 대통령에게 제출되어야 하고, 국가계획 프레임워크(national planning framework)와 함께 서술되어 있는 관련 부처 간 작전계획(interagency operational plans)의 개발에 대한 부처의 책임과 인도기간을 부여한다.

국가대비목표(National Preparedness Goal)

- 본 대통령 정책명령의 시행 180일 이내에, 국토안보부장관은 국가대비목표(NPS)를 개발하여 국토안보대테러보좌관을 통해 대통령에게 제출해야 한다. 국토안보부장관은 다른 부처와 청의 활동을 조정하고, 주와 지방정부, 부족정부, 자치령 정부, 민간, 비영리부문과 민간의 의견을 수렴해야 한다.
- 국가대비목표(NPG)는 특정한 위협과 취약성(지역적 차이를 고려)에 따른 위험과 그 위험을 경감하기 위한 구체적이고, 측정 가능하며, 우선순위가 부여된 목표에 근거하게 한다. 이것은 국가의 안전에 가장 큰 위험을 초래하는 특정한 형태의 사고에 대비하는 데 필요한 핵심역량을 정의하고, 유용한 자원의 효율적 활용을 위한 통합적이고 계층적이며 범국가적인 대비 접근방법을 완성하는 데 목적을 둔 활동을 강조하게 될 것이다.
- 부처 간 정책협의회 절차지침(guidance from Interagency policy committee process)뿐만 아니라 국가안보전략(National Security Strategy, 2010년 5월), 적용 가능한 대통령 정책명령(PPD), 국토안보 대통령령(HSPD), 그리고 국가전략에 제시된 정책방향을 반영한다. 이 목표는 이러한 정책, 변화하는 상황, 그리고 국가사고관리체계(NIMS)와의 일관성을 평가하기 위해 정기적으로 검토한다.

국가대비체계(National Preparedness System)

- 국가대비체계(NPS)는 국가가 국가대비목표(NPG)에 대처할 수 있도록 하는 통합된 일련의 지침과 프로그램절차여야 한다. 본 대통령 정책명령 시행 240일 이내에 국토안보부장관은 국가대비체계의 기술서(description)를 개발하여 국토안보대테러보좌관을 통해 대통령에게 제출하여야 한다. 국토안보부장관은 이를 위해 다른 실행부처 및 청을 조정하고, 주 · 지방 · 부족 · 자치령 정부, 민간 · 비영리부문 및 민간의 의견을 수렴해야 한다.
- 연방과 주 · 지방 · 부족정부, 민간 · 비영리부문 및 시민이 국가대비목표(NPG)에서 명시한 역량을 구축하고 유지하기 위한 국내 활동을 안내하고 지도할 수 있도록 설계되어야 한다. 여기에는 국내 역량을 구축하고 유지하기 위한 계획, 조직, 장비, 교육 및 훈련지침이 포함된다. 이것은 대비 활동의 시간주기를 구축하고 유지하기 위한 범국가적 접근방법(all-of-nation approach)을 제공하게 될 것이다.
- 예방 · 보호 · 경감 · 대응 · 복구를 포괄하는 통합적인 국가계획 프레임워크(national planning frameworks)를 포함할 것이다. 이 프레임워크는 필요한 역량을 결집하기 위한 핵심 역할과 책임을 부여하기 위하여 측정 가능하고, 유연하며, 융통성 있는 조율체계를 토대로 구축될 것이다. 또한 공통 용어와 접근방법을 가진 통합체계하에 조정되고, 대비에 대한 통합적 접근방법을 지원하는 기본계획과 필요에 따라서는 특정 위협 또는 시나리오에 대한 고유의 요구사항을 기술한 기능 또는 사고부록(functional or incident annexes)을 중심으로 구축될 것이다. 각 프레임워크는 그 안에 포함된 활동들이 다른 프레임워크에 포함된 관련 활동들과 어떻게 조정될 것인지를 기술할 것이다.
- 각 국가계획 프레임워크(national planning framework)를 지원하기 위한 부처 간 작전계획(interagency operational plan)을 포함할 것이다. 부처 간 작전계획(interagency operational plan)에는 좀 더 상세한 작전 개념, 주요 업무와 책임에 대한 설명과 구체적인 자원, 인력, 대외구매 요구사항, 자원과 인력의 빠른 통합을 위한 특별한 조항이 포함될 것이다.
- 국가계획 프레임워크에서 역할을 부여받은 모든 실행부처와 청은 필요에 따라 부처 간 작전계획을 지원하는 부처 수준의 작전계획을 수립할 것이다. 각 국가계획 프레임워크는 그에 상응하는 주 · 지방 · 부족 · 자치령의 계획을 지원하는 지침을 포함할 것이다.
- 인력을 공유할 수 있는 장치와 같은 자원지침, 즉 전국적인 상호 운용성에 목적을

둔 장비지침과 국가적 교육 및 훈련 프로그램에 대한 지침을 제공할 것이다. 이 프로그램을 통해 국가대비목표(NPG)에 정의되어 있는 역량을 구축하고 유지하도록 하는 능력이 증진될 것이며, 국가대비목표에 대처하는 진척도를 평가하는 능력 역시 증진될 것이다.

- 기업, 지역사회, 가족, 개인을 위한 대비계획을 지원하기 위한 제안과 지침을 포함할 것이다.
- 평가 시 국가역량의 운영 준비상태를 측정하기 위한 일관성 있는 방법론을 사용하여 국가대비를 평가하는 종합적인 접근법을 포함하게 될 것이다. 여기서 평가 방법론은 국가대비목표에 규정된 목표역량 수준에 대해 명확하고 객관적이며 정량화된 성과를 측정하는 것이다.

대비의 구축 및 유지(Building and Sustaining Preparedness)

- 국토안보부장관은 국가대비를 구축하고 유지하기 위해, 대중원조계획(public outreach), 국가복원력을 강화하기 위한 지역사회 기반 및 민간 프로그램, 연방 재정 지원의 제공, 연방정부의 대비 활동, 국가 연구개발 활동 등을 포함한 종합적인 캠페인을 조정하게 될 것이다.

국가대비보고서(National Preparedness Report)

- 본 대통령 정책명령의 시행 1년 이내에 국토안보부장관은 국가대비목표(NPG)에 근거한 첫 번째 국가대비보고서를 국토안보대테러보좌관을 통해 대통령에게 제출해야 한다. 국토안보부장관은 이 활동과 관련해서 다른 부처와 청의 활동을 조율하고, 주 · 지방 · 부족 · 자치령 정부, 민간 · 비영리부문, 시민의 의견을 들어야 하며, 행정부 예산을 준비하는 데 필요한 정보를 제공하기에 충분한 시간을 두고 매년 보고서를 제출해야 한다.

역할과 책임(Roles and Responsibilities)

- 국토안보대테러보좌관은 국가대비목표의 달성 진척도를 주기적으로 점검해야 한다.
- 국토안보부장관은 주 · 지방 · 부족 · 자치령 정부, 비정부기구, 민간부문 협력자, 그리고 일반 대중의 의견을 수렴하여 모든 행정부처와 청, 국내 모든 위험대비 활동을 조정하고 국가대비목표를 개발할 책임이 있다.
- 예방 · 보호 · 경감 · 대응 · 복구의 역할을 담당하고 있는 모든 행정부처와 청의 장은 법적 역할과 책임에 부합되는 국가대비 활동, 필요에 따라서는 부처 고유의

작전계획을 포함한 국가대비 활동에 대한 책임이 있다.

- 본 대통령 정책명령은 법률과 적용 가능한 법적 권한 그리고 다른 대통령 정책명령에 따른 부처와 청의 책임실행권한을 변경하거나 방해할 의도를 지니지 않는다. 이 대통령 정책명령은 카트리나법 그리고 연방재난관리청 청장에 대한 책임 부여를 포함한 관련된 권한과 부합되게 집행될 것이다.
- 본 대통령 정책명령은 명령과 통제, 계획, 조직, 장비, 훈련, 연습, 채용, 또는 국내 대테러 활동, 정보, 그리고 법 집행 활동에 관한 법무부장관 또는 연방수사국(FBI) 국장의 권한을 간섭할 의도를 지니지 않는다.
- 본 대통령 정책명령은 명령과 통제, 계획, 조직, 장비, 훈련, 연습, 채용, 또는 국방부 병력의 다른 활동 또는 국방부자원의 배분에 관한 국방부장관의 권한을 제한하지 않는다.
- 본 대통령 정책명령이 요구하는 특별한 문제에 관한 해결책이 부처들 간에 합의에 이르지 못하면 이 문제는 국토안보대테러보좌관을 통해서 대통령에게 보고될 것이다.
- 본 대통령 정책명령은 2003년 12월 17일에 발령된 국토안보 대통령령 8(HSPD-8, 국가대비)과 2007년 12월 4일에 발령된 국토안보 대통령령 8(HSPD-8) 부록 1(Annex 1, National Planning)을 대체한다. 이에 따라 국토안보 대통령령 8 부록 1의 44 문단을 제외하고 폐지한다. 국토안보 대통령령 8과 부록 1에 따라 개발된 개별적인 계획은 폐지되거나 대체될 때까지 유효하다.

정의(Definitions)

본 대통령 정책명령에서:

① "국가대비(national preparedness)"는 국가의 안전에 가장 큰 위험을 초래하는 위협의 예방 · 보호 · 영향 경감 · 대응 · 복구를 위해 필요한 역량을 구축하고 유지하기 위한 계획 · 조직 · 장비 · 훈련 · 연습 활동을 의미한다.

② "안보(security)"는 국가와 국민, 중대한 이권, 생활방식을 보호하는 것을 의미한다.

③ "복원력(resilience)"은 비상사태로 인한 혼란으로부터 변화하는 환경에 적응하고 견디며 빠르게 회복하는 능력을 의미한다.

④ "예방(prevention)"은 테러의 위협 또는 실제 테러 행위를 회피하고, 예방하거나 방지하는 데 필요한 역량을 의미한다. 예방역량은 정보 공유와 경고, 국내

대테러리즘, 대량살상무기(Weapons of Mass Destruction, WMD)의 예방을 포함하지만 여기에 한정된 것은 아니다. 본 대통령 정책명령에서 예방 프레임워크의 목적으로 "예방"이라는 단어는 임박한 위협에 대한 예방을 의미한다.

(5) "보호(protection)"는 테러 행위, 인적 또는 자연재난으로부터 국토를 안전하게 하기 위해 필요한 역량을 의미한다. 보호역량은 대량살상무기(WMD) 위협의 방어, 농업과 식량의 방어, 주요 기반시설의 보호, 주요 지도자와 행사의 보호, 국경안전, 해상안전, 교통안전, 출입국안전, 사이버안전을 포함하지만 여기에 한정하는 것은 아니다.

(6) "경감(mitigation)"은 재난으로 인한 영향을 줄임으로써 생명과 재산의 손실을 줄이는 데 필요한 역량을 의미한다. 경감역량은 전체 지역사회 위험감축 프로젝트, 주요 기반시설과 주요 자원공급망의 복원력 증대 노력, 자연재해 또는 테러 행위에 따른 특정한 취약성 감축을 통한 위험 감축, 그리고 재난 발생 이후 미래 위험을 감축하기 위한 정책을 포함하지만 여기에 한정하는 것은 아니다.

(7) "대응(response)"은 생명을 구하고, 재산과 환경을 보호하고, 사건 발생 이후에 기본적인 인간의 욕구를 충족시키는 데 필요한 역량을 의미한다.

(8) "복구(recovery)"는 사고로 영향을 받은 사회기반시설 체계의 재건, 생존자를 위한 적절한 임시 및 장기 주거의 제공, 보건 · 복지 및 지역사회 서비스의 회복, 경제개발의 촉진, 자연 및 문화자원의 회복을 포함하여 지역사회가 효과적으로 회복하는 것을 지원하기 위해 필요한 역량을 의미한다.

출처 The White House, *Presidential Policy Directive/PPD-8*, March 30, 2011, at http://www.dhs.gov/presidential-policy-directive-8-national-preparedness

4) 국토안보법(Homeland Security Act of 2002)

2002년 11월 25일 부시(Bush) 대통령이 국토안보법(HSA)에 서명하였다.[94] 국토안보법은 여러 연방정부기관의 조직 재편을 허가하였으며 국토안보부(DHS)를 설립토록 하였다. 국토안보부의 설립과 함께 국토안보법에 의거하여 기존의 연방정부 프로그램을 변경하고 새로운 프로그램을 만들었다. 이런 변화들은 주로 테러리즘에 관련된 것들이었으나, 다른 부분들도 재난관리에 영향을 미쳤다. 국토안보법에 의거 국토안보부에 재난대비대응국(Directorate of Emergency Preparedness and Response)을 신설하였다. 국토안보법은 국토안보부 장관에게 테러리스트의 공격, 주요 재난 그리고 다른 비상사태 대응자의 효율성을 높이도록 지원하고, 테러리스트 공격과 주요 재난의 복구를 지원하며, 기존의 연방정부의 재난대응계획을 하나의 조정된 국가대응계획으로 통합하고, 상호운용이 가능한 통신기술 개발을 위한 종합적인 프로그램을 개발하며, 재난대응자들이 그러한 기술을 확실하게 습득하도록 지원하는 책임을 지도록 했다.

5) 국가 유류 및 위험물질 오염 비상계획(National Oil and Hazardous Substances Pollution Contingency Plan)[95]

일반적으로 국가 비상계획(National Contingency Plan, NCP)으로 통칭되는 국가 유류 및 위험물질 오염 비상계획은 연방정부의 기름 유출과 위험물질의 유출에 대응하기 위한 계획이다.[96] 이와 같은 사고에 대응하는 연방 · 주 · 지방정부의 역할을 조정하고, 관련된 기관에게 알려주는 프레임워크를 제공한다. 국가비상계획(NCP)의 이런 절차들은 연방정부의 규정으로 성문화되어 있고, 구속력이 있으며, 강제할 수 있다[97]. 이와는 반대로 거의 모든 연방정부 재난대응계획들은 기관의 역할 및 책임에 대한 지침으로서, 연방정부 내부에서만의 프레임워크이며, 이러한 측면에서 국가비상계획은 연방재난대응계획들 중 유일하고도 특이한 특징을 갖게 되었다.

3개의 연방법률이 국가비상계획(NCP)에 구현되어 있는 규정들의 개발을 가능케 하였다. 먼저 유류오염방지법(Oil Pollution Act, OPA)과 수질오염방지법(Clean Water Act)은 미국 수역과 인접 해안으로 유입되는 기름 유출이나 미국 관할권 내의 자연자원에 영향을 미칠 수 있는 기름 유출에 대한 연방의 재난대응권한을 부여하고 있다.[98] 세 번째 법인 포괄적인 환경대응보상법(Comprehensive Environmental Response Compensation and Liability Act, CERCLA: 주로 Superfund라고 불림)은 주로 환경유해물질의 유출에 대한 연방정부의 대응권한을 부여하고 있다.[99] 환경이라는 용어는 지표면 및 지하, 지표수, 지하수, 대기를 포함하며, 대응권한을 물리적 범위 측면에서 기름 유출보다 더 넓게 설정하고 있다. 국가비상계획의 범위를 벗어난 특정한 상황에서 유출된 기름 사고는 다른 대응권한이 적용된다.[100]

이 세 법률에 의한 대통령의 대응권한들은 행정명령에 의해 내륙 지역(inland zone)은 환경보호청(Environmental Protection Agency, EPA)에, 해안 지역(coastal zone)은 해안경비대(U.S. Coast Guard)에 위임된다.[101] 내륙 지역(inland zone)에는 오대호(Great Lakes)와 해안지역의 일부인 내륙 하천의 특정 항구 및 항만들은 포함되지 않는다.[102] 이 법률들은 또한 대통령이 대응절차 설정을 위한 국가비상계획(NCP) 규정을 개발하도록 방향을 제시하였다. 이런 행정명령과 부합되도록 국가비상계획은 환경보호청(EPA)과 해안경비대(Coast Guard)를 그들의 지리적 범위 내에서의 책임 연방정부기관으로 명하였다. 국가비상계획은 주와 지방정부 중 연방정부의 대응에 참여하는 기관의 역할도 알려주고 있다. 주와 지방정부 공무원들은 주로 초기 대응자들로 활동하며, 공공의 안전을 위해 활동한다.[103)]

두 가지 신탁기금(trust fund)이 국가비상계획(NCP)에 따른 연방정부의 대응 활동을 지원한다.[104)] 해안경비대는 유류 유출 대응비용을 조달하기 위해 기름유출책임기금(Oil Spill Liability Fund)을 운용한다. 환경보호청(EPA)은 위험물질 유출에 대응비용을 조달하기 위하여 위험물질 수퍼신탁기금(Hazardous Substance Superfund Trust Fund)을 운용한다. 연방정부는 사건에 책임이 있는 원인제공자에게 대응비용을 구상하고 이것은 미래 대응 활동의 재원조달을 위하여 각각의 신탁기금에 예치된다. 관련 책임자는 대응 활동을 위해 연방정부의 감독에 따라서 자신의 재원을 활용할 수 있다. 만약 원인제공자를 찾지 못하거나 사건발생에 책임이 있는 관련자가 지불하지 못하면 연방대응비용은 결국 납세자가 부담하게 된다.[105)]

일단 비상대응이 완료되면, 국가비상계획(NCP)은 필요한 항구적인 환경오염 복원을 실시한다. 항구적인 복원은 오염의 상태와 정도에 따라 몇 년간, 혹은 수십 년간 시행될 수 있다. 예를 들어, 지하수 오염의 복원은 전통적으로 길고 기술적으로 복잡한 과정으로 수년간 지속되는 과정이다. 연방의 대응으로 기름 유출 또는 위험물질의 누출에 영향을 받은 자연계의 복원을 꾀할 수 있다.

대부분 국가비상계획(NCP)은 독립적인 권한으로 사용되지만, 국토안보부장관은 다른 연방 대응계획과 조정이 필요할 경우 국가대응 프레임워크에 따라서 국가비상계획을 끌어들일 수 있다. 이러한 경우는 스태포드법에 따라 주요 재난이나 비상사태가 선포된 경우나 다른 복합적인 사건이 일어나는 경우를 말한다. 국가대응 프레임워크의 비상지원 기능 10(ESF #10－기름 및 위험물질 부록)은 국가비상계획을 기름 유출이나 위험물질의 누출(예: 위험물질은 국가비상계획에 정의된 대로)과 관련된 사고의 연방대응계획으로 적용될 수 있다. 국가비상계획이 독립적인 권한으로 적용되거나 국가대응 프레임워크의 구조 속에서 적용되더라도 기름 유출과 위험물질 누출에 대한 대응절차는 동일하다. 왜냐하면 두 가지 경우 모두 국가비상계획이 작동하는 연방대응계획(operative federal response plan)으로 남아있기 때문이다.

참고 23 샌디 복구진흥법(Sandy Recovery Improvement Act of 2013)

샌디 복구진흥법(Sandy Recovery Improvement Act of 2013, P.L. 113-2)은 연방재난관리청으로 하여금 다양한 프로그램을 통해 재난지원 제공방법에 변화를 줄 수 있도록 인정한다. 주요한 변화는 다음과 같다.

공공지원(Public Assistance)

- 공공지원 프로그램(Public Assistance Program)에 대한 다른 절차 인가
- 공공지원(PA) 소규모 사업 기준점에 대한 검토와 평가
- 공공지원 사업을 위한 전국적인 분쟁해결 파일럿 프로그램의 신설

위험경감(Hazard Mitigation)

- 위험경감지원금 프로그램(HMGP)의 간소화

재난비용 감축(Disaster Cost Reduction)

- 미래 재난에 대한 비용을 감축하기 위한 국가전략의 개발
- 주요 재난 또는 비상시에 개인지원 프로그램(Individual Assistance Program)의 필요성을 평가할 때 고려되는 요소들의 개선

- 직접 임시 주거로 사용하기 위해 임차주택에 대한 리스와 수리 허가

통합적인 연방의 검토(Unified Federal Review)

- 재난복구 프로젝트에 대한 통합적이고 신속한 부처 간 환경 및 역사 보존절차 마련

개인지원(Individual Assistance)

- 필수적인 지원(Essential Assistance): 어떤 정부 직원이 재난예방조치를 시행했을 때 보상받는 방식의 변화 허가
- 부족정부의 주요 재난 또는 비상사태 선포의 요청(Tribal Requests for a Major Disaster or Emergency Declaration): 스태포드법을 개정하여 연방에서 인정받은 인디안 부족의 족장(Chief Executive)은 대통령에게 주요 재난 또는 비상사태의 선포를 직접 요청할 수 있도록 허가함. 대통령이 같은 사건에 대해 부족정부를 위해 선언을 하지 않으면 부족정부는 주정부의 선포에 따라 지원을 받는 것을 선택할 수 있음.
- 대통령이 부족정부의 동일 사건에 대해 (비상사태를) 선포하지 않으면 부족정부들은 주정부의 선포에 따라서 지원을 받도록 투표로 결정할 수 있음.
- 이 법은 또한 대통령이 인디언 부족을 위해 비연방–연방 비용 분담에 대해 현재의 법적인 권한 내에서 조정하기 위한 기준을 설정할 수 있는 권한을 부여하였고, 연방재난관리청이 이를 실행하기 위한 조항을 만들 때 부족들의 특이한 상황을 고려하도록 요구함. 또한 스태포드법 내에서 주와 지방정부를 칭할 때 연방에서 인정한 인디언 부족정부를 포함하도록 스태포드법을 개정함.

출처 Federal Emergency Management Agency(2010). *Fundamentals of Emergency Management Independent Study 230.a*

제10장 재난대응 및 복구를 위한 주요 연방 지원

이 보고서의 앞부분에서 언급한 바와 같이 대다수의 비상사태 및 재난 지원은 연방재난관리청에 의해 조정되고 제공된다. 다른 연방기관들은 스태포드법에 의거한 선포와 함께 지원할 수도 있고 또는 독립적으로 지원할 수도 있다. 이들 중 일부 기관은 대통령의 선포 없이도 지원할 수 있다. 여기에서는 각 정부기관이 실행한 업무를 간략히 서술하고, 주와 지방정부에 비상 및 재난 지원을 하는 주요 정부기관 중 일부 기관에 대해 강조하여 설명하고자 한다.

1) 방위군(National Guard)[106)]

방위군은 주정부기관인 동시에 연방기관이다. 방위군은 주와 자치령의 편제의용군(organized militia)이자 육군과 공군의 예비군 성격을 갖기도 한다. 방위군은 규모(450,000명 이상의 개인), 훈련된 인력, 가용장비로 인해 자주 재난 대응에 활용된다. 보통 방위군은 주지사와 자치령 수장의 통제에 따라서 주법에 따라 운영된다. 주지사나 자치령의 수장은 재난과 사회적 혼란에 대응해서 방위군인력에게 전적인 "현역근무(state active duty)"를 명할 수 있다. 이러한 주의 권한에 의해 방위군인력은 군의 대민

지원에 관한 법률(Posse Comitatus Act)의 제한을 받지 않고 법 집행 기능을 수행할 수 있다.

방위군은 32 U.S.C. 502(Required drills and field exercise)에 따라 동원될 수 있다. 이 연방법조항은 "방위군은 … 방위군의 동의가 없더라도 … 법에 의해 지급되는 보수와 수당을 받고 훈련 또는 다른 의무를 수행할 명령을 받을 수 있다"고 규정하고 있다. 이 권한을 사용하는 장점은 소집된 방위군인력이 연방의 보수와 수당을 받을 수 있고, 연방을 위해 일하든 주지사나 자치령 수장의 지휘하에 있든 법적인 보호를 받을 자격이 주어진다는 것이다. 이에 따라 군의 대민지원에 관한 법률(Posse Comitatus Act)의 제한을 받지 않는다는 것이다. 그러한 소집은 국방부의 승인이 있어야만 발령될 수 있다.[107)]

마지막으로 방위군은 연방만을 위해 동원될 수 있다. 이 경우 연방에서 대통령의 지휘하에 동원된 방위군인력은 연방의 보수와 수당을 받고, 군의 대민지원에 관한 법률의 통제를 받는다.[108)]

2) 농무부(Department of Agriculture)[109)]

농무부(U.S. Department of Agriculture, USDA)는 농업진흥청(Farm Service Agency), 자연자원보호청(Natural Resources Conservation Service), 농촌개발국(Rural Development) 이외에도 비상과 재난지원 기능을 수행하는 몇 개의 부서를 보유하고 있다. 대다수의 농무부(USDA)의 지원은 스태포드 선포를 필요로 하지 않으며, 오히려 프로그램(예: 긴급대출)에 따라서는 장관이 결정한다. 상설 프로그램(under standing programs, 예: 연방에서 지원하는 곡물보험)에 따른 지원은 참여하는 생산자에게 제공된다.

농업생산자에 대한 지원은 긴급대출(emergency loans), 보험에 가입되지 않은 곡물을 위한 곡물재난 프로그램에 따른 직불(direct payments under the non-insured corp disaster program), 그리고 농작물보험(corp insurance)을 포함한다.[110] 재난지원은 또한 수로, 도로지하 배수로와 교량의 잔해 제거, 제방보수, 피해지역에 재파종, 범람원 지역을 포함하는 유역의 손상(impairment of watersheds)에 제공된다. 개인 토지에 대한 지원은 피해를 입은 농지의 복구와 산지의 재건을 포함한다.[111] 지역사회에 대한 지원 또한 주택재난 융자와 지원, 대출상환 지불유예, 필수적인 지역사회시설에 대한 융자 서비스 지원, 비상 지역사회 급수지원 지원금의 형태로 이용 가능하다.[112]

3) 국방부(Department of Defence)[113]

국내 대응 활동을 지원하는 데 있어서 국방부(DOD)와 부속기관들의 역할은 잠재적으로 매우 중요하다. 국방부는 수송장비, 의료인력과 물자, 치안부대, 통신장비를 포함한 비상상황에서 행정당국에게 유용한 광범위한 역량을 보유하고 있다. 그러나 국방부가 제공할 수 있는 지원은 국가방위라는 주요한 임무를 수행할 필요가 있기 때문에 제한될 수밖에 없다. 국방부가 행정당국에 국방지원(Defence Support of Civil Authorities, DSCA)을 할 수 있는 두 가지 주요한 방법은 "즉각대응(immediate response)"과 "지원요청(Request for Assistance)"이다. 추가로, 선제적인 연방대응의 일부로서 국방부는 요청을 예상하여 군의 자산을 사전에 배치할 수 있다.

(1) 즉각대응(Immediate Response)

일부 국방관료는 즉각대응을 통해 제한된 방법으로 행정당국에 대한 국방지원(DSCA)을 할 수 있다. 즉각대응 권한은 지역의 군 지휘관이나 국방부의 민간인이 미국 영토 내에서 인명 구조, 국민의 고통 방지 또는 대규모 재산손실을 저감하기 위해 행정당국으로부터 지원요청을 받았을 때 "명백하게 심각"하고 "상부로부터 허락받을 시간이 없는" 경우 즉각적으로 행동할 수 있는 권한이다.[114] 이 권한에 따라서 제공되는 지원은 의료지원, 중요한 공공서비스의 복구, 음식물과 다른 물자의 분배를 포함한다. 그러나 이러한 권한을 사용한 지휘관은 가능한 빠른 시간 안에 명령계통에 따라 승인이나 재가를 받을 의무가 있다.

(2) 지원요청(Request for Assistance)

국방부는 또한 주정부나 지방정부, 부족정부 또는 다른 연방기관의 지원요청에 대응하여 지원할 수 있다.[115] 국방부장관은 행정당국에 대한 국방지원(DSCA)의 승인과 제공된 국방부 자산에 대한 통제와 관련된 주요 권한을 갖고 있다. 지원요청에 따라 지원된 군대는 복수의 군으로부터의 부대와 동원된 방위군과 예비군을 포함할 수 있다. 연방 예비군 대원[116]은 연방법(U.S.C Title 10, Armed Forces)에 따라서 지원요청 이후에 동원될 수 있다. 따라서 연방의 권한에 따라 동원될 경우 방위군은 대통령의 통제에 따라 운용되고 연방의 보수와 수당을 받는다. 그리고 현역군인들과 마찬가지로 군의 대민지원에 관한 법률(Posse Comitatus Act)의 제한을 받는다. 방위군 부대는 연방을 위한 서비스 명령을 받지 않는 이상 각 주지사의 통제하에 있다(방위군 참조). 비록 제약이 있어 국내 대응 임무에 예비군을 제공하는 데 잠재적인 제한이 있지만 다수의 법에 방위군과 예비군을 동원할 수 있는 권한이 명시되어 있다.[117]

4) 육군공병대(Army Corps of Engineers)[118]

육군공병대는 토목공사 프로그램(Civil Works Program)에 의거하여 홍수와 해안에서의 비상상황, 가뭄, 다른 재난에 대응하기 위한 비상대응 활동을 수행한다.[119] 또한, 육군공병대는 허리케인 피해보호와 홍수피해감소 프로젝트를 포함한 광범위한 수자원시설을 계획하고 건설하여 운영하고 보수한다.

스태포드법은 연방재난관리청이 비상사태와 주요 재난 발생 시 지원을 제공하기 위해 국방부를 지휘할 권한(주로 공병대를 통해 시행)을 부여한다. 공병대는 피해를 입은 건축물을 모니터링하고 안정화시키며, 공중보건과 안전에 즉각적인 위해가 예상될 때 건축물을 철거하기 위한 지원을 제공한다. 다른 형태의 지원은 오염된 또는 오염되지 않은 잔해를 공공시설에서 청소 · 제거 · 처리하는 기술적인 지원과 피해를 입은 지역에 기반시설과 용수로를 건설하는 것 등이 포함되어 있다.[120]

공병대는 특히 자연재난이 발생했을 때 특별한 권한을 갖고 있다. 홍수가 발생한 이후에 공병대는 인가된 홍수통제시설(예: 제방)과 연방에서 건설한 허리케인과 해안보호 프로젝트를 재건하고 관련된 검사를 시행하는 권한을 갖고 있다.[121] 가뭄으로 인한 비상사태의 경우, 공병대는 가뭄으로 어려움을 겪는 지역에 용수의 공급을 위한 관정의 개발뿐 아니라 행정적 · 산업적인 활용을 위해 저수지로부터 임시적인 취수를 허용할 수 있다.[122]

5) 보건후생부(Department of Health and Human Services)[123]

보건후생부(HHS)는 보건위협에 대한 대비의 일환으로 공중보건과 의료체계의 능력 강화를 위해 주와 지방정부에 지원금을 제공한다.[124] 국가대응 프레임워크(NRF)에 따라서 보건후생부는 자연재난과 인적사고로 인해 발생하는 공중보건과 의료피해에 대응하기 위해 비상지원 기능 8번(ESF #8, 공중보건과 의료 서비스)의 중요기관으로서의 임무를 수행한다.

보건후생부장관은 공중보건법(Public Health Service Act)에 의거하여 스태포드법 선포(Stafford Act Declaration) 없이도 주정부의 요청에 따라 보건지원을 제공할 권한을 갖고 있다. 그뿐만 아니라, 장관은 공중보건과 관련된 비상상황이 존재하는지 판단할 권한을 갖고 있다.[125] 그 결정에 따라서 행정적인 요청을 면제하거나 추가적인 형태의 지원을 제공할 수 있고, 주와 지방정부, 비영리기관과 다른 기관에 대한 연방의 지원을 확대하기 위한 일련의 조치를 취할 수 있다. 그러나 모든 경우에 있어 장관이 지원을 제공하기 위한 재원조달 메커니즘은 부족하다.

6) 주택도시개발부(Department of Housing and Urban Development)[126]

주택도시개발부(HUD)는 재난복구 시 다양한 역할을 수행한다. 대통령이 주요 재난을 선포할 경우, 주택도시개발부는 재난으로 인해 발생되는 다양한 요구사항을 충족할 수 있도록 지역사회가 기존의 주택도시개발부 프로그램의 다양한 프로그램 규칙과 규정을 면제할 수 있다.[127] 어느 해에는 의회가 이들 프로그램(지역사회개발 포괄지원금 프로그램, Community Development Block Grant Program)을 특별히 재난지원과 복구에 사용할 수 있도록 추가적인 세출을 제공하기도 했다. 이러한 맥락에서 의회는 연방재난관리청과 함께 안전한 지역으로 이주한 생존자들을 위해 주택도시개발부와의 계약을 통해 주택바우처를 제공하기 위한 재원을 제공해 왔다. 주택도시개발부는 연방주택청(Federal Housing Administration)을 통해 주요 재난으로 피해를 입은 채무자들을 위해 특별한 주택융자보험 상품과 기한유예 혜택을 제공할 수 있다.[128)]

(1) 지역사회개발 포괄지원금(Community Development Block Grant)

주택도시개발부(HUD)의 지역사회개발 포괄지원금(Community Development Block Grant, CDBG) 프로그램은 주택과 지역사회개발 활동을 위해 지역사회에 지원금을 제공한다. 지역사회개발 포괄지원금(CDBG)은 자연재난과 인적사고에 대응하기 위해 연방정부가 자주 사용하고 있다. 일반적으로 의회는 대통령이 선포한 재난으로 영향을 받는 지역사회와 주에 재난피해의 완화 · 대응 및 복구를 돕기 위해 더 많은 유연성과 추가적인 재원을 배분해 오고 있다.[129)]

7) 교통부(Department of Transportation)[130)]

교통부(DOT)는 재난이 발생한 지역의 교통을 조율하기 위해 연방재난관리청과 함께 업무를 수행한다.[131)] 교통부는 교통과 관련된 다른 재난 대응뿐만 아니라 교통 사회기반시설의 피해를 보고하고, 대체교통수단을 조정하며, 교통 사회기반시설의 복구와 회복을 조정한다.

교통부 연방도로관리청(Federal Highway Administration)의 재난구호 프로그램(Emergency Relief Program, ER)은 교통부 소관의 고속도로와 관련된

재난 프로그램이다.[132] 연방도로관리청의 지역사무소[133]와 주정부 교통부와의 협력을 통해 시행되는 재난구호 프로그램(ER)은 연방 프로그램이지만 재원 배분은 연방정부보다는 주정부에 의해서 결정된다. 재난구호 프로그램은 ① 홍수, 허리케인, 해일, 지진, 토네이도, 극심한 폭풍, 산사태와 같은 자연재난과 ② 외부적인 원인(예: 다리 붕괴)에 의해 심각한 피해를 입은 고속도로 시스템의 보수와 복구에 사용된다.

2012년 의회는 21세기 진보를 위한 전진법(Moving Ahead for Progress in the 21st Century Act, MAP-21; P.L. 112-141)을 통과시켰다. 이 법은 대중교통을 위한 새로운 재난경감 프로그램(Public Transportation Emergency Relief Program)을 포함하고 있다. 프로그램이 시행되면 재난사태 시 피난 서비스, 구조 활동, 임시 대중교통 서비스, 대중교통 서비스 노선 재구축, 확장 또는 재배치를 위한 "운영비용(operation cost)"을 제공한다. 이 프로그램은 일반 회계로부터 재원이 조달되며, 재원충당을 위한 적절한 조치가 필요하다. 대부분의 참여자들은 연방교통국(Federal Transit Administration, FTA)에서 새로운 프로그램을 운용하기를 기대한다.

(1) 연방도로관리청(Federal Highway Administration)

앞에서 언급한 바와 같이, 연방도로관리청은 재난구호를 위한 항구적인 프로그램(ER)을 가지고 있다. 역사적으로 대부분의 재난구호 프로그램 펀드는 자연재난으로 인한 보수와 재건에 사용되어 왔다. 예를 들어 2005년부터 3억 달러 이상의 재난구호 프로그램 펀드가 걸프만의 허리케인 대응에 배분되었다. 허리케인 구호를 위해 조달된 재원은 이 프로그램으로부터 매년 1억 달러의 고속도로 신탁펀드와 추가경정예산 또는 다른 예산법에 따른 추가적인 예산에 의한 재원을 포함한다. 일반적으로 재난구호 프로그램 펀드는 연방이 지원하는 고속도로 시스템의 도로와 교량을 위해서만 사용될 수 있다. 피해를 입은 다른 도로(대부분 지방도로와 생활도로)에 대한 보수와 재건설 비용은 연방재난관리청에서 변상한다.

8) 환경보호청(Environmental Protection Agency)[134]

환경보호청(EPA)은 국가비상계획(NCP)에 따라서 내륙에서 유류 유출과 위험물질 누출과 관련된 비상대응을 책임지는 연방기관으로 가장 빈번히 개입하는 기관이다. 또한 국가대응 프레임워크(NRF)에 따라서 비상지원 기능 10번(ESF #10-유류 및 위험물질 부록)을 통해 이 계획의 가동 시 역할을 수행한다(국가비상계획 참조). 환경보호청은 국가대응 프레임워크에서 다양한 대응 역할을 갖고 있고 재난과 비상사태에 대응하여 광범위한 지원 기능을 수행한다.[135] 주민의 건강과 환경에 대한 위협을 다루기 위해 음용수와 하수처리시설, 재난 이후의 잔여물 청소에 중점을 두고 다른 연방기관, 주와 지방정부를 지원한다.

국토안보 대통령령 7의 주요 기반시설 확인, 우선순위 부여 및 보호(Homeland Security Presidential Directive 7: Critical Infrastructure Identification, Prioritization and Protection, HSPD-7)뿐 아니라 다양한 비상지원 기능과 국가대응 프레임워크에 따라서 환경보호청은 음용수와 하수처리시설을 보호하기 위해 다른 연방기관(주로 연방재난관리청과 육군공병대), 주정부와 지방정부에 광범위한 지원 기능을 제공한다.[136] 필요에 따라 화재진압 화학물질의 하수처리시설에 대한 영향, 오염된 폐기물의 안전한 관리, 우선적인 전기복구가 필요한 중요한 수도와 하수처리시설 확인, 중요한 보건시설을 위한 대체 수도공급과 하수취수 및 처리를 위한 대체수단 결정 지침과 기술적인 지원을 제공한다.

환경보호청은 다른 대응계획과 권한에 따라서 수도시설 보호와 관련된 대응 역할을 가지며, 국가기반체계 보호계획(National Infrastructure Protection Plan)에 따른 물 분야의 책임 연방기관이다.[137] 또한 안전한 음용수법(Safe Drinking Water Act)에 따라서 오염물질이 공공수도 시스템으로 유입되어 공중보건에 심각한 위협이 가해진 상황에서 주나 지방정부 공무원들이 적절한 조치를 취하지 않을 경우, 명령을 발령하여 시민 활동이 개시되도록 할 법적인 "비상권한(Emergency power)"을 갖고 있다.[138] 공중보건 안보 및 생물테러대비 대응법(Public Health Security and Bioterrorism Preparedness and Response Act of 2002)은 이러한 비상권한에 환경보호청이 안전한 음용수 공급을 방해하거나 지역사회의 물 공급의 안전에 영향을 미칠 수 있는 위협과 잠재적인 테러리스트의 공격이나 다른 의도적인 행위에 대응하여 조치를 취할 수 있는 권한을 포함하도록 수정하였다.[139]

환경보호청은 국가대응 프레임워크(NRF)에 따라 재난 이후 잔여물 청소 시 주요한 역할을 할 수 있다.[140] 비상지원 기능 3번(ESF #3-공공사업 및 건설 부록)에 따라 육군공병대의 재난폐기물 제거를 지원하며[141] 오염된 폐기물의 제거 및 폐기물과 섞여 있는 오염물질의 제거는 비상지원 기능 10번(ESF #10-유류 및 위험물질 부록)에 따라서 조정된다. 이러한 사건에 대응하여 환경보호청은 주의 고형폐기물청(Solid Waste Agency)에 재난폐기물을 최소화하기 위한 재활용/재사용 가능성 식별과 함께 잠정적인 쓰레기 임시 적치와 적재 장소 그리고 처리시설의 식별을 포함한 관련 쓰레기의 처리에 관한 기술지원을 할 수 있다.

또한 국가대응 프레임워크(NRF)에 따른 비상지원 기능 12번(ESF #12-에너지 부록)을 통해 재난복구 기간 동안 에너지부(Department of Energy)에 지속적이고 안정적인 에너지 공급을 지원한다. 실제로 환경보호청은 대기오염방지법(Clean Air Act)에 따라 자동차 연료에 적용되는 환경적인 요구를 면제하는 데 관여함으로써 이 기능을 지원한다. 2005년 허리케인에 대한 연방 대응의 일부로서, 환경보호청은 이 조항에 따라 주와 지방정부 공무원들의 요청에 대한 대응으로 연료생산의 심각한 붕괴 또는 자연재난이 발생했을 때 면제를 허용하였다.[142]

9) 산림청(Forest Service)[143]

산림청은 즉각적인 지원을 필요로 하는 산불(wild fire)로부터 연방의 토지를 보호하는 책임을 지는 기관 중 하나이다.[144] 산불관리는 일반적으로 대비(preparedness)와 화재진압(suppression), 연료 감축(fuel reduction)의 세 가지 분야로 구분된다. 산림청은 지난 몇 년간 산불관리를 위해 2억 달러 이상을 지원받아 왔다.[145] 연방 산불 정책은 모든 산불을 적극적으로 억제하고 생명과 자산 · 자원을 보호하는 것이다.[146]

비상 산불상황에서 산림청은 다수의 기관들과 함께 업무를 수행한다. 국가통합화재센터(National Integrated Fire Center, NIFC)[147]는 지방의 산불로부터 보호가 필요한 복잡한 상황에서 주나 지역을 돕기 위하여 연방 · 주 · 민간 세력을 조정한다.[148] 앞에서 언급한 바와 같이 화재가 주요 재난 선포(major disaster declaration)가 필요할 정도로 심각할 경우 지역사회의 자원을 보충하기 위해 지원금, 장비, 인력, 비축물자를 제공하는 연방재난관리청의 화재관리 지원(FMAG)이 있다. 만약 대통령이 주요 재난을 선포하면 연방재난관리청에서 화재관리 지원(fire management assistance)과 다른 복구 프로그램을 제공받을 수 있다.[149] 지원의 형태는 산불피해의 성격과 정도, 영향을 받은 당사자들의 보험에 의한 보상 같은 몇 가지 요소들에 달려 있다. 또한, 산림청은 산불 이후 연소구역 재난대응(Burned Area Emergency Response, BAER)을 통해 산불 지역의 재활과 복구에 관여한다. 연소구역 재난대응에 따라 연방 토지에 대한 응급조치는 대부분 화재의 영향으로부터 생명과 자산에 대한 위협을 최소화하거나, 자연과 문화자원이 쇠락하는 것을 안정화하고 방지하기 위해 실행된다.

10) 중소기업청(Small Business Administration)

1953년 중소기업청(SBA) 창설 이래, 중소기업청의 재난융자 프로그램(Disaster Loan Program)은 개인과 기업이 재난 이후 경제적인 손실을 보전·재건·회복하는 데 필요한 직접적인 융자를 제공해 왔다. 대부분의 재난융자(약 80%)는 주택과 개인적인 자산의 보수와 복구를 지원하기 위해 개인과 가정에 제공되었다.

재난과 관련된 손실에 대해 중소기업청의 재난융자 프로그램이 제공하는 세 가지 주요한 융자는 ① 주택재난융자(Home Disaster Loans), ② 기업재난융자(Business Disaster Loans), ③ 경제손실재난융자(Economic Injury Disaster Loans, EIDL)이다.

주택재난융자는 재난으로 피해를 입은 주거나 개인 자산의 보수와 대체를 위해 주택소유자나 세입자에게 제공된다. 중소기업청의 규정은 부동산의 보수나 대체부동산 구입을 위한 융자는 20만 달러, 개인 자산의 보수와 대체 구입을 위한 융자는 4만 달러로 제한하고 있다. 기업재난융자는 모든 규모의 기업체와 비영리기관의 재난으로 피해를 입은 재고와 비축물자를 포함한 자산의 보수와 대체를 돕는다. 경제손실재난융자(EIDL)는 사고로 영향을 받은 업체에 유동자금(working capital)을 지원한다. 하지만 경제손실재난융자는 기업체의 복구나 보수에는 사용될 수 없다.

기업재난융자와 경제손실재난융자는 법에 의해 신청자당 200만 달러로 제한된다. 이들은 물리적 재난 또는 농업생산 재난으로 인해 심각한 경제적 손실로 어려움을 겪는 소규모 농업조합(기업체 제외)과 민간기관, 비영리기관도 지원한다.[150)]

제11장 주정부와 지방정부에 대한 국토안보부 보조금[151)]

미국 하원은 1993년 2월 세계무역센터(World Trade Center) 폭탄 테러와 1995년 오클라호마 시(Oklahoma City)의 연방빌딩 폭탄 테러로 촉발된 정책의 일환으로, 1996년에 국토안보 프로그램을 위한 보조금법을 승인하고 자금을 지원하고 있다. 2001년 9/11 테러 이후, 의회는 국토안보 보조 프로그램에 더 많은 관심을 쏟고 있다. 이 보고서는 국토안보 지원 프로그램에 초점이 맞춰져 있으며 국토안보부 조직에 초점을 두고 있는 것은 아니다.

지원 프로그램의 숫자와 목적, 보조 프로그램을 담당하는 행정부와 보조금은 지난 12년 동안 변화되어 왔다. 이러한 지원 프로그램들은 주정부 · 지방정부 · 비정부기구들의 국토안보와 재난관리역량을 증대시키려는 의도를 가지고 있다. 2003 회계연도부터 의회 또는 정부 내의 규정 때문에 이러한 지원 프로그램들은 국토안보부 내 네 개의 다른 부서 또는 기구에서 담당해 왔다.

냉전과 장기간의 민방위 프로그램이 종료된 이후, 미국에 대한 테러위협과 공격이 증가함에 따라 국토안보 지원 프로그램에 대한 수많은 정책적 의문점들이 제기되었다. 1997년 이후 의회에서 지속적으로 논의되어 왔음에도 불구하고 대부분의 의문점이 명확히 해소되었다고 보기는 어렵다. 하원의원, 부시행정부 관료, 오바마(Obama) 대통령 등 일부 관료들은 다음 사항(어떤 정책이 바람직한 것인가)에 대해 의문을 제기하였다. ① 지원 프로그램의 숫자와 목적, ② 대비자금의 사용, ③ 수여 자격의 결정, ④ 지원 프로그램의 보조금 규모, ⑤ 프로그램의 보조금 배분방식, ⑥ 이전 회계연도의 국토안보 프로젝트와 관련된 유지비용을 위한 보조금의 사용 등이다.

이러한 정책적인 의문들은 회기마다 계속될 수 있으며, 이를 통해 의회와 연방정부는 향후 예상되는 국토안보 위기를 예상하고 이에 명백히 반하지 않는 정책들을 수립할 수 있게 될 것이다.

여기에서는 국토안보 지원에 있어서의 연방정부 역할 변화에 대한 개략적인 소개, 현재 주정부와 지방정부에 지원하는 프로그램에 대한 요약, 앞에서 제기되었던 주요 정책이슈들을 소개한다.

1) 연방 국토안보 지원의 역사

연방정부는 1993년 세계무역센터(World Trade Center) 폭탄 테러와 1995년 오클라호마 시(Oklahoma City) 연방빌딩 폭탄 테러가 발생함에 따라 주정부와 지방정부에 대한 대테러 지원을 제공하기 시작하였다. 이 대테러 지원은 테러공격에 따라 이 도시들이 받을 수 있는 다른 연방 재난지원과는 구분된다. 연방의 국토안보 지원은 2001년 9/11 테러와 그에 따른 국토안보부의 설립 이후 진화되고 확대되어 왔다.

1996년 의회는 대량살상무기방어법(Defence Against Weapons of Mass Destruction Act of 1996, 일명 Nunn-Lugar-Domenici Act)을 제정하였다. 이 법은 무엇보다 150개의 미국 주요 도시들에 재정지원을 제공하는 넌-루가

(Nunn-Lugar-Domenici, NLD) 프로그램을 창설하였다. 오클라호마 폭탄 테러가 촉매제가 되었던 이 지원 프로그램은 대량살상무기와 관련된 테러를 예방 · 대비 · 대응하는 초기대응자들을 지원하는 데 초점을 두고 있었다. 2년 후에 법무부에서는 테러대비와 관련하여 지방정부와 주정부의 대응역량을 증대시키기 위한 지원 프로그램을 관장할 국내대비실(Office for Domestic Preparedness, ODP)을 설립하였다. 넌-루가 프로그램은 120개 시에 지원되었고, 그 후 157개 시와 카운티까지 확대되었다. 1998년 말에는 120개 시 중 40개 시에서 자금과 훈련을 지원받았다. 대략 30만 달러가 국방부로부터 각 시에 지원되었는데 이는 개인에 대한 보호 · 오염 제거 · 감지를 위한 장비들을 위한 것이다. 모든 시들은 국방부가 주관하는 훈련을 이수하였고, 넌-루가 프로그램이 법무부로 이관되면서 법무부는 훈련과 연습을 기초로 주정부를 평가하였다. 이 프로그램은 2001년 훈련이 종료되면서 같이 종료되었다.

국내대비실(ODP)은 2002년 국토안보법이 발효되면서 국토안보부로 이관되었다. 국내 대비사무처와 테러대비 프로그램들은 국경 및 교통안보실(Border and Transportation Directorate)에서 담당하였고, 통합위험요인대비 프로그램은 연방재난관리청에서 담당하였다. 주정부와 지방정부로부터 국토안보부에 보조 프로그램 지원을 총괄하는 부서(one-stop-shop)가 없다는 비판이 계속되면서, 모든 지원 프로그램들이 장관실(Office of the Secretary)로 이관되었다. 허리케인 카트리나에 대한 대응상의 문제점을 조사한 이후에 이 프로그램은 국가대비실(National Preparedness Directorate)로 이관되었다. 최근 국내대비실(ODP) 프로그램들과 활동들은 연방재난관리청에 있는 보조프로그램실(Grants Program Directorate, GPD)에서 담당하고 있다. 현재 보조프로그램실(GPD)은 국토안보부와 연방재난관리청에서 주정부와 지방정부에 대한 보조 프로그램의 대다수를 관리하고 있는 조직이라고 볼 수 있다.

국토안보부는 설립 당시부터 테러에 대한 대비와 대응에 대한 책임을 가지고 있을 뿐 아니라 인적재난과 자연재난에 대한 대비 · 대응 · 복구에 대해 1차적 책임을 가지고 있는 기관이다. 국토안보부의 보조금에 영향을 준 최근의 입법 활동은 9/11위원회의 집행권고법(Implementing Recommendations of the 9/11 Commission Act of 2007)이며, 그것은 국토안보부의 여러 보조 프로그램을 승인하였고 배분방식을 강제하고 있다. 이 권고는 국토안보부가 어떻게 보조금을 배분해야 하는가에 대한 수년간의 논쟁 결과이다.

2) 보조 프로그램에 대한 요약

국토안보부는 2003 회계연도[152]에 8개의 지원 프로그램을 관장하고 있었으며 2010 회계연도에는 15개까지 확장되었다. 여기에서는 2010 회계연도를 기준으로 국토안보부가 관장하고 있는 15개 중 14개의 프로그램에 대해서 설명하고자 한다. 이 보고서는 2009 회계연도의 보조금 가이드라인, 국토안보부 문서, 의회 보고서를 활용한다. 단, 각 보조 프로그램에 대한 깊이 있는 정보를 제공하지 않으므로 보다 자세한 정보를 위해서는 각 프로그램에 대한 미주를 참고하기 바란다.

국토안보부는 보조 프로그램을 테러와 통합위험요인대비 프로그램으로 대별하지 않는다. 따라서 의회조사국(CRS)은 국토안보부 보조 프로그램 가이드를 기초로 하여 프로그램들의 성격에 따라 테러 또는 통합위험요인대비 유형으로 분류한다. 하나의 프로그램을 테러 또는 통합위험요인대비 프로그램으로 분류하는 기준은 국토안보부가 기술하고 있는 해당 프로그램의 목적이나 해당 프로그램을 지원받기 위한 요건을 검토하여 결정하였다. 따라서 분석하는 사람에 따라서 다르게 분류할 수도 있다.

(1) 테러대비 보조 프로그램(Terrorism Preparedness Grant Programs)

보조프로그램실(GPD)에서 관장하는 15개 프로그램 중 8개는 테러대비 프로그램으로 분류될 수 있다. 이러한 프로그램들은 테러대비 활동, 테러사건 대응, 또는 법 집행 활동과 개선에 초점을 두고 있다.

① 주 국토안보 보조 프로그램(State Homeland Security Grant Program, SHSGP)

주 국토안보 보조 프로그램(SHSGP)은 주정부, 부족정부, 워싱턴 DC와 자치령 정부에 테러대비를 위한 보조금을 지원한다. 보조금 수혜기관은 국토안보부가 승인하는 국토안보전략을 가지고 있어야 한다. 이 프로그램은 주 대비 보고서(State Preparedness Reports)에서 개략적으로 설명하고 있는 주 국토안보전략과 계획을 집행하기 위해 고안되었다. 이 프로그램이 보조할 수 있는 활동은 특화된 장비 구입, 교육, 훈련이다. 이 프로그램은 국가적 중요성을 갖는 주요 기반시설을 보호하기 위한 재원으로도 사용할 수 있다.

모든 주와 워싱턴 DC, 푸에르토리코는 이 프로그램과 도시지역 안보계획(Urban Area Security Initiative, UASI)에 할당된 총 금액의 최소 0.365%를 보장받는다. 자치령 지역은 최소 0.08%를 보장받는다. 그러나 최소 보장액을 분배하기에 앞서, 국토안보부는 수혜기관별 보조금 할당액 결정을 위한 위험 평가를 실시하고, 보조금이 현 상태에서 요구되는 수요를 충족

할 수 있도록 한다.[153)]

② 도시지역안전계획(Urban Area Security Initiative, UASI)

도시지역안전계획(UASI)은 대도시지역에 자금을 지원하는 재량 프로그램이다. 자금을 지원받은 도시지역은 해당 자금을 특정한 장비를 구입하거나, 훈련을 계획하고 실행하거나, 초기대응인력에 대한 수당을 지급하거나, 이들에게 교육을 실시하는 데 사용할 수 있다. 또한 이 프로그램으로 지원된 자금은 항구나 대중교통과 관련된 안전, 방사능 보호 시스템, 기술적인 지원 분야에도 사용될 수 있다.

국토안보부는 주요 기반시설의 위치와 주요 대도시의 인구밀도 등을 고려하여 취약성과 위협에 대한 평가를 실시한다. 이 평가를 기반으로 국토안보부장관의 재량에 따라 선정된 주요 대도시들은 1군(Tier 1)과 2군(Tier 2)으로 구분된다. 가장 위험성이 높은 도시지역 7곳은 1군으로 분류되고 대부분의 보조금이 이 지역에 배정된다. 나머지 지역들은 2군으로 분류되며 1군에 비해 적은 자금을 지원받게 된다. 모든 자금배분은 위험 평가와 예상되는 자금의 효과성에 기준을 두고 있다.

③ 교통안전 보조 프로그램(Transit Security Grant Program, TSGP)

교통안전 보조 프로그램(TSGP)은 버스 · 철도 · 도선(ferry)에 대한 안전을 높이기 위해 이와 관련된 위험성이 높은 도시지역에 자금을 지원한다. 자금지원 신청은 주정부가 할 수 있으며, 지원된 보조금은 반드시 주내의 적당한 교통 시스템에 할당되어야 한다. 국토안보부는 포괄적인 위험 평가를 통해서 자격이 있는 교통 관련 기관을 선정한다. 국토안보부가(이 보조 프로그램의 배분을 위해) 사용하는 위험 평가방법론은 다른 주정부와 지방정부 보조 프로그램 배분을 위해 사용하는 방식과 연계되어 있다. 도시지역안전계획에 대한 적격성은 교통안전 보조 프로그램에 대한 적격성을 결정한다.

④ 항만안전 보조 프로그램(Port Security Grant Program, PSGP)

항만안전 보조 프로그램(PSGP)은 항구와 항구 기반시설을 테러로부터 보호하기 위한 자금을 지원한다. 이 프로그램은 위험관리역량, 해양영역 인지(Maritime Domain Awareness),[154] 교육과 훈련, 대테러역량을 증대시키기 위해 고안되었다. 연방이 정한 터미널·시설, 미국 내 여객선 소유자나 운영자, 연방이 규정한 항만을 관리하고 있는 항만관리 당국이나 주·지방정부기관·연방이 규정한 항구·터미널, 미국의 여객선이나 페리에 대한 안전을 관장하는 그룹이 보조금을 신청할 자격을 갖는다.

국토안보부는 어느 항구가 자금수혜 자격이 있는지를 결정하기 위하여 위험과 취약성 평가를 실시한다. 이러한 위험과 취약성 평가에 기초하여 항구들은 1군과 2군(Tier 1 and Tier 2), 3군(Tier 3), 나머지 항구로 분류된다. 1군과 2군 항구들에 정해진 규모의 자금이 제공되고, 3군과 나머지 항구들은 여분의 자금을 놓고 경쟁하게 된다.

⑤ 화물철도안전 보조 프로그램(Freight Rail Security Grant Program, FRSGP)

화물철도안전 보조 프로그램(FRSGP)은 화물철도 시스템을 테러, 주요 재난, 다른 사건들로부터 보호하기 위하여 자금과 기술적인 지원 등을 제공한다. 자격이 있는 신청자는 1급(Class I), 2급(Class II), 3급(Class III) 운영자인데, 1급의 경우에는 안전 문제에 대한 의식 제고와 고용인력의 비상대응 교육을 위해 자금을 제공하고, 2급과 3급의 경우에는 취약성을 평가하고 안전계획을 수립하게 하기 위하여 자금을 제공한다. 국토안보부는 교육 운영, 안전계획 수립, 취약성 평가와 관련한 신청자의 능력에 기초하여 보조금 수혜자를 결정하며, 방식은 경쟁적이다.

⑥ **광역 여객철도 프로그램(Intercity Passenger Rail Program-Amtrak, IPR)**

광역 여객철도 프로그램(IPR)은 훈련과 기술적인 지원을 통해 전미철도여객수송공사(Amtrak) 철도체계의 안전성을 높이기 위해서 고안되었다. 전미철도여객수송공사는 이 보조 프로그램의 유일한 지원 자격을 가지고 있다. 국토안보부는 위험 평가를 통해서 결정된 규모의 자금을 전미철도여객수송공사에 지원한다.

⑦ **광역 버스안전 보조 프로그램(Intercity Bus Security Grant Program, IBSGP)**

광역 버스안전 보조 프로그램(IBSGP)은 도시 간 연결 버스체계의 안전 관련 활동에 자금을 지원한다. 지원이 가능한 활동은 기획, 안전 증대, 자동차와 운전자 보호 등이다. 자격이 있는 지원자는 도시지역안전계획(UASI) 지역에 버스 운영을 제공하는, 주로 광역적으로 운영하는 사기업을 포함한다. 국토안보부는 버스회사를 군(Tier)으로 그룹 짓는다. 1군(Teir 1)에는 위험이 큰 도시지역에 가장 많은 서비스를 제공하는 약 250개의 회사가 포함된다. 기타 다른 지원자들은 모두 2군(Tier 2)으로 분류된다. 버스 회사들은 각 군 안에서 자금지원에 대해 경쟁해야 한다.

⑧ **수송안전 프로그램(Trucking Security Program, TRSP)**

수송안전 프로그램(TRSP)은 수송산업 전문가의 대테러, 안전인식 훈련에 필요한 자금을 제공한다. 수송산업 전문가들은 그들이 지원하는 4가지 자원 우선순위에 대하여 보조금을 신청할 수 있는데 대테러 · 안전인식 프로그램을 위한 참여자 선별과 충원, 훈련, 의사소통, 정보 분석과 배분이 그것이다. 국토안보부는 연방기관에서 심사위원을 선정하고, 이 심사위원이 가능성, 시간, 유지 가능성을 토대로 지원서를 검토하고 평가한다. 이 프로그램은 2010년 회계연도 이후 자금이 지원되지 않고 있다.

⑨ 완충지역보호 프로그램(Buffer Zone Protection Program, BZPP)

완충지역보호 프로그램(BZPP)은 화학시설, 금융기관, 전력시설, 댐, 경기장 등 주요 기반시설의 안전과 위험관리역량을 높이기 위한 자금을 지원한다. 자격이 있는 신청자는 지정되어 있는 완충지역보호 프로그램 지역을 포함하고 있는 주정부이다. 국토안보부는 매년 프로그램 자금의 배분에 앞서, 각 완충지역보호 프로그램 지역의 위험 평가에 기초하여 모든 완충지역보호 프로그램 사업지구를 결정한다.

⑩ 상업장비 직접지원 프로그램(Commercial Equipment Direct Assistance Program, CEDAP)

상업장비 직접지원 프로그램(CEDAP)은 도시지역안전계획(UASI) 사금의 수혜 자격이 없는 관할구역에 속해 있는 법 집행기관과 재난대응기관에 기술과 장비를 제공한다. 이러한 지원은 주정부와 지방정부의 대응능력, 상호원조 및 상호 간의 의사소통을 높이기 위해 고안되었다. 법 집행기관과 재난대응기관은 이 프로그램의 지원 자격을 얻기 위해 기술과 장비의 지원이 필요함을 설명하여야 한다. 이 기관들은 또한 그 지원이 그들의 안보역량을 증대시킬 것이라는 점을 설명해야 한다. 이 프로그램 또한 2010 회계연도 이후 지원되지 않고 있다.

(2) 통합위험요인대비 보조 프로그램(All-Hazards Preparedness Grant Programs)

보조프로그램실(GPD)에서 관장하는 15개 프로그램 중 7개는 통합위험요인대비 프로그램으로 분류될 수 있다. 특히 이 프로그램들은 발생원인과 관계없이, 발생 가능한 모든 사건에 대비하는 데 초점을 두고 있다. 지역 대규모 재난대비 보조 프로그램(Regional Catastrophic Preparedness Grant Program)은 보조금 수혜기관이 국토안보부의 도시지역안전계획(UASI) 프로그램 위험 평가 과정에서 나타나기 때문에 테러대비 프로그램으로도 분류될 수 있다. 그러나 이 프로그램 가이드는 자금수혜가 가능한 대비 활동이 테러사건에 한정되지 않음을 밝히고 있다.

① 대도시 의료대응 시스템(Metropolitan Medical Response System, MMRS)

대도시 의료대응 시스템(MMRS)은 법 집행기관, 소방서, 응급의료 서비스, 병원, 공중보건, 그리고 다른 개인들의 통합위험요인 대응역량의 조율을 도모한다. 자금과 연방지원은 124개의 인구밀도가 높은 지역에 지원되며, 보조금은 기획, 교육, 훈련, 그리고 제약회사 장비, 개별적인 보호장비에 사용될 수 있다. 연방재난관리청은 대량살상무기와 관련된 사건에 대응하는 능력을 제고함으로써 감염병이나 자연재난과 같은 대규모 인명피해가 야기되는 다른 사건에 대한 능력 또한 제고될 것이라고 한다. 국토안보부장관은 인구에 기초하여 124개 지역을 결정하며 대도시 의료대응 시스템 자금을 지역별로 동등하게 배분한다.

② 소방관 지원 프로그램(Assistance to Firefighters Program, FIRE)

소방관 지원 프로그램(FIRE)은 화재와 화재 관련 대응능력을 높이기 위해 소방서에 1년간 보조금을 직접 지원한다. 이 보조 프로그램은 시민과 소방관의 건강과 안전을 보호하기 위해 필요한 자원이 부족한 소방서를 지원한다. 보조금은 긴급 의료 서비스, 화재진압 자동차 구입에 사용할 수 있다. 개별 소방서들이 이 프로그램에 지원할 수 있다.

프로그램의 배분에 공식이 정해져 있지는 않다. 전국의 소방서와 긴급 의료 서비스기관들이 신청하고, 수여기관은 동료 평가를 포함한 다양한 차원의 검토 과정을 통해서 결정된다. 다만, 지원은 지원의 목적과 해당 소방서가 활동하고 있는 지역사회의 수요를 최우선적으로 고려하여 결정된다. 매년 5명의 소방 분야 대표자들로 구성되는 기준 개발 심사위원이 국토안보부에 자금 우선순위와 보조금 수여기준에 관해 권고한다.

③ 지역 대규모 재난대비 보조 프로그램(Regional Catastrophic Preparedness Grant Program, RCPGP)

지역 대규모 재난대비 보조 프로그램(RCPGP)은 도시지역안전계획(UASI) 보조금을 받을 수 있는 고위험 도시지역에 대규모 재난을 대비하기 위한 자금을 지원한다. 이 프로그램은 대규모 재난을 대비하기 위한 지역의 통합위험요인대비를 지원하는데, 이는 대규모 재난대비와 관련된 계획 수립을 위한 지역사회의 통합, 계획 수립, 명제와 절차의 발전 등이 포함된다.

국토안보부장관은 도시지역안전계획(UASI) 보조금 배분에 기초하여 어떤 고위험 · 고위협 도시지역이 자금을 받을 것인지 결정한다. 2009 회계연도에는 11개 도시지역이 보조금 수혜자로 지정되었다. 보조금은 예상되는 자금배분의 효과성뿐 아니라 그 지역에서의 대규모 재난 발생에 대한 위험 평가에 기초하여 배분된다.

④ 시민의용대 프로그램(Citizen Corps Program, CCP)

시민의용대 프로그램(CCP)은 안전하고 재난상황에 보다 더 잘 대응할 수 있는 지역사회를 만들 임무를 가진 자원봉사단체를 조율하기 위하여 만들어졌다. 이 프로그램은 지역사회 재난대응팀(Community Emergency Response Teams, CERTs), 강화된 이웃 감시(Enhanced Neighborhood Watch), 치안 서비스 자원봉사자(Volunteers in Police Service)와 의료보호 서비스(Medical Reserve Service)를 포함한다. 각 주와 워싱턴 DC, 푸에르토리코는 최소 0.75%를 보장받으며, 자치령 지역들은 최소 0.25%를 보장받는다. 이 프로그램 재원의 잔여분은 전국 인구 대비 수혜지역의 인구의 비율에 기초하여 배분된다.

⑤ 재난관리성과보조금(Emergency Management Performance Grants, EMPG)

재난관리성과보조금(EMPG)은 주정부와 지방정부의 재난관리역량을 개발하고, 유지하며, 개선시키기 위해 고안되었다. 이 프로그램은 주정부와 지방정부들이 주요 재난관리 기능 영역에 있어서 측정 가능한 결과를 달성하도록 지원한다. 보조금은 인사 관련 비용, 여비, 교육, 물품이나 다른 재난관리 활동을 위한 일상적인 경비를 위하여 지출할 수 있다.

재난관리성과보조금은 시민의용대 프로그램과 동일한 방식으로 배분된다. 즉, 각 주와 워싱턴 DC, 푸에르토리코는 최소 0.75%를, 자치령 지역은 최소 0.25%를 보장받는다. 잔여재원은 전국 인구 대비 수혜지역 인구의 비율에 기초하여 배분된다.

⑥ **공공안전 상호의사소통 보조 프로그램(Public Safety Interoperable Communications Grant Program, PSIC)**

공공안전 상호의사소통 보조 프로그램(PSIC)은 주정부와 지방정부가 자연재난 · 테러 · 다른 인적재난의 발생 시 대응 과정에서 상호 간의 의사소통을 개선하기 위한 지원 · 계획 · 교육 · 훈련 · 장비들에 대한 자금을 지원한다. 모든 활동은 의사소통의 통합을 위한 것이어야 하며, 수혜기관의 의사소통 상호작동계획(Communication Interoperability Plan)에서 규정된 목표, 목적, 의도와 일치하여야 한다. 국토안보부는 위험에 기초하여 자금을 배분하며 각 주와 워싱턴 DC, 푸에르토리코는 최소 0.50%의 자금을, 자치령 지역은 최소 0.08%의 배분을 보장받는다.

⑦ **재난대응센터 보조 프로그램(Emergency Operation Center Grant Program, EOP)**

재난대응센터 보조 프로그램(EOC)은 주와 지방정부에 재난대응센터를 설치 · 운영하고 명령체계 관련 역량을 높이기 위한 자금을 지원한다. 보조금은 장비, 업그레이드, 상황관리센터의 건축에 사용될 수 있다. 재난대응센터 보조 프로그램 수혜지역은 특정된 배분 비율을 가진 규정에 맞추어 매년 지정된다.

(3) 다른 국토안보부 지원 및 활동(Other DHS Assistance and Activities)

연방재난관리청 내부에 설치된 보조프로그램실(GPD)은 주 국토안보 보조 프로그램(SHSGP)에 있는 장비 획득 및 지원 프로그램을 통해서 연구개발(R&D)을 수행한다. 장비 획득 및 지원 프로그램은 연방 · 주 · 지방정부에 검사, 기준, 새로운 장비 수요의 확인과 관련한 지원을 제공한다. 주정부와 지방정부의 테러와 자연재난에 대비하기 위한 프로그램 개발, 계획, 집행능력을 높이기 위한 기술적 지원도 이 프로그램의 일반적인 목표이다. 보조프로그램실은 대응계획, 훈련 시나리오, 위험과 취약성 평가, 국토안보전략 개발과 같은 활동에 대해서도 지원한다.

3) 보조금과 관련된 주요 이슈

9/11 테러 후 7년간, 국토안보부가 설치된 이후 6년간 주정부와 지방정부에 국토안보 보조금을 지원하는 데 대한 정책적인 문제가 끊임없이 제기되어 왔다. 예를 들어, 어떤 문제들은 법령의 주정부와 지방정부에 대한 보조금 배분 조정 규정으로 해결되었다. 아울러, 의회 위원회들은 주정부와 지방정부에 제공되는 국토안보 보조금과 관련된 공청회 등을 개최하였다. 하원은 111차 회기에서 공청회를 개최하고 국토안보부의 주정부와 지방정부 지원에 대한 정책적인 문제를 입법화할 필요성이 제기되었다. 이와 관련된 주된 쟁점은 ① 지원 프로그램의 목적과 수, ② 대비자금의 사용, ③ 수여 자격의 결정, ④ 지원 프로그램 자금 규모, ⑤ 프로그램의 배분방식, ⑥ 전년도 국토안보 프로젝트의 유지 보수를 위한 보조금의 사용이다.

(1) 지원 프로그램의 목적과 수(Purpose and Number of Assistance Program)

일부에서는 국토안보부 보조 프로그램의 목적과 숫자의 문제가 충분히 해소되고 있지 않다고 주장한다. 특히 '국토안보부가 테러에 중점을 두고 있는 프로그램에 비해서 통합위험요인대비 프로그램을 더 많이 제공해야 하는가?', '보조 프로그램의 수로 인하여 주나 지방정부 수준에서 협력에 어려움이 있거나 대비가 불충분한가?', '프로그램의 합병이 국내의 안전을 강화할 것인가?'와 같은 질문이 제기될 수 있다.

통합위험요인대비 프로그램은 수혜기관에 자금을 지원하면서, 수혜기관이 인적재난이나 자연재난을 포함한 대부분의 재난상황에 대한 대비 · 대응 · 복구 활동을 하도록 의무를 지운다. 재난관리성과보조금(EMPG)은 통합위험요인지원 프로그램의 한 예이다. 전국주지사협의회(NGA)는 정책 보고서에서 대비를 위한 통합위험요인 접근방식은 계속 유지되어야 한다고 주장하고 있다.[155] 테러대비에 중점을 둔 프로그램들은 자금을 지원하면서, 수혜기관이 테러공격에 대해 대비 · 대응 · 복구할 수 있는 활동을 의무화하고 있다. 주 국토안보 보조 프로그램(SHSGP)은 테러대비에 초점을 두고 있는 프로그램의 예이다.

9/11 테러 이후 발생한 주요 재난과 사건은 허리케인 카트리나와 같은 자연재난이었다. 그러나 주정부와 지방정부에 지원되는 대부분의 국토안보 지원 자금은 테러에 대비하고 대응하는 데 지정된 프로그램에 배분되어 왔다. 국토안보 대통령령 8(HSPD-8)에 관한 보고서는 연방의 대비지원 프로그램은 테러사건들을 조치할 수 있는 능력을 기를 수 있도록 주와 지방정부에 대한 지원을 우선시하고 있음을 보여준다.

2010 회계연도에 의회가 주와 지방정부를 위해 약 4.16조 달러를 배정하였고, 이 중 60%에 해당하는 2.66조 달러가 테러 관련 프로그램을 위한 것이다. 허리케인 카트리나가 미국을 강타한 이후, 의회 위원회 중 하나는 9/11 이후의 정책환경이 테러의 위험성만 지나치게 강조하고 있어 주정부 관료들의 우려가 깊다고 보고하였다. 그러나 국토안보부, 특히 연

방재난관리청은 앞서 언급한 것처럼 테러와는 별도로 연방재난관리청의 사전재난경감 보조 프로그램(Pre-Disaster Mitigation Grant Program)이나 침수된 재산에 대한 수용(aquisition of flooded property)과 같은 자연재난 지원 프로그램을 제공하고 있다.

2005년 회계감사원(GAO)은 테러, 인적재난, 자연재난에 대한 대응능력은 유사성을 가지고 있으나 이에 대한 대비는 다르다는 점을 지적하였다. 이러한 유사성은 사건이 발생했을 때, 초기대응자들이 즉각적으로 사람을 구조하고 재난의 영향을 경감시키는 데 중점을 두고 행동해야 한다는 것과 관련이 있다. 이와는 대조적으로 허리케인이나 자연재난에 대한 대비는 테러공격에 대한 대비와는 차이가 있다. 테러공격에 대한 대비는 보안장비를 설치하거나 테러공격에 대한 첩보(counter-intelligence) 활동 등을 포함하는 반면, 자연재난에 대한 대비는 주민대피계획이나 장비 · 식음료의 저장과 같이(테러에 대한 대비와는) 다른 활동과 관련되어 있다.

회계감사원(GAO)은 2001년 9/11테러 이후에 비상과 재난에 관련된 법령과 대통령 지시들은 테러대비를 강조하고 있다고 언급하였다. 2009 회계연도 국토안보부의 주정부와 지방정부에 대한 국토안보 지원 가이드라인을 보면, 국토안보부는 테러대비를 자금 배분에 있어 최우선순위에 두고 있음을 알 수 있다. 국토안보부는 2009 회계연도 주와 지방정부 평가에서 테러위험을 최우선 요인으로 보고 있으며 테러대비를 보조 프로그램들의 핵심임무 중 하나로 기술하고 있다.[156)]

개선이 필요한 다른 쟁점은 국토안보부가 주관하는 주와 지방정부 지원 프로그램의 수이다. 국토안보부가 설립되기 전인 2002년 주와 지방정부 지원 프로그램은 8개였으나 2010 회계연도에 그 수는 15개로 늘었다. 지난 7년 동안 국토안보 프로그램에 지원되는 규모는 연평균 38억 달러였다. 그 규모가 가장 작았던 해는 2002 회계연도로 14억 달러가 지원되었고, 2009년에는 17개 프로그램에 49억 달러가 지원되었다. 2010 회계연도에는 15개의 프로그램에 42억 달러를 지원하고 있다. 이러한 지원 프로그램 수의 증가는 의회와 행정부가 특정한 시설, 장소, 기관, 정부의 미래 안보 위협을 예상하여 자금을 지원한 결과라고 볼 수 있다.

| 표 1-2 | 2002~2009 회계연도 국토안보부 지원 프로그램 수와 성격

프로그램 형태 \ 연도	2002	2003	2004	2005	2006	2007	2008	2009	2010
테러대비	3	4	6	7	8	8	10	10	8
통합위험대비	5	5	5	5	6	6	7	7	7
계	8	9	11	12	14	14	17	17	15

2003년 9월, 회계감사원(GAO)은 국토안보부 보조금체계가 분절되어 있어 주와 지방정부 수준에서의 서비스와 계획의 통합이 어렵다고 지적하였다. 이러한 분절은 2004 회계연도의 버스와 수송안전 프로그램, 2005년 일련의 교통안전 프로그램, 2006년의 완충지대보호 프로그램(BZPP), 2008년의 공공안전 상호의사소통 보조 프로그램(PSIC)과 같이, 특정 기반시설에 목적을 두고 지원된 보조 프로그램이 발달되면서 나타난 것이다. 이러한 테러대비 프로그램의 확대는 연방정부의 테러우선 입장을 반영하지만 주정부와 지방정부에서는 자연재난과 인적재난에 우선순위가 있을 수 있다.

이러한 프로그램의 확장은 특정한 국가안보 수요에 대해 국토안보를 위한 노력과 자금을 집중하고자 하는 국토안보부가 의도한 결과일 수도 있다. 그러나 추가되어 온 대부분의 프로그램들은 테러대비에 관한 것이고, 이미 지적했듯이 주정부와 지방정부에서는 국토안보부의 테러대비에 대한 집중을 비판하고 있다. 반드시 언급되어야 하는 것은 국토안보부와 행정부에서 이러한 프로그램들을 모두 요청하지는 않았다는 점이다. 예를 들어, 2005년 버스안전 프로그램의 경우 행정부의 요청 없이 의회에서 자금을 배정하였다. 더욱이 행정부에서 목표기반시설보호 프로그램(Targeted Infrastructure Protection Program, TIPP)을 요청한 2007년에는 행정부 관료들이 보조 프로그램의 통합을 요청하였다. 목표기반시설보호 프로그램(TIPP)은 6개의 기반시설보안 보조 프로그램을 통합하고자 하는 것이었으나 의회는 목표기반시설보호 프로그램을 통해 기반시설 프로그램들에 자금을 배정하지 않았다.

의회는 아마도 당시의 테러대비 프로그램 각각에 지속적으로 자금을 지원하기를 바랐던 것 같다. 완충지대보호 프로그램(BZPP)과 같이 특정 목적이 있는 프로그램들은 특정한 국토안보 수요를 충족시키는 데에 자금을 제공한다. 그러나 이는 통합위험대비와 재난에 대해 더 많은 자금이 지원되어야 하고, 보조 프로그램들이 분절적이며, 연방 · 주 · 지방의 대응이 협력적이지 못한 상황이라고 생각하는 주정부와 지방정부 관료들의 비난을 해소하지는 못했다.

의회도 재난관리성과보조금(EMPG)과 대도시 의료대응 시스템(MMRS)과 같은 통합위험대비 프로그램에 대한 보조를 늘리는 것을 고려할 수 있으나, 이것은 보조금을 확대하거나 테러대비보조금을 줄여야 가능하다. 이 선택지는 주정부와 지방정부의 비난을 줄일 수 있으나 테러대비 프로그램의 자금을 줄인다면 주정부와 지방정부의 테러대비 수요를 맞추기 어려울 수 있다.

국토안보부가 주와 지방에 제공하는 보조 프로그램의 수와 성격을 의회에서 다시금 결정해야 한다면, 주 국토안보 보조 프로그램(SHSGP)과 도시지역안전계획(UASI)과 같은 테러대비 프로그램이 통합위험 대비·대응·복구를 위해 사용될 수 있도록 고려할 수 있다.[157] 현재 이러한 프로그램들은 주정부와 지방정부가 테러대비에 자금을 사용할 수 있도록 개선해야 한다는 요구가 있다. 이렇게 테러대비 프로그램을 통합위험대비 프로그램에 사용할 수 있도록 하는 것은 주정부와 지방정부가 자연재난이나 테러에 대비한 안전 수요의 우선순위에 따라 투자할 수 있도록 재량을 부여하는 결과를 낳게 될 것이다.

마지막으로, 의회는 보조프로그램실(GPD)이 주관하는 프로그램의 수를 줄이기 위해 하나 혹은 그 이상의 포괄보조 프로그램을 신설하는 것을 고려해 볼 수 있다.[158] 이는 통합위험과 테러대비 보조를 묶는 하나의 포괄보조 프로그램을 신설하는 방안을 포함한다. 이러한 프로그램은 보조금 수혜기관이 안전에 대한 우선순위에 따라 자금을 배정할 수 있게 할 것이다. 특히 보조금 사용에 있어 재량성을 크게 확대할 것이다. 이러한 조치는 보조사업 간의 조화 문제를 해결할 수 있고 의회와 행정부가 의도한 프로그램이 아닌 주와 지방정부가 특정한 수요에 맞춰 자금을 지원할 수 있게 된다. 그러나 국토안보부는 현재 보조 프로그램들의 배분 상태를 고려한 배분방식을 찾아야 할 것이다.

(2) 재원 사용에 대한 평가(Evaluation of Funding Use)

의회가 개선하고자 하는 다른 쟁점은 주와 지방에 대한 국토안보부의 지원이 효율적으로 사용되도록 하는 문제이다. 프로그램 자금 사용에 대해 검토하려면 주정부와 지방정부의 국토안보부 지원자금 사용을 평가해 보아야 한다. 그러나 국토안보부는 아직 주정부와 지방정부가 과거 국토안보 프로그램 자금을 어디에, 어떻게 쓰는지 평가를 완료하지 못했다. 향후 프로그램 자금 배분에 앞서, 주와 지방에서 현재 국토안보 지원금 사용이 연방의 요구기준에 부합하는지 국토안보부나 다른 연방기관이 우선적으로 평가해야 한다는 지적이 있다.

국토안보부가 주와 지방 보조 프로그램에 대한 자금 배분을 발표할 때, 보조금 수혜기관이 보조금을 어디에, 어떻게 사용할 것인지에 대한 집행계획을 제출하는 것은 의무이다. 그러나 여전히 보조금이 국가의 안보를 고양하기 위해서 효율적으로 쓰이는가는 의문으로 남는다. 자넷 나폴리타노(Janet Napolitano) 국토안보부장관은 연방재난관리청에 국가계획과 주와 지방 통합에 대한 보고서 제출을 지시하였으나 이러한 지시가 주와 지방에서의 보조금 사용 문제를 개선하지는 못한다.

2009년 초에 보조프로그램실(GPD)은 역량대비비용(Cost to Capability, C2C)이라고 불리는 평가를 실시하였다. 이 평가는 보조금 수혜기관의 다양한 형태의 재난에 대한 예방과 대응능력을 측정하기 위한 것이었다. 역량대비비용 평가(C2C)는 국토안보부의 국가계획 시나리오를 활용한다. 이 평가의 의도는 보조프로그램실(GPD)이 국토안보부의 보조 프로그램들을 효율적으로 관리하고, 주정부와 지방정부가 연방보조금을 제대로 사용할 수 있도록 하는 데 있다. 보조프로그램실(GPD)의 평가 실시 이전에 주와 지방의 역량평가는 자기평가방식이었다.

회계감사원(GAO)은 의회가 요구한 보고서에서 역량대비비용 평가(C2C)를 위한 입력 데이터는 주정부의 대비계획, 기초역량 평가, 다른 요소들로부터의 자기역량 평가에 기반하고 있다고 설명하였다. 그러나 회계감사원은 이러한 데이터들이 자기평가에 기초하고 있기 때문에 입력 데이터의 타당성이 불확실하다고 지적한다. 더욱이 회계감사원은 역량대비비용 평가에 참여하는 주정부와 지방정부 공무원과 분석가들에 대한 교육과 훈련 수준에 비추어 보면, (평가에서 사용하는) 분석기술이 한정되어 있어 역량대비비용 평가는 제한적인 역량평가도구라는 점을 비판하였다. 또한 2008년 청문회에 대한 요약 보고서에서 회계감사원은 국토안보부가 목표를 설정하고 정보를 수집하고 발전된 점을 측정하는 데 있어서는 진일보하였으나, 국토안보보조금 사용에 대한 모니터링이 당초에 목표한 프로그램의 성과를 측정하는 방법을 제공하지는 못하고 있다는 점을 비판하고 있다. 의회 국토안보 소위원회 개최 전에 열린 공청회에서 연방재난관리청의 국가대비 차관보 티모시 매닝(Timothy Manning)은 역량대비비용 평가 자료가 연방재난관리청에 대비 활동에 대한 연방 · 주 · 지방의 투자에 대해 제한적인 정보만 제공한다는 점을 인정하였다.

2008년 예산관리처(Office of Management and Budget, OMB)는 일부 주와 지방에 지원하는 국토안보부 프로그램에 대해 프로그램 등급 평가도구(Program Assessment Rating Tool, PART)를 적용하였다. 예산관리처는 주 국토안보 보조 프로그램(SHSGP), 도시지역안전계획(UASI), 재난관리성과프로그램(EMPG)에 대한 효과성 평가를 시행하였다. 예산관리처는 전반적으로 이 프로그램들이 적합하다는 결론을 내렸으나, "충분한 범위와 질의 독립적인 평가가 프로그램의 효과성과 성과를 보여주는가"라는 질문에 대해 '어느 정도'라는 등급을 받았다.

프로그램 등급 평가도구(PART) 분석과 회계감사원(GAO)의 조사는 보조프로그램실(GPD)의 보조 프로그램이 주와 지방의 안전역량을 높여

주지 않는다는 추측을 낳는다. 그러나 이 평가의 결과가 보조프로그램실 프로그램들이 특정한 기준을 달성한다는 점을 보여주지 못할 수는 있으나, 최소한 주와 지방에서 재난과 테러 시 필요한 안전 관련 장비·계획·훈련이 확대된 것은 확실하다. 주와 지방, 국가 전체적으로 볼 때 2001년 9/11 테러 당시보다는 더욱 잘 대비가 되어 있다고 말할 수 있다. 그러나 비판가들은 프로그램 등급 평가도구에 대해 정치적이고, 의회에서 대통령으로 권한을 이양시키며, 적정한 이해관계자에 대한 컨설팅이나 공공의 참여를 제공하지 못한다고 보고 있다. 일부 관찰자들은 프로그램 등급 평가도구가 수혜기관의 프로그램 평가 노력을 자극한다는 점은 인정하고 있으나 프로그램 효과성을 타당하게 평가한다는 점에는 동의하지 않는다.

2009년 1월 국토안보부의 감사국은 국토안보 프로그램에 대한 주와 도시지역 관리에 대한 연차 보고서를 발표하였다. 주와 도시지역에 대한 개별적인 감사보고서는 문제가 제기된 비용, 감시, 측정 가능한 프로그램의 목표와 목적, 평가 요구 등에 관한 개선필요사항을 도출하였다. 그러나 보고서는 국토안보부와 주, 도시지역에 대한 전반적인 문제 해결 대신 개선이 필요한 주와 도시지역을 확인하였다. 2009년 3월 감사국은 연방재난관리청이 두 가지 감시 활동인 재정과 프로그램에 대한 모니터링을 일관되게 지속적으로 실시하고 있지 못하다고 추가로 보고하였다.

만약 의회가 현재의 역량대비비용 평가(C2C)절차가 부적절하다고 판단한다면, 국토안보부는 주정부와 지방정부의 자기평가 비중을 줄이는 방식으로 역량대비비용 평가방식을 정비할 필요가 있다. 이것은 결과적으로 기본역량 평가가 될 수 있고, 국토안보부는 국토안보보조금과 연계된 연 단위 대비기준을 결정하는 데 이 평가를 활용할 수 있을 것이다. 이러한 기준은 국가 전체적으로 접근하기보다는 각 보조금 수혜기관별로 규정되어야 한다는 주장이 제기될 수 있다. 각 주가 (현재 상태에서) 동일한 국토안보역량을 갖추고 있는 것이 아니기 때문이다. 따라서 기준은 각 주의 역량 증대 수요를 반영할 필요가 있다.

마지막으로 의회가 보조금 사용을 평가하는 데 있어 부적절하다고 판단한다면, 의회는 국토안보부가 국가대비를 측정할 수 있는 역량대비비용 평가(C2C) 이외의 평가도구 개발을 명할 수 있을 것이다. 이러한 새로운 평가도구는 주와 지방정부의 자기평가에 덜 의존할 것이며, 국토안보부가 개별 보조금 수혜기관과의 협력을 요하는 새로운 도구의 개발과 집행에 더 의존하게 될 것이다. 이로써 주와 지방의 최소 대비 수준을 보다 잘 반영할 수 있는 새로운 도구가 만들어질 수도 있다. 그러나 이것은 국가대비의 기초가 정립될 때까지 시간이 필요하며, 더욱이 대비기준이 정립될 때까지 더 많은 시간이 소요될 수 있다. 가능성이 있는 하나의 평가도구는 취약성을 포함하여 미국 진역에 대한 위험 평가를 포함시키는 것이다(역량대비비용 평가(C2C)는 직접적인 취약성 평가를 포함하지 않는다). 단언컨대, 이 위험 평가는 테러에 대한 위험뿐 아니라 인적재난 · 자연재난에 대한 위험을 포함할 것이다. 위험 평가와 결합하여, 대비 평가도구는 또한 각 보조금 수혜자의 '목표역량 리스트(Target Capabilities List)'를 충족할 수 있는 역량을 측정할 것이다. 위험과 목표역량 리스트를 추가하는 평가도구가 유일한 대안은 아니며, 의회가 역량대비비용 평가가 부적절한 평가도구라고 판단할 때 의회가 고려할 수 있는 하나의 대안일 뿐이다.

(3) 자금 수혜 자격자(Eligible Grant Recipients)

국토안보 보조 프로그램과 관련된 또 다른 쟁점은 '누가 혹은 어떤 기관과 당국이 연방의 국토안보 지원을 받을 자격이 있는가?'이다. 이와 관련된 두 가지 질문이 있는데 ① '각 보조 프로그램에 대하여 적절한 수혜기관이 규정되어야 하는가?', ② '국토안보부가 적절한 수혜기관 결정 과정을 거치는가?'이다. 2010 회계연도에는 15개의 보조 프로그램이 있으며 이는 **표 1-3**에서 보는 바와 같이 15개의 별도 보조 프로그램 수혜 그룹과 수많은 수혜자 결정절차를 만들어 낸다는 것을 의미한다.

이 프로그램들 중 7개는 명시적으로 위험 평가를 보조금 지원 자격 결정에 사용하고 있으며, 3개(CEDAP, MMRS, TSS)는 위험 평가를 자격 결정에 일부 반영하고 있다. 확정적이지 않은 것은 '국토안보부가 각 프로그램에 동일한 위험 평가절차를 거치는가'이다. 특정 정부가 다양한 보조 프로그램을 지원할 경우 혼돈을 주거나 중복되는 사안이 있을 수도 있다. 서로 다른 지원 자격을 가진 보조금의 다양성은 보조금 기회에 대한 혼동이나 자금의 가외성을 일으킬 수도 있다. 또한 각 프로그램들이 보조금 수혜자에 대해서 세세히 규정하고 있고 국토안보부가(각 프로그램 수혜자 결정을 위해) 다른 방식을 사용하는 것처럼 보일 수 있다.

비평가들에 따르면 위험, 취약성과 그 결과를 평가하는 다양한 위험 평가방식으로 수혜자를 결정하기 때문에 국토안보 수요가 있는 정부가 자금을 받지 못할 수도 있다고 한다. 의회는 국토안보부의 보조금 수혜자 결정방식을 개선하고자 할 수 있다. 또한 의회는 국토안보부가 보조금 적격을 위한 하나의 위험 평가방식을 사용하거나, 최소한 국토안보부에 보조금 수혜기관들이 하나의 국토안보 목적을 위하여 다양한 프로그램

표 1-3 2009 회계연도 국토안보부 지원의 수혜 적격자(프로그램별)

프로그램	수혜 적격자	결정절차
주 국토안보 보조 프로그램 (SHSGP)	주, 워싱턴 DC, 푸에르토리코, 자치령	의회의 정함에 따라
도시지역안전계획(UASI)	고위협·고위험 도시지역	국토안보부가 위험 평가를 통해 결정
항만안전 프로그램 (PSGP)	개별 항만	국토안보부가 위험 평가를 통해 결정
교통안전 프로그램 (FRRSP, IPRSP)	대중교통 및 여객수송 시스템 및 운영자	국토안보부가 위험 평가를 통해 결정
버스안전 프로그램 (BSP)	대중교통 및 지상버스 시스템 및 운영자	국토안보부가 위험 평가를 통해 결정
수송안전 프로그램 (TRSP)	상업 트럭 사업 및 운영자	지원절차를 통해 결정
재난대응센터 보조 프로그램 (EOC)	주와 지정된 지방	의회의 정함에 따라
완충지대보호 프로그램 (BZPP)	사설과 공공의 주요 기반시설	국토안보부가 위험 평가를 통해 결정
소방관 지원 프로그램 (FIRE)	전문 및 의용 소방시설	개별 지원자들의 상대 평가를 통해 결정
재난관리성과보조금 (EMPG)	주, 워싱턴 DC, 푸에르토리코, 자치령	의회의 정함에 따라
시민의용대 프로그램 (CCP)	주, 워싱턴 DC, 푸에르토리코, 자치령	의회의 정함에 따라
대도시 의료대응 시스템 (MMRS)	124개 정부	국토안보부가 결정
상업장비 직접지원 프로그램 (CEDAP)	주와 지방 사법기관 및 재난관리기관	지원절차를 통해 필요성을 설명
공공안전 상호의사소통 보조 프로그램 (PSIC)	주, 워싱턴 DC, 푸에르토리코, 자치령	국토안보부가 위험 평가를 통해 결정
지역 대규모 재난대비 프로그램(RCPGP)	고위협·고위험 도시지역	국토안보부가 위험 평가를 통해 결정

에 지원하지 않도록 하는 제도의 개선을 요구할 수도 있다.

의회는 또한 특별히 보조금 수혜자를 법령을 통해서 결정하거나 적어도 국토안보부가 결정절차를 보다 더 투명하게 진행토록 요구할 수 있다. 현재 보조금 수혜자 결정방식은 노동 집약적이고 혼동을 주므로 개선이 필요하다.

(4) 보조금 규모(Funding Amounts)

국토안보 연방 보조 프로그램의 규모는 의회가 현재의 경제상황과 연방정부 가용자원을 고려하여 평가해 보고자 하는 또 하나의 쟁점이다. 특히 '이러한 프로그램들에 대한 연방정부 지원이 지속되어야 할 필요성이 있는가?', '의회에서 지원을 축소하거나 종료시켜야 하는가?'가 쟁점사항이다. 지난 8년간 의회는 주와 지방의 국토안보 보조 프로그램에 총 340억 달러를 지원하였으며 이는 매년 평균 38억 달러를 지원한 셈이다. 2009 회계연도에는 의회가 총 49억 달러를 지원했고, 가장 적은 시기인 2002년에는 14억 달러를 지원하였다. 2010년 의회는 이 프로그램들에 대해서 지난해에 배정된 금액보다 7억 5천7백만 달러를 감축했다. 그러나 일부 프로그램은 더 많은 자금을 배정받았다. 자세한 내용은 표 1-4와 같다.

표 1-4 2002~2009 회계연도 국토안보부 지원 프로그램 배정액

(단위: 백만 달러)

프로그램 \ 연도	2002	2003	2004	2005	2006	2007	2008	2009	2010
주 국토안보 보조 프로그램 (SHSGP)	316	1,870	1,700	1,100	550	525	950	950	950
도시지역안전계획 (UASI)	3	800	725	885	765	770	820	838	887
법 집행기관 테러예방 프로그램 (LETPP)	–	–	500	400	400	375	–	–	–
핵심기반시설 보호 프로그램 (CIPP)	–	200	–	–	–	–	–	–	–
항만안전 프로그램 (PSGP)	198	170	125	150	175	210	400	550	300
교통안전 프로그램 (FRRSP, IPRSP)	–	–	–	150	150	175	400	550	300
버스안전 프로그램 (BSP)	–	–	10	10	10	12	12	12	12
수송안전 프로그램 (TRSP)	–	–	22	5	5	12	16	8	–
재난대응센터 보조 프로그램 (EOC)	–	–	–	–	–	–	15	35	60
완충지대보호 프로그램 (BZPP)	–	–	–	–	50	50	50	50	50
소방관 지원 프로그램 (FIRE)	360	750	750	715	655	662	750	985	810
재난관리성과 보조금 (EMPG)	168	170	180	180	185	200	300	315	340

프로그램 \ 연도	2002	2003	2004	2005	2006	2007	2008	2009	2010
시민의용대 프로그램 (CCP)	25	30	40	15	20	15	15	15	13
대도시 의료대응 시스템 (MMRS)	25	50	50	30	30	33	41	41	41
훈련·기술지원·연습·평가 프로그램 (TTAE&E)	333	330	292	341	296	298	299	429	266
상업장비 직접지원 프로그램 (CEDAP)	–	–	–	–	50	50	25	8	–
공공안전 상호의사 소통 보조 프로그램 (PSIC)	–	–	–	–	–	50	50	50	
신원증명 프로그램 (Real ID)	–	–	–	–	–	–	50	50	50
지역 대규모 재난대비 프로그램 (RCPGP)	–	–	–	–	–	–	35	35	35
계	1,428	4,370	4,394	3,981	3,341	3,387	4,228	4,921	4,164

주와 지방 국토안보 프로그램에 340억 달러 이상을 지원했기 때문에 (이 자금으로) 그들의 모든 안보수요를 충족했어야 한다는 주장이 있다. 이러한 관점은 의회가 주와 지방의 국토안보역량을 유지할 수 있는 정도의 수준까지만 지원하고 새로운 프로젝트에는 자금을 지원하지 말아야 한다는 입장이다. 그러나 국토안보부가 주와 지방의 국토안보역량 범위에 대한 보고가 불가능하다면, 주와 지방의 역량을 확인하기에 앞서 자금 규모를 축소하는 것은 국토안보 수요가 충족되지 못하는 결과를 초래할 수 있다. 추가로 주정부와 지방정부가 국토안보 프로그램에 자금을 지원

하는 데 있어 보다 많은 책임을 져야 하고, 연방정부의 전반적인 지원을 줄여야 한다고 보는 견해도 있다. 그러나 이는 현재 주정부와 지방정부의 재정 상태를 고려할 때 어려울 것이다.

현행 자금규모에 관련된 또 다른 논쟁은 계속 변화하는 테러위협과 고정적인 자연 · 인적재난의 위협이다. 하나의 안보위협 요소가 확인되고 해소가 되면, 다른 위협이 등장하고 또 다른 안보역량이나 절차가 요구된다. 일부에서는 자연재난이나 발생하는 (재난이나 사건의) 현상을 고려할 때, 자금 지원규모는 증가되어야 한다고 주장한다.

(5) 재원 배분 방법론(Funding Distribution Methodologies)

검토가 필요한 또 하나의 쟁점은 보조 프로그램 재원을 주와 지방에 배분하는 방식에 대한 것이다. 구체적으로 의회는 주와 지방의 안전을 보장할 수 있도록 재원 배분방식의 지속적인 개선을 원한다. 이 문제는 2007년 1월에 9/11위원회의 집행권고법(P.L.110-53, Implementing Recommendations of the 9/11 Commission Act of 2007)에서 개선되었던 이슈와 함께 지난 7년 동안 의회의 가장 큰 관심을 받았다. 구체적으로, 9/11위원회의 집행권고법에 따르면 주 국토안보 보조 프로그램(SHSGP)과 도시지역안전계획(UASI)은 100% 위험에 기초하여 배분되도록 요구하고 있다. 그러나 주 국토안보 보조 프로그램의 수혜기관은 매년 최소 비율의 금액을 보장받고 있다. 이러한 자금 배분에 대한 논의는 대체로 주 국토안보 보조 프로그램과 도시지역안전계획에 대한 것이며 다른 프로그램들은 주된 논의의 대상은 아니다.

주 국토안보 보조 프로그램(SHSGP)의 최소 보장 시스템과 재난관리성과보조금(EMPG)이나 시민의용대 프로그램(CCP)에서 인구를 배분방식의 핵심요소로 사용하는 데 대해 많은 비판을 받아 왔다. 이를 비판하는 그룹 중 하나는 미국 테러공격에 대한 국가위원회(National Commission on Terrorist Attacks Upon the United States, 9/11 Commission)이며, 이 위원회는 국토안보 보조 프로그램은 위험에 기초해서만 배분되어야 한다고 주장하였다. 9/11위원회의 집행권고법(P.L.110-53)은 국토안보부가 주 국토안보 보조 프로그램에서 주정부에 최소 금액을 보장해 주도록 요구하고 있기 때문에 이 법이 9/11 위원회의 요구사항을 충족하지 못한다는 논란이 있다. 다른 사람들은 국토안보 보조 프로그램(SHSGP)과 도시지역안전계획(UASI)이 100% 위험에 근거하기 때문에 9/11 위원회의 권고사항은 합치한다고 주장한다. 9/11 위원회는 연방정부의 보조금 배분에 대해 비판하고 이러한 배분이 수입의 일반적 공유를 위한 프로그램으로 남아서는 안 된다고 권고하는 반면, 위원들은 모든 주와 시가 재난대응을 위한 최소한의 기반을 갖출 필요가 있다고 인정하고 있다. 9/11 위원회는 주와 지방의 국토안보 지원이 추가적인 지원을 받을 만한 위험과 취약성에 기초하여 주정부와 지방정부의 재원을 보충하는 역할을 해야 한다고 권고한다. 오바마(Obama) 대통령이 취임에 앞서 공표한 정책 보고서가 9/11 위원회 견해에 동의하는 것으로 보였는데 이는 국토안보 지원이 순전히 위험에 근거해야 한다는 점이라고 밝혔기 때문이다.

이러한 논쟁 때문에 의회는 국토안보부가 국토안보자금을 관계 당국에 지원하는 방법을 더욱 세세히 규정하는 방안을 검토하고, 최소 보장 대신 국토안보부가 위험에 근거하여 재원을 배분하도록 요구할 수 있다. 그러나 이 선택지에서 어떤 정부는 전혀 재원을 배분받지 못하거나 (수요에 미치지 못하는) 제한된 재원만을 배분받는 결과를 초래할 수 있다. 국토안보보조금 배분에 사용되는 위험 평가는 모든 주와 지방이 테러나 자연재난을 포함한 각종 위험성을 지니며, 어느 정도 자금을 지원해 주어야 한다는 점을 보여준다. 다만, (핵심은) 국토안보부가 주와 지방의 역량, 취약성, 위험을 국가 전체의 국토안보 환경을 정확히 반영하는 방식으로 평가해야 한다는 것이다.

(6) 유지관리비용(Sustainment and Maintenance Costs)

2009년 9월 22일에 연방재난관리청 보조프로그램실(GPD)의 개리 로저스(Gary Rogers) 실장은 주와 지방에서 연방재난관리청 프로그램을 관장하는 책임을 지고 있는 모든 부서에 다음과 같은 문서를 보냈다.

> 이하는 유지관리비용과 관련한 대비보조금의 사용에 대한 연방재난관리청 또는 보조프로그램실의 입장을 명확히 밝히는 내용입니다.
> 보조금을 받은 기관은 연방재난관리청 보조금으로 구입한 장비의 수명기간 내에서 발생하는 비용이라는 전제하에 연방재난관리청의 대비보조금을 유지계약, 사용요금, 다른 유지보수비용으로 사용할 수 있습니다. 이러한 유지관리비용은 장비가 행정이나 관리에 관련된 것이 아닌 한 장비 항목에 의거하여 사용이 가능합니다. 수혜기관은 추가적인 계약과 사용요금을 지불하기 위해 장래의 대비보조금을 사용할 수 없습니다. 이러한 지속적인 유지관리비용은 수혜기관이 부담해야 합니다. 예를 들어, 화학사고 대응을 위하여 지방과 연계기관 간의 연결 및 상호운용을 위한 양방향 의사소통도구의 구입은 가능합니다. 보조금은 이 기구를 구입한 보조금 성과기간 내에 제공된 서비스를 충당하는 데에만 사용될 수 있습니다. 이 사업 수행기간이 지난 모든 유지관리비용은 연방재난관리청의 보조사업자금으로 지불할 수 없습니다. 이러한 비용들은 이전에 예산에

반영된 항목들을 대체할 수 없다는 점을 명심하시기 바랍니다.

이 연방재난관리청의 지침은 주정부와 지방정부에 그들이 이전 회계연도의 국토안보 프로젝트를 유지하기 위하여 새로운 해의 연방재난관리청 보조금을 사용할 수 없음을 알려준다. 오하이오의 콜럼버스 도시지역에서 국토안보 및 사법 프로그램 관리관인 캐시 크랜달(Kathy B. Crandall)을 포함한 수많은 주와 지방정부 관료들이 이 지침을 비난하였다. 크랜달은 재난 의사소통 · 대비 · 대응에 관한 하원 국토안보 위원회 소위원회의 청문회에서 연방재난관리청의 지침은 과거의 주정부 · 지방정부의 대비 관행과 배치된다고 언급하였다. 주정부와 지방정부는 보조금 신청과 투자 입증(Invest Justifications, IJ)과 관련하여 유지보수 활동에 대해 연방재난관리청에 정보를 제공해야만 한다는 것이다.

이를 비판하는 사람들은 지침이 연방정부의 지원을 현재 회계연도 프로젝트와 활동에 사용될 수 있다고 한정함으로써 주와 지방의 국토안보 능력을 저해할 수 있고, 과거의 국토안보 프로그램 추진이 지연되는 결과를 초래할 수 있다고 주장한다. 반면에 이를 옹호하는 측에서는 국토안보 프로그램에 대한 연방정부의 지원은 기초자금 역할을 한다는 입장이다. 연방정부는 주와 지방에서 연방의 자금으로 프로젝트를 시작할 수 있는 기초자금을 지원하는 것이며 그 프로젝트와 활동의 완료, 유지, 보수 등은 각 수혜기관의 책임으로 남는다고 본다. 연방재난관리청의 지침이 영향을 미칠 수 있는 주요한 두 가지 프로그램은 주 국토안보 보조 프로그램(SHSGP)과 도시지역안전계획(UASI)이다. 더불어 유지비용을 인정해야 한다는 데 비판적인 사람들은 이 프로그램들이 주정부와 지방정부의 보조금 분담(matching)을 요구하는 것이 아니기 때문에 모든 장기적인 비용은 주정부와 지방정부의 책임이라고 주장한다. 주정부와 지방정부는 초기 투자를 할 필요가 없으므로 수혜기관들은 해당 프로젝트를 시작함에 있어 그 자금을 투입할 필요가 없는 것이다.

2009년 10월 15일에 도입된 자원 및 장비의 강화와 갱신법(H.R.3837, Strengthening and Updating Resources and Equipment Act)은 이러한 이슈를 다루고 있다. 이 법안은 2002년 국토안보법(HSA)을 개정하는 것으로 연방재난관리청의 국토안보 지원 수혜기관들이 보조금을 과거 회계연도의 프로젝트 유지를 위하여 사용할 수 있도록, 특히 당해 회계연도 주 국토안보 보조 프로그램(SHSGP)과 도시지역안전계획(UASI) 프로젝트보다 우선하여 사용할 수 있도록 하였다. 유사한 법안으로 자원 및 장비의 강화와 갱신법(S.2793, Strengthening and Updating Resources and Equipment Act)이 2009년 11월 18일에 상원에 상정되었다. 일부에서는 유지보수와 관련된 비용은 더 이상 주 국토안보 보조 프로그램(SHSGP)과 도시지역안전계획(UASI)의 목적이 될 수 없다고 주장하면서, 이러한 법안들이 발효된다면 연방재난관리청 청장은 투자 입증(IJ)이나 보조금 신청을 거절할 수 없을 것이라고 한다. 결과적으로, 연방재난관리청에서 투자 입증이나 보조금 신청을 거절할 수 없다면 보조금 수혜기관이 전년도 프로젝트에 대한 유지비용만 신청할 수 있도록 할 것이라고 본다. 결과적으로 주와 지방은 새로운 국토안보 프로젝트를 시작하지 못하는 결과를 낳을 것이다.

의회는 보조금 수혜기관이 연방재난관리청 보조금의 일정 부분을 전년도 국토안보 프로젝트를 유지하는 데 사용하도록 허용하기를 바랄 수도 있다. 이것은 주정부가 주 국토안보 보조 프로그램(SHSGP)과 도시지역안전계획(UASI) 할당금액의 25% 이상을 테러예방 활동에 쓸 수 없다는 요구규정과 유사할 수도 있다. 더욱이 의회는 주 국토안보 보조 프로그램과 도시지역안전계획 신청자들이 장래 보조금 신청과 투자 입증 서류에 유지관리비용에 대한 상세 내용을 제시하도록 하고, 연방재난관리청이 보조금 수혜기관의 유지관리비용을 모니터할 수 있게 할 것이다. 마지막으로, 연방재난관리청 청장이 전년도 국토안보 프로젝트의 유지보수비용이 더 이상 주 국토안보 보조 프로그램과 도시지역안전계획의 목표와 목적에 부합하지 않는다고 결정하면, 연방재난관리청 청장이 이를 거부할 수 있도록 하는 권한을 부여할 수도 있을 것이다. 그러나 보조금 수혜자가 유지관리에 쓸 수 있는 자금규모를 제한하거나 신청과 투자 입증에 대해 상세한 정보를 요구함으로써, 의회는 보조금 수혜기관이 새로운 국토안보 프로젝트에 자금을 사용하는 대신에 이전 프로젝트의 유지비용에 이후의 자금을 사용하는 문제를 고려할 수 있을 것이다. 이러한 선택지는 주와 지방에 대한 연방재난관리청의 국토안보 지원이 단순한 기초자금 이상의 의미를 가진다는 정책 관점을 지지한다.

반대로 의회는 자원 및 장비의 강화와 갱신법(H.R.3837과 S.2793, Strengthening and Updating Resources and Equipment Act)을 승인하지 않는 것으로 결정할 수 있으며 이는 유지관리비용으로 보조금을 쓸 수 없도록 한 연방재난관리청의 지침을 지지하는 것이다. 그러나 이 선택지는 지난 연도의 프로젝트를 어떻게 유지할 것인가에 대한 주정부와 지방정부의 고민을 해결해 주지는 못한다. 또한 연방재난관리청 보조금을 주정부와 지방정부가 유지관리비용으로 사용할 수 있도록 승인해 달라고 요구한 킬로이(Mary Jo Kilroy)의 목표와도 배치된다. 그러나 이 선택지는 연방재난관리청의 지원은 기초자금이라는 관점을 지지하며 주정부와 지방정부가 연방의 자금으로 시작된 국토안보 프로그램에 대한 유지에 대해 책임이 있다는 관점을 강화하는 것이다.

제12장 시민의용대 운영 현황[159)]

2002년 1월 부시 미국 대통령은 시민의용대(Citizen Corps)를 창설하였다. 이는 9/11 테러 이후 전 지역사회에 걸쳐 제기되고 있는 봉사정신을 결집하고 시민들이 제기하는 '내가 무엇을 할 수 있는가?', '어떻게 도울 수 있는가?'라는 질문에 대한 답을 주기 위한 것이다.

정부와 지역사회 지도자들이 재난관리와 사회의 복원력을 위한 대비의 모든 단계에서 주민들을 이끌 수 있도록 연방재난관리청(FEMA)은 시민의용대를 전국적으로 조직하고 지원하고 있다. 시민의용대 위원회(Citizen Corps Councils)는 다음 사항과 관련된 공조의 장을 제공한다.

- 지역적 위험에 대하여 목표된 지점까지 주민을 준비시킨다.
- 자원봉사기관이 공공안전 · 대비 · 대응역량을 위한 재원을 증대시킬 수 있도록 도움을 준다.
- 전체 지역사회 대표들은 재난 관리자들과 함께 전체 지역사회를 대표하고 비전통적인 재원을 통합하는 내용의 재난대비 · 대응계획을 확고히 한다.

이 잠정 보고서는 2011년 9월 15일 보고된 지방위원회 자료 분석에 기초하여 위원회의 역량에 대한 국가 수준의 정보를 제공한다.

1) 국가적 범위(National Coverage)

시민의용대 위원회와 프로그램들은 56개 주와 영토 위원회, 1,000개 이상의 지역 · 카운티 · 부족 위원회를 대표하는 등 미국 전역에 걸쳐 설립되어 있다. 전국적 범위, 전체 지역사회에 대한 대표성, 헌신적인 지역 자원봉사자들과 지역사회대비 임무하에서 시민의용대 위원회는 국가대비와 복원력 목표를 달성하기 위하여 전 지역사회가 관련되도록 모든 수준의 정부를 지원한다.

- 2011년 9월 15일을 기준으로 1,083개의 지역 · 카운티 · 부족 시민의용대 위원회가 전국에 분포되어 있으며, 1억 7천8백만 명 이상을 대표하고 이는 미국 인구의 약 58%에 해당한다.

2) 위원회 구성원(Council Membership)

전체 지역사회에 대한 대표성은 시민의용대 위원회의 출범 이후 임무와 지침에 있어 주요 원칙이 되어 왔다. 보고된 자료는 대부분의 시민의용대 위원회가 세 가지 주요 부문, 즉 정부와 정부지원기관, 지역사회와 자원봉사자, 민간 분야에 대한 대표성을 보여준다. 정부와 비정부 대응기구의 대표성은 필수적이다. 전통적으로 재난대응에 관계되어 있지 않던 지역에 대한 대표성은 청소년, 취약인구 등을 위한 대비와 같이 국가적으로 우선순위가 있는 분야를 강화하기 위한 좋은 기초가 될 것이다.

- 승인된 1,083개 시민의용대 위원회 중 약 60%는 공공 · 민간 · 자원봉사와 지역 분야를 대표하고, 67%는 선출직 대표를 포함한다.
- 위원회 중 절반가량인 57%는 청소년과 청소년 단체들을 대표한다.

3) 주민의 준비(Preparing the Public)

일반 주민을 준비시키는 것은 복원력 있는 지역사회 건설과 효과적인 재난관리에 있어 기본 요소이다. 보고서에 따르면 시민의용대 위원회와 협력자들은 그들 지역사회의 수요에 맞춰진 지역적 목표를 달성할 수 있도록 지원하고, 적절한 지역의 위험과 그에 대한 계획을 가지고 지역주민을 준비시키기 위한 지역자원을 제공한다. 위원회들은 보고서에서 다양한 경로와 장소, 청소년과 장애인 같은 주요 집단들을 대상으로 교육을 실시한다고 밝힌다.

- 다수의 위원회들은 특정 집단을 위한 교육교재를 만들고 있는데, 장애인에 대해서는 60%, 노인에 대해서는 57%, 반려동물에 대해서는 54%, 청소년에 대해서는 54%의 위원회에서 해당 집단을 위한 교재를 만들었다.
- 위원회들은 다양한 장소에서 교육과 훈련을 제공하는데, 72%는 주택인근 지역에서 인쇄물을 제공하거나 훈련을 실시하고, 71%는 학교에서, 63%는 직장에서, 53%의 위원회는 종교 관련 지역에서 실시한다.
- 대부분의 위원회들은 기본적인 지역 정보에 대한 교육을 지원하는데, 지역 경보는 81%, 지역 대피소(주거)는 76%, 지역 긴급대피소 66%, 가

족비상계획 90%, 지역 훈련은 65%의 위원회가 지원하고 있다.

- 평균적으로 위원회는 개인의 대비를 증대시키기 위해 4~5가지 목표를 지원한다.

4) 자원봉사역량(Volunteer Capacity)

자원봉사자들은 지역사회가 재난에 대비하고 대응하기 위한 기초적인 수요를 충족하는 데 결정적인 역할을 한다. 보고서에 따르면 시민의용대 위원회는 재난 관리와 자원봉사자 통합 훈련 등을 직접 지원함으로써 자원봉사 프로그램을 지원한다.

- 시민의용대 위원회는 2010년에 위원회가 지원한 활동을 통하여 176,699명의 자원봉사자가 300만 시간 이상 봉사 활동을 했다고 보고하였다.
- 거의 모든 위원회(93%)는 재난대응 · 복구 역할을 위한 자원봉사자 훈련 프로그램을 지원하고 있으며, 재난대응을 위해 훈련받은 자원봉사자를 활용하는 지역이 76%에 달한다.

5) 전체 지역사회계획과 자원의 통합(Integrating Whole Community Planning and Resources)

전체 지역사회의 복원력을 높이고 전체 지역사회가 재난관리 전 단계에 관계하도록 만드는 것이 위원회의 주요 임무이다. 보고서에 따르면 대부분의 위원회는 지역의 대비 · 대응계획을 개발하고 업데이트함에 있어서 전체 지역사회를 참여시키기 위한 기획조직의 역할을 하고 있다는 것을 보여준다. 위원회는 또한 그들의 관할 정부가 비정부자원들을 국가대응 프레임워크(NRF) 재난지원 기능(ESFs) 또는 부속서상의 재난대응계획(EOP)에 통합시키고 있다.

- 77%의 위원회는 해당 관할지역의 재난대응계획이나 지역취약성, 위험 평가, 위험경감계획, 위기경보 시스템, 긴급대피계획 또는 구호소 계획과 같은 주요 지역계획을 논의 · 검토 · 개정함으로써 전체 지역사회계획을 지원하고 있다.
- 개략적으로 79%의 위원회기관이 5가지 또는 그 이상의 대응 기능과 계획 기능 부속서에 비정부기구의 자원을 포함하고 있다.

6) 조직적 자원·역량 형성(Organizational Resources·Capacity Building)

보고서는 다양한 방법을 통하여 시민의용대 위원회가 설립 · 운영되고, 자금이 지원된다는 것을 보여준다. 중요한 역량들은 지난 10여 년 동안 주와 지역의 투자, 연방자금의 차입 등을 통해서 형성되어 왔다. 이 역량은 지속 가능한 자원을 만들기 위한 전략의 공고한 기초를 제공한다.

- 대부분의 위원회(83%)는 재난관리와 주로 관련이 있으며, 다수의 위원회(67%)는 선출직 대표를 갖고 있다.
- 대부분의 위원회(69%)는 법, 헌장, 규칙이나 그 밖의 공적인 문서를 통하여 공식적으로 설립되었다.
- 위원회는 다양한 자원 출처에서 예산을 충당하고 있다. 절반 정도의

위원회는 연방정부자금에 의존하지 않는 반면, 나머지는 연방정부자금에 50% 이상을 의존하고 있는 것으로 보고되고 있다. 연방재난관리청은 시민의용대 위원회와 그 프로그램을 유지하고 그 자원들을 전략적이고 지속 가능한 자원으로 전환시키기 위하여 다양한 자금 출처를 개척하는 위원회 모델과 사례들을 확인하고 발전시키고 있다.

PART 2

연방 재난관리 및 국토안보 조직(역사적 발전과 입법적 선택)과 허리케인 카트리나 이후 연방 재난관리 정책의 변화(법률조항의 요약)

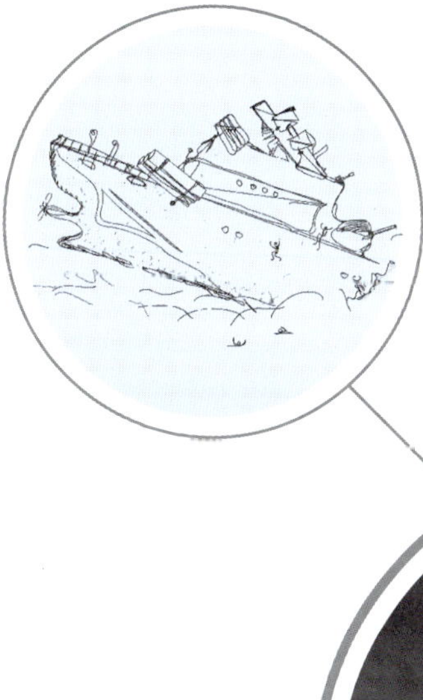

제1장 서론

2005년 8월 29일 허리케인 카트리나(Katrina)로 인해 루이지애나, 앨라배마, 미시시피 해안가 지역에 심각한 피해가 발생하였다. 재난 발생 이후 연방정부, 특히 연방재난관리청(FEMA)의 대처에 언론의 비판이 집중되었다. 연방재난관리청과 그 상부기관인 국토안보부(DHS)의 조직 구성에도 집중적인 비난이 쏟아졌다.

실제로 허리케인 발생 1달 전인 2005년 7월에 국토안보부장관 마이클 처토프(Michael Chertoff)는 연방재난관리청을 포함한 국토안보부의 조직 개편계획을 발표했고, 허리케인 카트리나 이후 행정부는 의회의 동의를 받아 조직 재정비를 진행했다.[160)]

허리케인 카트리나 이후 제기되었던 대응의 효과성에 대한 우려로 의회는 재난관리 기능을 수행하는 정부조직 개편을 지속적으로 재검토하였다. 또한 상원, 하원 그리고 백악관에서 발표한 보고서들로 허리케인 카트리나에 대한 대응이 더 심화된 조사로 이어질 수도 있는 상황에 이르렀다. 2006년 5월 30일까지 이러한 조직개편을 다루는 11개의 법률이 의회에 제출되었다. 이 법률에 따르면 2003년 국토안보부로 편입되기 전의 연방재난관리청은 독립적인 부처로 존재하였는데, 제출된 11개의 법률 중 8개는 연방재난관리청을 예전과 같이 독립적인 성격을 가지도록 조정하고자 하였다. 나머지 3개의 법률은 국토안보부가 실행한 조직개편계획(Second Stage Review, 2SR) 이전의 상태처럼, 대비와 대응 기능을 하나의 실(directorate)로 가져와서, 재난관리 기능을 국토안보부 내로 재편하고자 하였다.

이 의회조사국 보고서는 1950년부터 연방재난관리 기능의 설립과 진화 그리고 관련된 국토안보 조직에 대한 배경지식을 제공한다.[161] 카트리나 이후 현재 조직구조에 대한 의회와 백악관의 평가는 이미 논의된 바 있으므로 여기서 다루지 않기로 한다.

제2장 조직구조

2006년 기준 연방정부의 재난관리 기능을 위한 조직은 2005년 7월 마이클 처토프(Michael Chertoff) 장관의 조직개편계획에 따라 2005년 10월 1일부터 구성되어 운영되고 있다. 현재 연방정부의 재난관리 기능들은 국토안보부 내의 연방재난관리청과 연방재난관리청 청장에게 집중되어 있다. 연방재난관리청은 이전에 비상대비 및 대응국의 주요 구성요소로서 차관이 부서장이었으나, 부처 내 독립된 부서로서 독립기관장(Director)이 지휘하고 있다. 연방재난관리 차관(Under Secretary of Federal Emergency Management) 직함도 가지고 있는 연방재난관리청 청장(FEMA Director)은 국토안보부장관에게 직접 보고하고, 3개 분야(대응 · 경감 · 복구)와 관련된 다양한 하부조직을 직접 관리한다. **그림 2-1**은 2006년 1월 23일 기준 연방재난관리청의 조직도를 보여주고 있다.

연방재난관리청에 부여되었던 대비 기능은 새로 조직된 대비실(Preparedness Directorate)로 이관되었으며, 이 조직은 장관에게 보고하는 차관급이 지휘한다. 새 부서의 주요 직위는 주요 자산 보호를 위한 국토안보 차관보(Assistant Secretary of Homeland Security for Infrastructure Protection), 최고의료책임자(Chief Medical Officer of DHS, CMO), 국가 수도권 조정실(Office of National Capital Region Coordination), 주와 지방정부 조정 및 대비실(Office

그림 2-1 | 연방재난관리청(FEMA) 조직도(2006년 1월 기준)

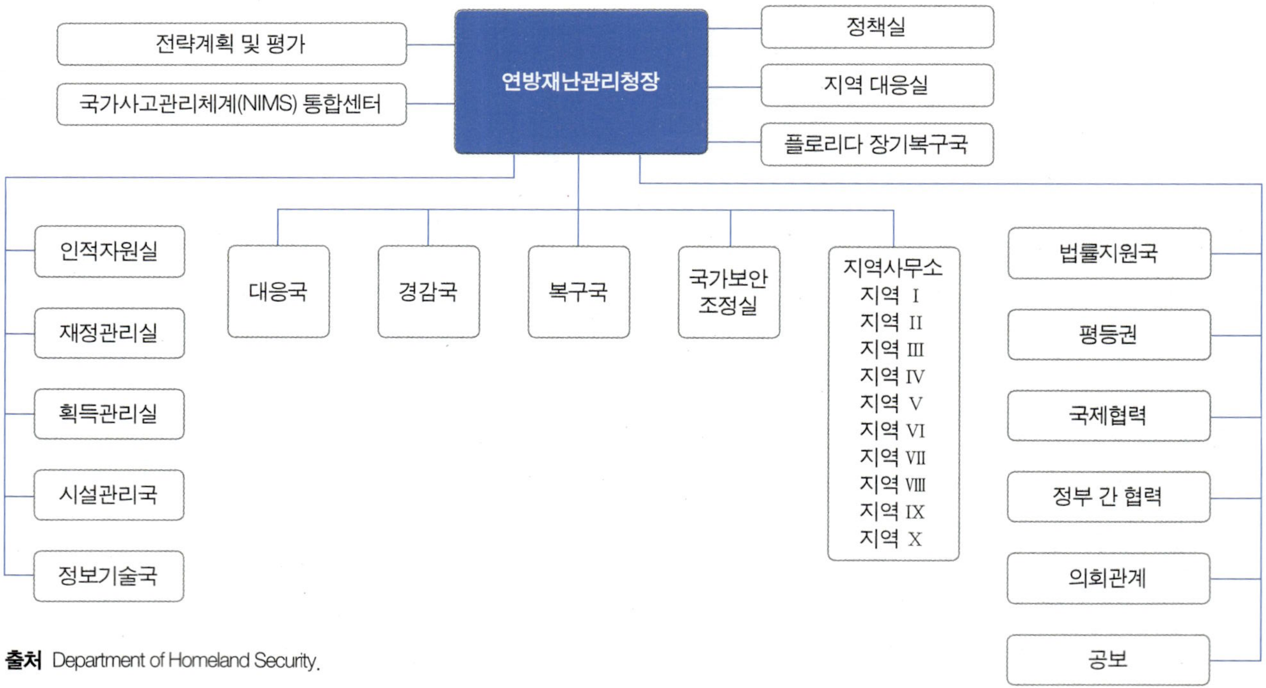

출처 Department of Homeland Security.

of State and Local Development Coordination and Preparedness)이 포함된다.

이 연방 차원의 재난관리 기능과 조직은 국가를 재난으로부터 보호하고 재난에 대응하기 위한 가장 경제적이고 효과적인 조직구조를 찾기 위해 50년 이상 심혈을 기울여 이룩한 성과이다. 이러한 진화과정은 다음 장에서 논의하겠다.

제3장 조직의 변화

국토안보(Homeland security)는 수십 년간 계속되어 온 재난 · 비상대비와 민방위의 결과이다. 제2차 세계대전 이후, 의회와 대통령들은 재난관리의 행정적인 책임에 대해 토론하고 구체화하며 개선해 왔다. 그 시대의 주요 조직 변천과정은 첨부 1(198쪽)에 수록하였다. 지난 60년 동안의 토론주제는 다음과 같다.

- 담당기관 · 부서 · 실이 비상관리에서 책임져야 하는 관할 범위는 어디까지인가? 특정한 비상사태(원자력발전소 사고, 교통사고, 유해물질 유출)는 전문자원을 보유한 기관에서 관할해야 하는가?
- 자연적 위협과 인간에 의해 발생한 사고 또는 부작용에 따른 위협을 구분해야 하는가? 예를 들면 미국에 가해지는 공격이나 군사적 행동, 테러 등의 "비상사태" 발생 시 국방부(DOD)와 법무부(DOJ)가 아닌 다른 기관이 조정하는 대응이 필요한가?
- 연방정부의 정책이 주정부의 정책과 어떻게 조정되어야 하는가? 수정헌법 제10조[162]에 따른 연방정부의 책임과 주정부에 부여된 책임의 경계는 무엇인가?
- 새로운 또는 새롭게 제기되는 위협에 대한 책임은 어떻게 설정되어

야 하는가? 연방법으로 정한 정책들은 대통령과 행정부관리들이 예상하지 못한 비상사태와 재난을 다루기에 충분한가?

참고 24 국토안보의 개념(Homeland Security Definition)

9/11 이전에 미국은 국방(national defence), 법 집행(law enforcement), 재난관리(emergency management)의 분리된 채널을 통해 위기를 다루어 왔다. 9/11 이후 정책결정자들은 대규모 테러를 다루기 위해 새로운 접근이 필요하다는 결론을 내렸다.

미국의 다양한 공문서[163]에서 국토안보(homeland security)를 정의하고 있지만 여전히 공통된 정의는 없는 상황이다. 그러나 개념으로서의 국토안보는 국토방위(homeland defence)와는 다른 안보(security)에 대한 다른 접근을 제시한다.

국토방위(homeland defence)는 주로 국방부(DOD)의 활동이고, "미국의 주권, 영토, 국민, 그리고 주요 국방시설을 외부위협과 공격 또는 대통령이 지정하는 다른 위협으로부터 보호하는 것"으로 정의된다. 국토안보(homeland security)는 정의 또는 전략 문서와 관련 없이 법 집행, 재난, 출입국관리, 테러리즘 이슈 등과 관련된 것이다. 이는 연방 · 주 · 지방정부에서 주로 행정기관이 담당하는 역할로 연방 · 주 · 지방 · 부족정부 활동의 조율이다. 그러나 국토방위와 국토안보의 차이가 명확한 것은 아니다. 국제 테러조직의 미국에 대한 또는 미국 내 공격은 국토안보와 국토방위의 통합대응을 초래할 수 있다. 9/11 때는 행정기관이 테러사태에 대응하는 동안 미군은 뉴욕과 워싱턴에 대한 전투 공중 순찰을 실시했다.

출처 Reese, S.(2013). CRS Report R42462, *Defining Homeland Security: Analysis and Congressional Considerations*. Congressional Research Service, Library of Congress.

이러한 토론주제들은 허리케인 카트리나(Hurricane Katrina) 대응 실패의 원인이 상충되는 여러 정책 문제들 간의 균형 유지에 실패한 국토안보부의 무능력 때문이라는 일부의 주장으로 인해 재조명받고 있다. 예를 들어, 전(前) 연방재난관리청(FEMA) 직원이 전하는 바에 따르면 "연방정부, 주정부, 그리고 지방정부의 자연재난 대응능력은 9/11 이후 테러에 집중된 정책으로 인해 약화되었다"고 진술했다.[164] 의회에서의 증언에서 전(前) 연방재난관리청 청장(FEMA director) 마이클 브라운(Michael Brown)은 이 입장에 동의하였다. 반면에 처토프(Chertoff) 장관과 다른 행정부 관료들은 국토안보부(DHS)와 연방재난관리청이 "재난뿐 아니라 테러공격 및 모든 사고에 대응할 수 있게 하는 '모든 위협에 대한 일관적 대응(all-hazards approach)' 임무를 유지하고 있다"고 주장했다.

1) 초기 연방의 책임구조(Early Federal Arrangements of Responsibility)

(1) 자연재난구호(Natural Disaster Relief)

국가 초기부터 1950년대까지 의회는 연방이 재난구호를 하도록 하는 대부분의 법률들을 임시변통으로 제정하였다. 지원예산의 규모, 파견 연방장비 또는 피해지역 배치인력의 형태를 인가하는 법률들은 각 재난별로 모두 달랐다.[165] 연방의 재난지원은 대부분 재난 발생 후에 피해자들을 지원하는 재난구호였다.[166] 의회는 해당 재난에 적절한 자원과 인력을 가진 부처와 청(종종 군대와 연방 재무조직)으로 하여금 재난지원을 하도록 하는 책임을 부여했다. 일반적 규정에 따라 대통령비서실(Executive Office of President, EOP)의 비상관리실(Office of Emergency Management, OEM)이 대통령에게 비상사태의 책임에 대해 조언하였다.[167]

1950년에 제정된 재난구호법(Disaster Relief Act of 1950)[168]이 최초의 종합적인 연방 재난구호 법률이 되면서 연방의 재난지원방법이 바뀌게 되었다. 이 법은 연방기관에게 "대형재난 발생 시 지원을 제공하라는 대통령의 지시를 받았을 경우" 주정부와 지방정부에게 연방정부의 장비 · 물자 · 시설 · 인력 등 자원의 대여, 적십자나 다른 기관을 통한 의약품 · 음식물 등 소모품의 배분, 국가 잉여자산의 기부, 생명과 재산보호에 필수적인 보호적 업무 및 관련 업무의 수행, 폐기물 처리, 피해를 입은 지역 공공시설의 수리 또는 일시적 교체, 그리고 이러한 목적으로 주와 지방에 지원금을 지원할 수 있는 권한을 부여하였다. 이때 대통령이 대규모 자연재난(natural catastrophe)이 지방정부와 주정부의 능력을 넘어섰다고 판단한 후에야 연방의 지원이 이루어지도록 되어 있었다. 이 법은 대통령에게 관련 조직의 활동을 조율하고 관련 규칙과 규정을 제정할 수 있는 권한을 부여하였고, 법에 따라 대통령에게 주어진 모든 권한을 직접 또는 정부조직을 통해 집행할 수 있는 권한을 부여하고 있다. 또한 대통령과 정부기관들은 피해를 입은 연방 건물의 보수와 재건축과 관련하여 예산을 탄력적으로 유영할 수 있는 권한을 부여받았다.

이 법령이 시행된 지 몇 개월 후인 1951년 3월 트루먼(Truman) 대통령은 재난구호법에 의해 대통령에게 주어진 권한을 주택금융청(Housing and Home Finance Administrator, HHFA) 청장에게 위임하는 행정명령을 발령하였다.[169] 이 권한은 연방기관이 주요 재난 시 재난지원과 자원을 제공하도록 지시 및 조정하고, 법에 따라 대통령이 발령할 수 있는 규칙과 규정을 대통령에게 제안하며, 대통령이 의회에 송부할 연간 및 보충 보고서(President annual and supplemental reports)를 대통령에게 제안하는 것을 포함한다. 1953년 주택금융청(HHFA)의 기능이 연방민방위청(Federal Civil Defence Administration, FCDA)으로 이관되기까지 주택금융청이 재난구호 권한을 집행하였다.

(2) 민간 비상대비(Civil Emergency Preparedness)

제2차 세계대전 당시 민방위는 주정부의 책임으로 인식되었으나, 연방 조직들은 전쟁과 관련된 몇 가지 사항을 우려하여 대응에 관여하게 되었다. 우려사항에는 다음이 포함된다.

- 정부의 연속성(continuity of government)
- 음식물, 의약품, 통신, 교통 같은 주요 자원과 역량의 적합성
- 전시와 국가안보 비상상황에서 군사대응을 위한 산업 동원
- 민방위–공격받는 상황에서 국지적 비상 보호와 대응 조치

이러한 사항을 다루는 데 요구되는 정부의 역량은 자연재난을 대비하고 대응하는 것과 중첩되기도 하지만 종종 차별화되기도 한다.

연방의 민방위 기능은 제2차 세계대전 이후 여러 다른 조직들로 빠르게 연속해서 승계되었다. 처음에는 육군에 그 기능이 있었으며, 이후 국방부(DOD) 내의 민방위기획실(Office of Civil Defence Planning), 1947년 국가보안법(National Security Act of 1947)으로 설립된 국가안보자원위원회(National Security Resources Board, NSRB)로 이관되었다.[170] 1949년 재정비계획 4호(Reorganization Plan No. 4 of 1949)에 따라 국가안보자원위원회(NSRB)는 다시 대통령비서실(EOP)로 이관되었다.[171] 국가안보자원위원회(NSRB)는 산업과 민간 동원, 전략적 중요 물자의 비축 결정, 산업과 다른 활동의 전략적 재배치와 정부의 연속성을 포함한 다양한 문제에 대해 대통령에게 조언하는 책임을 가졌다.

1950년 미국의 "파괴적인 현대무기의 피해가능성"[172]에 대한 우려는

백악관과 직접 연계된 민방위조직의 신설로 연결되었다. 트루먼(Truman) 대통령은 행정명령으로 연방민방위청(Federal Civil Defence Administration, FCDA)을 신설하였다. 이 새로운 조직은 대통령이 임명하는 청장(administrator)이 관리하고, 비상관리실(Office of Emergency Management, OEM) 내에 위치했다.[173] 새로운 기관은 "포괄적인 정부의 계획과 프로그램을 준비"하고, 주와 인접국가들과의 조율, 민방위 조치와 장비 개발을 위한 연구의 시행 및 조율, 관련 기준 제정, 민방위 관련 정보 제공, 민방위 훈련계획 수립 및 시행, 민방위 관련 통신 제공, 정치부문 간 상호 원조 합의를 "돕고 권장"하도록 지시되었다. 연방민방위청(FCDA)은 국가안보자원위원회(NSRB)가 하던 업무의 일부를 승계하게 되었다.

대통령비서실(EOP) 내에 연방민방위청(FCDA)을 설치한 몇 주 후, 트루먼 대통령은 1950년의 연방민방위법(Federal Civil Defence Act of 1950)에 서명하였다.[174] 이 법을 통해 연방민방위청은 대통령비서실(EOP) 외부로 옮겨져 대통령이 임명하고 상원이 승인하는 청장(adminisuator)이 관리하는 독립적인 조직이 되었고, 1958년까지 존속되었다.[175] 연방민방위청의 법직 임무는 적의 공격 전후 및 공격 중에 공격의 잠재적 영향을 최소화하는 것이었다. "연방민방위법"은 트루먼 대통령이 행정명령으로 연방민방위청에 부여한 기능과 유사한 기능을 부여하였다. 하지만 새로운 법에 따르면 연방민방위청의 권한과 책임은 더 광범위하고 상세해졌다. 이 기관은 이전에 가지고 있던 기능과 더불어 정부부처와 각 청에 민방위에 관한 책임을 부여하고, 정부기관 · 주 · 다른 나라들과의 민방위 활동을 조율하고 검토하게 되었다. 더 나아가서 민방위를 위한 물자나 시설을 조달, 생산, 유지, 저장, 개선, 임대, 분배하고 필요 없는 재산을 매각하거나 폐기하며, 각 주에 민방위 관련 지원금을 지급하도록 지시되었다. 연방민방위법은 또한 대통령과 연방민방위청 청장에게 대통령 또는 의회가 일반적으로 또는 특정 지역에 "민방위 비상사태"를 선포했을 때 이의 해결을 위해 집행할 수 있는 추가적인 권한("비상권한")을 부여하였다.[176)]

재난구호법(Disaster Relief Act)과 연방민방위법(Federal Civil Defence Act)과 더불어 1950년 새로운 정부 비상권한의 법적 요소가 추가되었다. 한국전쟁 발발 이후 의회는 방위생산법(Defence Production Act of 1950)을 시행하였다.[177)] 이 법은 군이 필요로 할 때 산업자원의 사용 가능여부를 확실하게 보장하는 용도로 제정되었음에도 불구하고, 적정한 민방위 생산능력을 보장하는 용도로 사용될 수 있었다. 이 법에 따른 행정명령으로 대통령비서실(EOP) 내에 국방동원실(Office of Defence Mobilization, ODM)이 설립되었다.[178)] 이름에서 알 수 있듯 국방동원실(ODM)에 행정부처 동원 활동의 지시와 조정 · 통제기능이 부여되었다.

1952년에 연방민방위청(FCDA)은 정부조직들이 비상상황에서 서비스를 제공하고 기능을 지속하도록 지원하는 역할을 부여받았다. 트루먼 대통령은 정부부처와 청에 연방민방위청과 협의하고 민방위 비상시에 자신들의 인력과 물자 · 시설의 제공을 계획하고 정부를 지속시키기 위한 계획을 수립하라는 행정명령을 발령했다.[179)]

1953년 초에 재난구호와 민방위 기능은 동일한 조직에 부여되었다. 트루먼 대통령은 1951년에 행정명령[180)]으로 주택금융청(HHFA) 청장에게 위임된 비상관리권한을 연방민방위청에 다시 위임하였다. 또한 그 명령은 연방민방위청에 "주요 재난상황에서 연방조직들의 책임을 기대"하면서 "적절한 계획과 대비"를 조율하라고 지시하였다. 연방민방위청은 더 나아가 재난구호법(Disaster Relief Act)으로 인가된 정도까지 "주요 재난에 대처하는 데 필요할 수 있는 주와 지방의 조직과 계획의 개발을 장려"

하도록 지시받았다.[181)]

1953년 4월 아이젠하워(Eisenhower) 대통령은 세 번째 조직개편계획(Reorganization Plan No. 3)을 의회에 제출하였다. 그해 6월 12일 계획이 시행되었을 때 신(新) 국방동원실(ODM)에는 구(舊) 국방동원실(ODM)의 기능과 폐지된 국가안보자원위원회(NSRB)의 기능도 주어졌다.[182)] 시간이 지나면서 국방동원실에 추가적으로 관련 기능들이 부여되었다. 예를 들면 1955년에 아이젠하워 대통령은 국방동원실 국장에게 미국의 본토와 국방의 이익에 대한 공격이 있고, 국가의 보호를 위해 필요한 때 조달청장(General Service Administrator)에게 기존의 비축물자에서 전략적이고 중요한 물품을 분배하도록 명령할 수 있는 권한을 부여하는 행정명령을 내렸다.[183)] 1956년에 대통령은 "다양한 민간 경제 분야와 정부에서 선발된 사람들로 구성되고, 비상시에는 연방정부의 주요 직위에 고용될 수 있도록 훈련받은" 국방행정준비단(National Defence Executive Reserve)을 설치하였다.[184)] 이 프로그램은 국방동원실에 의해 구축되고 시행되었다. 한 연구에 따르면 "1950년 중반까지 민방위를 제외한 모든 연방 비상대비 프로그램의 조정권한이 국방동원실로 집중되었다"고 한다.[185)]

따라서 1953년 후반에 거의 모든 비상관리 기능은 대통령비서실(EOP)에 속한 국방동원실(ODM)과 독립기관인 연방민방위청(FCDA)에 속했다.

2) 백악관 중심 시대(White House - Centered Era)

일부 비상 기능의 분권은 5년간 지속되었다. 1958년의 조직개편계획 1호(Reorganization Plan No. 1 of 1958)는 비상관리권한을 대통령에게 부여하고 대통령비서실(EOP)에서 관련 활동을 취급하였다.[186)] 이 계획은 국방동원실(ODM)과 연방민방위청(FCDA)의 기능을 대통령에게 부여했으며, 이 두 조직을 대통령비서실(EOP)의 국방민간동원실(Office of Defence and Civilian Mobilization, ODCM)로 통합하였다. 나아가 새로운 조직을 의회의 추천과 동의를 받아 대통령이 임명하는 국장(director), 부국장(deputy director) 그리고 세 명의 국장보(assistant director)가 함께 지휘하도록 하였다. 민방위자문위원회(Civil Defence Advisory Council)와 그 기능도 새로운 기관으로 통합되었다.

1958년의 조직개편문서에 기록된 메시지에서 아이젠하워(Eisenhower) 대통령은 "비군사적 대비 프로그램과 관련된 법적 근거가 빠르게 변화하는 특성을 가지므로, 이 조직개편계획에 의거하여 국방동원과 민방위의 기능을 조정하고 지시하는 책임은 대통령에게 부여될 것"이라고 언급하였다. 아이젠하워 대통령은 이전에 국방동원실(ODM)과 연방민방위청(FCDA)에 위임했던 기능을 새로운 기관에 재위임하는 행정명령을 내렸다.[187] 이 행정명령으로 국방민간동원실(ODCM)의 국장이 의장이 되고 국장이 임명한 조직과 부서의 장들로 구성되는 국방민간동원위원회(Defence and Civilian Mobilization Board)가 구성되었다. 의회는 이후 이 계획을 수정하는 법을 만들어 국방민간동원실을 민간국방동원실(Office of Civil and Defence Mobilization, OCDM)로 변경하였다.[188] 아이젠하워 대통령은 이 변경을 반영하여 자신의 행정명령을 수정했다.[189]

1961년에 민간국방동원실(OCDM)은 조직적 · 기능적 난관에 봉착했다. 케네디(Kennedy) 대통령은 민간국방동원실의 수장으로 자신의 지명자를 소개하면서 "민간국방동원실은 현재로서는 동원계획의 참모 기능과 민방위 집행 기능을 수행하고 있다"고 언급했다. 그리고 "이 조직이 효과적으로 조직되고 운용되는 것이 필수"라고 언급했다. 그는 예산국장

(Director of the Budget)과 지명자에게 "우리의 비군사적 방어와 동원 프로그램을 철저히 재검토하라"고 지시했다.[190] 이 재검토의 결과로 운영 중인 여러 가지 민방위 기능이 국방부(DOD)로 이관되었다. 케네디 대통령은 행정명령[191]으로 연방민방위법(Federal Civil Defence Act)에 포함된 기능과 1958년 조직개편계획 1호(Reorganization Plan No. 1 of 1958)로 대통령에게 주어진 일부 기능을 국방부장관에게 위임했다. 이 기능에는 낙진대피소 프로그램의 실행, 화학·생물학 방사능 전쟁 방어 프로그램, 연방군과 행정당국, 주정부 공무원과 민간인에게 경보하거나 알리는 대책, 여러 가지 의사소통 기능, 주나 지방에 대한 공격 후 비상지원, 정부계획의 지속, 주의 민방위 소요의 조달이 포함되어 있다. 국방부장관은 공격 후 피해와 위해 평가계획 및 시행, 법에 규정된 연방 잉여자산의 기부 임무도 수행해야 했다. 국방부장관은 이러한 기능을 수행하기 위해 민방위실(Office of Civil Defence, OCD)을 설치하였다.

여러 가지 운영 관련 민방위 기능이 국방부(DOD)로 이관되었음에도 "민방위대비와 다른 비군사적 대비를 조정"하는 역할은 여전히 민간국방동원실(OCDM) 몫이었다.[192] 행정명령 10952(Executive Order 10952)에 따라 민간국방동원실은 다음에 대해 "대통령에게 조언하고 지원"해야 했다.

① 모든 민방위 프로그램을 조정·계획·지시하는 정책 결정
② 연방기관들 간 또는 연방부서와 주 또는 외국 간 민방위 활동의 재검토와 조정
③ 연방기관의 적절한 민방위 역할 결정과 주와 지방의 참여 확보, 국가적 자원 동원, 프로그램 진도 평가, 민방위에 관한 의회 보고
④ 주간 민방위 협정과 상호적인 민방위 입법의 촉진과 시행

⑤ 인접국가와 상호 민방위 지원협정 체결을 통한 주 지원

이 명령은 또한 공격 시에 연방과 주 · 지방정부의 연속성에 관한 대비를 조정하고, 프로그램을 시행하며, 계획을 수립하는 임무를 민간국방동원실(OCDM)에 부여했다. 이 행정명령을 내린 한 달 후 케네디 대통령은 민간국방동원실에 추가 임무를 재위임하는 행정명령을 내렸다. 그는 1958년 연방민방위법(Federal Civil Defence Act of 1958)에 포함되고, 1958년 조직개편계획 1호(Reorganization Plan No. 1 of 1958)로 대통령에게 부여된 의약품과 식량 비축 책임을 보건교육복지부장관(Secretary of Health, Education, and Welfare)과 농무부장관(Secretary of Agriculture)에게 각각 위임하였다.[193)]

1961년 9월 말에 의회는 민간국방동원실(OCDM)의 명칭을 비상기획실(Office of Emergency Planning, OEP)로 다시 변경했다.[194)] 의회의 명칭변경으로 목적과 임무가 바뀌지는 않았지만, 새로운 명칭은 대통령이 실행한 기관 책임의 변화를 반영했다.

1962년 쿠바에서 소련의 군비 증강으로 인해 국제적 긴장이 흐르던 시기에 케네디 대통령은 비상기획실(OEP)의 관리와 보좌 기능을 확대하였다.[195)] 이 조직의 책임은 일반 비상기획과 대비와 관련된 기능, 비상의사결정 시스템 개발, 비상대비자원의 조정과 분배, 비상대비 연구, 공공 또는 민간시설의 보호와 분산, 생존을 위한 식량과 의약품의 비축, 주정부와 지방정부에 대한 비상대비와 정부연속성에 대한 지도와 권고, 비상 연방정부조직 정비계획, 비상 법적 권한의 준비, 정부의 연속성, 공격 후 복구 준비, 국방생산, 전략적 주요 물자 비축, 수입 관련 국가안보위협 조사, 재난구호, 비상 원거리통신과 관련된 기능들을 포함한다.

존슨(Johnson) 행정부에서는 비상관리조직에 비교적 미미한 변화가 있었다. 1964년 국방부 민방위실(OCD)은 육군부(Department of the Army)로 이관되었다. 민방위실의 기능이 필수적으로 운영의 성격을 갖고 있어 군부처(military department) 중 하나에 적합했기 때문에 이관되었다고 설명하고 있다.[196] 1968년에 의회는 조직의 더 광범위한 책임을 반영하여 비상기획실(OEP)에서 비상대비실(Office of Emergency Preparedness, OEP)로 명칭을 변경했다.[197]

민방위와 자연재난 사이의 간격은 닉슨(Nixon) 행정부 때 많이 좁혀졌다. 1969년의 재난구호법(Disaster Relief Act of 1969)은 연방정부의 재난구호 책임을 확대했다.[198] 닉슨 대통령은 이 규정 집행의 상당 부분을 비상대비실(OEP)에 위임했다.[199] 이 명령에 따라 비상대비실에는 도로 보수와 재건축 재원 배분, 주(州)에 목재 제거 재원 제공, 주가 구호 프로그램과 계획을 수립하는 데 필요한 자금을 포함한 지원 제공, 대형사고지역에 정부 조정 공무원 지정, 난민들을 위한 임시거처 마련, 대형재난 이후 실직한 개인에게 지원 제공, 화재로 어려움을 겪는 주에 자금 또는 융자 지원, 폐기물 처리를 위해 주와 지방정부에 지원금 지원, 그리고 필요한 법과 규정을 만드는 권한이 부여되었다.

3) 분권화(Decentralization)

대통령비서실(EOP)의 규모와 범위를 줄이라는 요구에 1971년 닉슨(Nixon) 대통령은 광범위한 책임을 가진 4개의 새로운 조직 설립을 제안하였다. 이 조직들은 기존 여러 정부조직과 부서의 기능을 흡수할 예정이었다. 제안된 부처 중 하나인 지역사회개발부(Department of Community Development)는 민방위실(OCD)이 수행하던 민방위 기능을 제외한 정부의 재난지원 기능을 편입할 예정이었다.[200] 의회는 1972년에 청문회를 개최하고 이 계획을 시행할 법률을 제정하려 했으나 입법화되지는 않았다.

하지만 이 조직개편 개념이 법과 함께 사라지지는 않았다. 닉슨 행정부는 1973년 조직개편계획 1호(Reorganization Plan No. 1 of 1973)를 포함한 제한된 조직개편을 추진하였다. 이 계획으로 대통령비서실(EOP)의 일부 기능이 이관되었다.[201] 비상대비실(OEP)을 폐지하고, 그 조직과 조직의 국장이 가진 대부분의 권한을 대통령에게 부여하였으며, 1950년에 설립된 민방위자문위원회(Civil Defence Advisory Council)도 폐지하였다.

이 계획과 관련하여 닉슨 대통령은 이관된 기능을 주택도시개발부(Department of Housing and Urban Development, HUD), 조달청(General Services Administration, GSA)과 재무부(Department of the Treasury)에 위임하겠다는 의도를 피력하였고, 이를 행정명령으로 시행하였다.[202] 주택도시개발부(HUD)에 주어진 기능은 민간 비상과 재난구호에 관련된 것이었다. 재난구호를 시행하기 위해 주택도시개발부에 연방재난지원청(Federal Disaster Assistance Administration, FDAA)이 설치되었고 조달청(GSA)에는 군사공격 발생 시 정부의 연속성, 자원 동원, 국가 안보 비축물자 관리 책임이 부여되었다. 이 책임은 조달청 내의 대비실(Office of Preparedness)에 부여되었고, 이 조직은 이후에 연방대비청(Federal Preparedness Agency)으로 개명되었다. 재무부에는 국가안보를 위협하는 각종 재정수입을 조사하는 책임이 주어졌다.

또한 닉슨 행정부에서 민방위 기능도 이관되었다. 1972년 국방부장관은 당시 육군부(Department of the Army)에 있던 민방위실(OCD)을 폐지하고 국방부장관실 내에 민방위대비청(Defence Civil Preparedness Agency, DCPA)을 설립하였다. 닉슨 행정부가 소련과의 긴장완화 정책을 추진함에 따라 민방위대비청(DCPA)과 국방부 지도자들은 핵공격이나 자연재난 발생 시 주와 지방정부를 돕는 역할을 계획했다.[203)]

4) 독립조직으로의 중앙집권화(Centralization in an Independent Agency)

연방기관 간 비상대응 기능의 분산은 행정적인 문제들을 해결하지 못했다. 또한 분산된 환경에서 근무했던 많은 사람들은 1973년의 조직개편 계획이 문제를 악화시켰다고 주장했다. 1977년에 수행된 전국주지사협의회(National Governor's Association, NGA)의 연구는 비상대비와 대응 기능은 주와 연방단위에서 지나치게 세분화되었다고 보고했다. 이 보고서는 대비 · 대응과 함께 재난 이전 위협의 경감과 장기복구가 포함될 수 있는 비상관리에 대한 더 포괄적인 접근을 권고하였다. 주정부 단위의 포괄적인 비상관리[204)]와 더불어, 전국주지사협의회(NGA)는 연방 단위에서 비상관리에 더 포괄적이고 조율된 접근을 위한 조직 변화를 건의하였다. 1978년 2월 28일에 "연방 비상대비와 재난경감 책임을 한 기관에 통합하는 것이 정부 활동의 관리와 운영을 더 효율적이고 효과적으로 만들 것이다"라고 주장한 정책 입장을 채택하였다. 전국주지사협의회(NGA)의 이 보고서는 "이 새로운 조직의 국장에게는 다른 연방기관의 재난 예방 · 경감 · 특별 대비와 재난대응 활동, 그리고 장 · 단기 복구 지원을 다루는 연방정부의 정책을 조율하는 추가적인 책임이 주어져야 한다"고 주장했다.[205)]

기존 법령에 따른 대통령의 조직개편권한을 이용하여 카터(Carter) 대통령은 6월 19일 의회에 1978년의 조직개편계획 3호(Reorganization Plan No. 3 of 1978)를 제출하였다. 이 계획은 국방부(DOD), 상무부(Department of Commerce), 주택도시개발부(HUD)와 조달청(GSA)으로부터 5개 조직을 연방재난관리청(Federal Emergency Management Agency, FEMA)이라는 하나의 조직으로 융합하는 것을 제안하였다.[206] 이러한 조직개편계획에 관한 법적 권한[207]은 신속한 의회의 고려와 행동을 제공하였고, 그 과정에 따라서 의회는 계획이 시행되도록 허가하였다.[208]

1979년 3월 31일 카터 대통령은 1978년의 조직개편계획 3호(Reorganization Plan No. 3 of 1978)를 시행하는 행정명령을 내렸다.[209] 4월 1일부로 연방재난관리청(FEMA)이 독립적인 조직으로 설립되었고, 이때 일부 기능들의 이관이 완료되었다. 이 명령으로 상무성(Department of Commerce)에서는 화재예방과 관리 및 일부 재난방송 기능, 주택도시개발부(HUD)에서는 홍수보험, 그리고 대통령으로부터는 다른 재난방송 시스템 기능을 이관했다.

7월에 대통령은 국방부(민방위)와 주택도시개발부(연방재난지원), 조달청(연방대비), 과학기술정책실(Office of Science and Technology Policy, 지진피해 감축)로부터 연방재난관리청(FEMA)에 추가적인 기능을 이관하는 두 번째 행정명령에 서명하였다. 이 명령은 연방재난관리청(FEMA)에 댐 안전과 "자연과 방사능 재난경보 시스템"과 "주요 테러사건의 피해를 최소화시키기 위한 대비와 계획을 조정"하는 기능과 더불어 "모든 민방위와 민간 비상 기획 · 관리 · 예방 · 지원 기능의 조정" 권한을 부여하였다. 또한 이 명령으로 연방재난관리청과 예산관리처(OMB)의 국장과 대통령이 임명한 이들로 구성된 연방비상관리위원회(Federal Emergency Management Council)가 설치되었다.[210]

참고 25 연방의 비상조직 발전

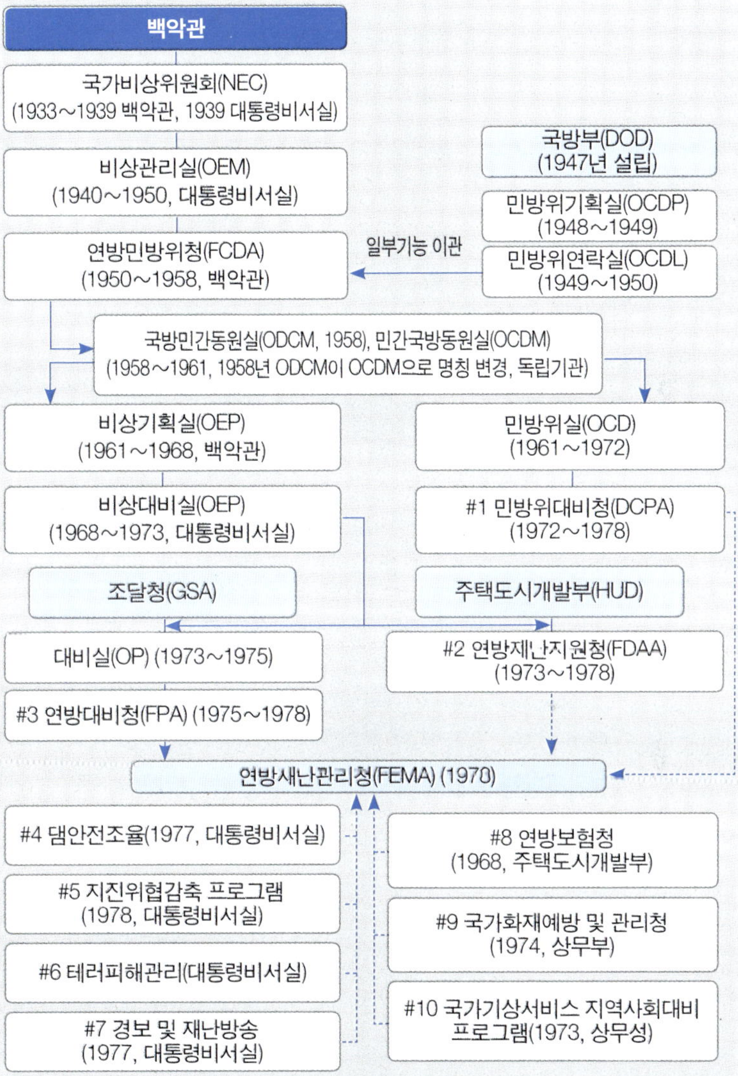

출처 National Governors' Association, "National Governors' Association Policy Position A. – 17: Emergency Preparedness and Response," *1978 Emergency Preparedness Project: Final Report*(Washington: GPO, 1979).

(1) 연방재난관리청의 발전과 진화(FEMA Development and Evolutions)

1983년 창립 4주년이 된 연방재난관리청(FEMA)은 효율적이고 응집력을 갖춘 조직으로 거듭나고자 끊임없이 노력하고 있었다. 회계감사원(General Accounting Office, GAO) 보고서는[211] 연방재난관리청의 관리 시스템과 행정 지원 시스템의 진화를 평가하였고, "조직개편 문제는 연방재난관리청의 관리에 부정적인 영향을 주었고, 조직개편으로 인한 분산화가 연방재난관리청의 프로그램과 자원관리 기능을 손상하였으며, 행정지원 기능 부족은 관리 문제를 악화시켰다"고 언급하였다.[212]

1980년대 말의 조직 평가 결과는 '조직이 발전한 것은 사실이지만 여전히 여러 가지 단점들이 존재한다'고 지적하고 있다. 1989년 허리케인 휴고(Hugo)와 로마 프리에타(Loma Prieta) 지진 후에는 연방재난관리청에 대한 비난이 있었다. 1991년의 회계감사원(GAO)의 조사에 따르면, 연방재난관리청을 비난하는 각종 언론의 보도에도 불구하고 "연방재난관리청은 대체적으로 주와 지방의 활동을 지원하는 법적 의무를 다했다"는 조사결과를 발표하였다.[213] 또한 보고서에서는 연방재난관리청을 포함한 연방과 주정부, 지방정부 담당자들이 세운 재난관리체계의 불완전성을 언급하였다. 그에 따라 연방재난관리청은 주정부의 자원이 고갈되었을 때 "즉각적 대응자로서 주정부의 역할을 위임받을 준비가 되어 있지 않았고, 연방재난관리청이 재난 이후 장기적인 복구를 준비하는 데 중점을 두지 않았다"고 언급하였다. 이 보고서는 두 재난에 대한 연방재난관리청의 대응 활동 중 일부는 비효율적이고 조율되지 않았다고 비판하였다.

1992년 4월 허리케인 휴고(Hugo) 이후 연방재난관리청의 비판에 대한 대응의 일환으로 연방재난관리청은 1988년 재앙적 지진계획(1988

catastrophic earthquake plan)을 기반으로 한 연방대응계획(Federal Response Plan, FRP)을 완성하였다. 그 계획에 따르면, 대형재난 발생 시 27개의 정부조직과 적십자사에 재난대응을 위한 역할을 분담시키고 있다.[214)]

1992년 8월 24일부터 26일까지 4등급 허리케인 앤드류(Andrew)가 플로리다를 강타한 후, 3등급으로 약화된 허리케인이 루이지애나 중부 해안으로 내습하였다. 이에 따라 연방대응계획은 수립된 지 불과 몇 달 만에 시험대에 오르게 되었다.[215)] 이 허리케인은 미국 내에서 23명의 인명피해와 26.5억 달러의 재산피해를 입혔고,[216)] 대부분의 피해는 남부 플로리다에서 발생했다. 구호 활동이 지연되는 동안 수천 명의 플로리다 주민들이 수일 동안 음식물과 물을 지원받지 못하게 되자 연방재난관리청의 대응은 많은 비난을 받았다.[217)] 이러한 비효율적인 대응을 해결하기 위해 부시(Bush) 대통령은 연방재난관리청을 제쳐 두고 교통부장관인 앤드류 카드(Andrew H. Card Jr.)가 지휘하는 임시조직을 파견하여 대응을 조율하였다.

허리케인 앤드류(Andrew) 대응으로 나타난 연방재난관리청의 부족한 임무수행에 대한 자각으로 일부 의원들이 연방재난관리청에 대한 재평가와 개선이 필요하다고 주장했다. 의회는 9월에 세출위원회 보고서에서 "연방 · 주 · 지방정부가 미국에서 발생하는 대형 자연재난에 신속하게 대처할 역량이 되는지에 대한 객관적이고 종합적인 조사"를 위해 연방재난관리청으로 하여금 국가공공행정아카데미(National Academy of Public Administration, NAPA)와 계약하여 연구를 수행하도록 하였다.[218)]

참고 26 허리케인 등급

사퍼 심슨 허리케인 등급(Saffir-Simpson Hurricane Wind Scale)은 허리케인을 풍속에 따라 1등급에서 5등급으로 구분한다. 이 등급을 활용하면 잠재적인 재산피해의 추정이 가능하다. 카테고리 3 이상의 허리케인은 생명과 재산에 심각한 피해를 줄 가능성 때문에 주요 허리케인으로 간주된다. 그러나 카테고리 1과 2에 해당하는 허리케인도 위험하기 때문에 예방조치가 요구된다.

- Category 1: 풍속 119~153km/hr(74~95 mph)
- Category 2: 풍속 154~177km/hr(96~110 mph)
- Category 3: 풍속 178~208km/hr(111~129 mph)
- Category 4: 풍속 209~251km/hr(130~156 mph)
- Category 5: 풍속 252km/hr(157 mph) 이상

출처 National Weather Service, National Hurricane Center, at http://www.nhc.noaa.gov/aboutsshws.php

의회의 요구로 행해진 국가공공행정아카데미(NAPA)의 결과 보고서는 1993년 2월에 발간되었다.[219] 이 보고서는 연방재난관리청(FEMA)의 업무능력에 대해 검토하였고, 다음 조건이 조직의 성공을 위해 반드시 필요하다고 주장했다.

① 국장과 부국장 임명 시 정치적인 판단을 지양하고, 전문경력을 갖춘 청장 임명, 능력 있는 전문경력 직원의 육성
② 백악관에 국내 위기 모니터링 조직(Domestic Crisis Monitoring Unit)을 신설하여 대통령과 연락 및 대통령 지원
③ 공통 임무 · 비전 · 가치의 개발을 통해 연방재난관리청의 하위부서들을 응집력 있는 기관으로 통합하고, 경력직 관리자를 위한 통합

개발 프로그램 및 효과적인 관리 시스템 구축

④ 기관의 지도부에게 기관을 지휘할 권한을 부여하기 위한 구조와 전략, 관리 시스템 개발

⑤ 모든 종류의 비상사태와 재난으로부터 통합된 경감 · 대비 · 대응 · 복구를 중심으로 한 새로운 법적 권한(statutory charter) 마련

⑥ 대재앙적 재난을 포함한 모든 재난 발생 시 더 신속하고 효과적인 대응을 위한 합동평가팀과 계층적이고 단계적인 대응기준 마련

⑦ 본부와 현장의 기능적이고 유기적인 관계 개발[220]

국가공공행정아카데미(NADA) 보고서는 재난대응 시 민간과 연방정부, 군, 주정부, 지방정부의 역할에 관한 권고사항을 포함하고 있다. 또한 보고서는 "일관성 있는 연방정책의 개발 및 시행과 관련된 주제에 대해 관심을 갖고 포괄적으로 바라보지 못하는 다수의 의회 위원회들이 연방재난관리청과 재난관리를 감독하고 있다"고 기술하고 있다. 이는 연방재난관리청의 성공을 위해서는 "더 일관된 법적 권한, 더 광범위한 재원조달의 유연성, 효과적인 조직과 국가 재난관리체계 구성에 대한 지속적인 지원"이 필요하다는 것을 의미한다.[221]

1993년 7월에 회계감사원(GAO)이 발간한 보고서에 따르면 "대통령의 의지를 강조하기 위해 대규모 재난에 대한 대응과 대비의 책임은 백악관 내의 주요 공직자에게 주어져야 한다"고 권고했다.[222] 또한 "대규모 재난 발생 전 · 중 · 후에 백악관과 연방재난관리청의 장이 주와 지방정부의 지원에 관해 신속한 의사결정을 할 수 있도록 정보 분석과 기술지원을 할 수 있는 재난조직이 필요하다"고 지적하였다.[223] 또한 "연방재난관리청의 여러 조직이 갖고 있는 자원으로 국가대비와 주정부와 지방정부

의 프로그램과 지원(National Preparedness and State and Local Programs and Support)을 수행할 때 역사적으로 서로 함께 협업하지 못했다"고 지적하면서, 대규모의 조직개편이 필요하다고 주장하였다.[224)]

1993년 9월 7일, 앨 고어(Al Gore) 부통령은 정부의 여러 정책과 이슈를 검토한 국가성과관리보고서(National Performance Review, NPR) 초안을 클린턴(Clinton) 대통령에게 제출하였다. 여기에는 연방재난관리청과 관련한 4가지 권고사항이 포함되어 있다. 예를 들면, 연방재난관리청의 자원과 정책 초점을 핵전쟁대비에서 모든 대규모 재난에 대한 대응으로 전환할 것, 대규모 재난에 대해 보다 선제적이고 고객 중심적인 대응절차를 개발할 것, 재난비용 감축을 위해 결과지향 인센티브 제도를 신설할 것, 정치적 지명자들과 경력 직원으로 이루어진 숙련된 관리팀을 신설할 것을 요구하였다.[225)]

연방재난관리청 청장 제임스 리 위트(James L. Witt)는 취임 직후 선행연구 결과를 고려하고, 국가공공행정아카데미(NAPA)와 회계감사원(GAO)의 많은 권고사항을 수용하여 조직개편을 추진하였다.[226)] 국가적 안보비상상태와 관련된 국가대비실(National Preparedness Directorate)은 폐지되었고, 그 대신 재난관리의 주요 단계에 맞춘 경감실(Mitigation Directorate), 대비 및 연습훈련실(Preparedness, Training and Exercises Directorate), 대응 및 복구실(Response and Recovery Directorate) 등 3개의 작동 가능한 조직이 만들어졌다.[227)]

이와 같은 조직개편만이 클린턴 행정부에서 취한 연방재난관리청 관련 변화의 전부는 아니다. 조직개편 몇 년 후 1996년 2월 26일 미국 국가안보와 21세기 위원회(U.S. Commission on National Security/21st Century, USCNS/21) 회의 전 발언에서 클린턴 대통령은 "역사상 처음으로 내각 구성원에 위트(Witt)와 연방재난관리청이 포함되도록 확대한다"고 발표했다.[228] 이러한 결정은 위트 청장의 남은 임기 동안 지속되었다. 하지만 부시 대통령은 2001년 내각 구성 시, 연방재난관리청 청장을 내각의 구성원에 포함하지 않기로 결정하였다.[229]

참고 27 전문 직업으로서 재난관리(Emergency Management as a Profession)

35년 전에는 존재하지 않았던 재난관리 전문직업의 성장은 여러 가지 측면에서 연방재난관리청의 역사를 반영한다. 두 개의 전문 조직, 국제재난관리자협회(International Association of Emergency Managers, IAEM)와 전국재난관리협회(National Emergency Management Association, NEMA)는 미국에서 재난관리에 대한 시각을 전문화하는 데 크게 기여했다.

1952년 초기 연방 재난지원 프로그램 설치 이후 일부 민방위 공무원들이 미국 민방위협회(U.S. Civil Defence Council)를 설립했다. 1985년에 민방위협회는 국가재난관리조정위원회(National Coordinating Council of Emergency Management)로 변경되었다가 1997년 기관의 명칭을 국제재난관리자협회(IAEM)로 변경하였다. 기관의 홈페이지에 따르면 2015년 기준 전 세계적으로 58개 국가에 약 5,000명의 회원[230]이 있고, 재난과 비상사태 시에 인명을 구하고 재산을 보호하는 목표를 촉진하는 데 전념하고 있는 비영리 교육기관이다.

전국재난관리협회(NEMA)는 1974년에 주의 재난관리 분야 업무를 맡고 있는 국장들에게 전문적인 포럼을 제공하기 위해 설립되었다. 협회 홈페이지에는 이 기관이 재난관리에서 국가적인 리더십과 전문지식을 제공하고, 전략적 협력관계, 혁신적인 프로그램, 협력적 정책 입장을 통해 재난관리의 지속적인 발전을 지원하는 정보와 지원 서비스를 제공한다고 언급되어 있다.

이러한 조직들은 재난관리자들 간의 협력을 증진하고, 전문적인 소통 그리고 주와 지방의 재난관리 관련 필요성을 주장하기 위해 주와 지방 단위에서 생겨나게 되었다. 이 두 조직은 종종 연방재난관리청과 협력하여 일했고, 국제재난관리자협회(IAEM)의 재난관리자 자격인증(Certified Emergency Manager and Associate Emergency Manager)을 통해 재난관리 공동체의 전문성 향상에 크게 기여했다.

전국재난관리협회(NEMA) 회원들은 재난관리인증 프로그램(Emergency Management Accreditation Program, EMAP)을 설치하면서 재난관리공동체 전문성의 더 큰 진보를 위해 협력했다. 재난관리인증 프로그램(EMAP)은 공동으로 개발된 국가 표준에 기반을 둔 정부 재난관리 프로그램에 대한 자발적인 평가와 동료 평가로 이루어진 인증절차다. 이러한 인증은 모든 주 · 지방 · 부족정부 재난관리 프로그램을 대상으로 한다. 재난관리인증 프로그램은 전국재난관리협회 회원들에 의해 설치되었고, 전국재난관리협회는 국제재난관리자협회와 밀접한 관계를 갖고 일하는 조직이다.

출처 Federal Emergency Management Agency(FEMA)(2010). *The Federal Emergency Management Agency,* The Federal Emergency Management Publication 1, at http://www.fema.gov/media-library-data/20130726-1823-25045-8164/pub_1_final.pdf

5) 국토안보발전(Homeland Security Developments)

클린턴(Clinton) 행정부 종료 후, 연방재난관리청(FEMA)은 다양한 방면에서 발전했다는 평가를 받았다. 어떤 연구에서는 연방재난관리청 조직개편이 조직개편의 가장 좋은 사례라고 했다. 하지만 조직이 크게 발전했음에도 불구하고 문제가 없는 것은 아니었다. 클린턴의 임기 마지막에 행해진 연구에서는 연방재난관리청의 재무관리와 재난선포 과정이 향후 개선과 발전이 필요한 두 가지 부분이라고 지적했다.[231)]

1990년대 연방재난관리청의 행정은 이전에 행해졌던 노력의 결과로서 한층 더 발전했다고 인식되었지만, 그래도 재난관리 정책과 실제에는 문제가 있었다. 1998년 중반에 전 상원의원인 게리하트(Gary Hart)와 워런 루드만(Warren B. Rudman)이 이끄는 미국 국가안보와 21세기 위원회(U.S. Commission on National Security/21st, USCN/21)는 변화된 국제환경과 기술,

사회와 지식 변화의 관점에서 미국의 국가안보 정책을 종합적으로 재검토하기 시작했다. 하트-루드먼(Hart-Rudman) 위원회로도 알려져 있으며, 국방부에 의해 공인된 이 위원회는 1999년 9월부터 총 3개의 보고서를 제출했다. 세 보고서 중 2001년 2월 15일에 마지막으로 발표된 보고서에는 50개의 정부변화 권고안이 담겨 있다.[232)]

이 위원회의 권고사항 중 두 번째는 내각 수준의 국토안보청(National Homeland Security Agency, NHSA)을 구성하라는 것이다. 새로운 조직은 "미국정부와 관련된 다양한 국토안보 활동을 계획 · 통합 · 조정"하는 책임이 부여될 수 있다고 언급하였고, 연방재난관리청은 "이 활동의 핵심 구성요소"가 될 것이라고 하였다.[233)] 이 권고사항에 따르면 연방재난관리청은 재난대비 및 대응실(Emergency Preparedness and Response Directorate)의 중심 조직이 되고, 해안경비대(Coast Guard)와 국경순찰대(Border Patrol), 관세청(Customs Service)은 다른 기관들과 함께 새롭게 만들어질 국토안보청(NHSA)으로 이관할 것을 제안하였다. 국토안보청을 만들어야 하는 여러 이론적 근거들 중에서도 이 위원회는 연방재난관리청의 강점으로 인식되던 재난내응능력을 좀 더 강화하여 구축하는 것을 구상했다.

> 연방재난관리청(FEMA)은 최근 몇 년간 새로운 상황에 잘 적응했고 인적재난이나 자연재난에도 대응력을 인정받을 만한 명예를 얻었다. 보고서에 제안된 국토안보청(NHSA)은 국토안보의 책임을 맡으면서 연방재난관리청이 가진 재난대응능력을 강화할 것이다. 이러한 변화는 연방조직을 간소화할 것이며, 주와 지방정부의 공직자들에게는 이 조직이 국가의 초기대응자이자 전문성을 보유한 기관으로서 더 큰 도움이 될 것이다. 가능한 한 연방정책은 전문성과 주정부의 재난대비 정책을 기반으로 해야 하며, 기존 자원과 역량을 공유하는 지역적 협력의 촉진을 지원해

야 한다.[234)]

2001년 3월 21일 107회 의회 회기 중 맥 손베리(Mac Thornberry) 의장은 "국토안보청법(HR 1158, National Homeland Security Agency Act)"을 제출했다. 이 법률에서도 하트-루드먼(Hart-Rudman) 위원회의 제안과 유사한 국토안보청(NHSA)을 제안했다. 그러나 그해 4월에 청문회가 개최되었음에도 이 법에 대한 더 진전된 활동은 없었다.[235)]

2001년 1월에 집권한 부시(Bush) 행정부는 연방재난관리청(FEMA)을 재조직했다. 클린턴(Clinton) 행정부에서 국가대비위원회를 폐지하자는 결정과 다르게 부시 대통령은 5월에 연방재난관리청 청장인 조 알바우(Joe M. Allbough)에게 국가대비실(Office of National Preparedness, ONP) 구성을 지시했다. 6월 5일에 알바우는 연방재난관리청의 기능적 재편을 선언했다. 그는 "기존의 조직은 변화하는 조직의 임무에 부합하지 않고, 부시 대통령의 정부 재설계와 간소화 목표에도 부합하지 않는다"고 주장하였다. 그가 이 조직개편으로 성취하고자 했던 목표는 "최대한 조직을 평등하게 구성하고, 청장에게 직접 보고하는 조직의 수를 줄여 유사한 기능을 통합하는 것"이었다.[236)] 이러한 조직재편 방향은 국가대비실(ONP)을 비롯한 여러 조직을 새로 만들고 다른 조직을 통합하고 변경하게 했다.

(1) 국토안보부(Department of Homeland Security)

하트-루드먼(Hart-Rudman) 위원회의 보고서와 9/11 테러공격에 따라서 의회는 2002년 국토안보법(Homeland Security Act of 2002, HSA)을 통과시켰고, 그해 11월 25일 부시 대통령은 이 법에 서명하였다.[237)] 이 법에 따라 국토안보부(Department of Homeland Security, DHS)가 신설되고, 국토안보부(DHS)는 재난대비대응실(Emergency Preparedness and Response Directorate, EPR)을 포함하게 되었다. 또한 법 5편(Title V)에 따라, 재난대비대응실(EPR) 산하에 연방재난관리청을 포함한 6개 조직을 통합하였다. 법 507장에서 "포괄적 위험에 기반을 둔 비상 · 재난관리 프로그램을 통해 국가의 대규모 재난 발생 시 이를 지휘하고 지원하며, 이를 통해 재산과 인명 피해를 줄이고 국가를 모든 재난으로부터 보호하는 임무 수행"을 연방재난관리청에 부여했다. 연방재난관리청은 새 부처로 이관되었음에도 불구하고 독립적이거나 개별적 조직으로 정의되지 않았다. 이 법은 대통령과 장관에게 연방재난관리청을 포함한 부처를 재조직할 막강한 권한을 부여하였다.[238]

2003년 3월 1일 연방재난관리청의 기능은 국토안보부(DHS)로 이관되었다.[239] 다음해 1월 톰 리지(Tom Ridge) 장관은 자신의 조직개편권한으로 부서를 통합하고 재난관리 기능을 새배치하였다. 국토안보법 502장과 503장에 따르면 재난대비대응차관(Under Secretary for Emergency Preparedness and Response)에 의해 집행되는 지원금 지급 기능을 주 · 지방정부조정대비실(Office of State and Local Government Coordination and Preparedness)로 통합하였다.[240]

이러한 조직 구성은 2005년에 다시 변경되었다. 국토안보부장관으로 취임한 마이클 처토프(Michael Chertoff)는 "부처의 기존 정책과 훈련에 대한 체계적인 평가"를 실시하였다.[241] 두 번째 단계 검토(Second Stage Review, 2SR)로 알려진 이 정책은 2005년 7월 13일에 발표되었고, 광범위한 부처의 조직개편으로 이어졌다. 2005년 11월 1일 시행된 조직개편의 일부로 재난대비대응실(EPR) 내의 대비 기능이 신설된 대비실(Preparedness

Directorate)로 이관되었다. 처토프는 다음과 같이 자신의 구체적인 의도를 밝혔다.

> 대응과 복구로부터 대비자원을 분리해서 [정보분석 및 기반시설 보호]실([Information Analysis and Infrastructure Protection] Directorate)로 통합시키고, '대비실(Directorate for Preparedness)'로 개명될 것이다. 이 부서는 [주 · 지방정부 조정 및 대비] 프로그램([Office of State and Local Government Coordination and Preparedness] Program)과 비상대비대응(EPR)의 핵심 대비프로그램을 포함하게 될 것이다. 또한 이 부서는 기반시설 보호, 새로운 총괄의료책임자(CMO), 통합 사이버안보 및 통신실(unified Office of Cybersecurity and Communication), (FEMA의) 소방청(U.S. Fire Administration), 국가 수도권 조정실(Office of National Capital Region Coordination), 그리고 주 · 지방정부 조정 및 대비실 요소 중 지원금 · 훈련 · 연습을 담당하는 부분, 다른 (FEMA의) 기능들 중 이관되는 유해물질 훈련과 지원 프로그램, 화학약품 비축 비상대비 프로그램, 방사능 대비 프로그램, 바이오공격대처(Bioshield) 프로그램 등을 포함하게 될 것이다.[242]

따라서 비상대비대응(EPR) 중 나머지 부분과 연방재난관리청(FEMA)(명칭이 교차 사용된다)은 대비가 아닌 대응과 복구에 중점을 두게 되었다.[243]

처토프는 조직개편을 제안하고 이를 시행했지만 재난관리 커뮤니티 내에서는 잘 받아들여지지 않았다. 예를 들면 주정부 재난관리국장들로 구성된 전국재난관리협회(National Emergency Management Association, NEMA)는 의회 상하원에 서신을 보내 2005년 7월 27일에 단행된 국토안보부 조직개편을 비난했다. 전국재난관리협회(NEMA)는 재난계획과 대응을 나누면 안 된다면서 "혼란스러운 대응을 초래하고 조직적 활동의 효율성에 부정적 영향을 미칠 것"이라고 경고했다.[244] 플로리다의 재난관리국장은 이러한 조직개편이 1979년 연방재난관리청 탄생 이전에 책임이 분산되었던 문제를 다시 야기할 것이라고 했다.[245] 8월 22일과 23일 전국 주의 재난관리국장들은 처토프를 비롯한 고위 직원들과 국토안보부 조직개편을 논의하기 위해 워싱턴에 모였다. 국장들은 특히 대비 · 대응 · 복구 기능이 분리되고 이러한 분열이 확대되는 것을 우려했다.[246]

109회 의회 회기 중 부처의 구조나 연방재난관리청을 개편하는 법안을 제정하지는 않았으나 의회는 처토프의 제안이 발표될 때 진행되던 2006 회계연도 예산 과정 중에 조직개편계획을 다루었다. 행정부는 예산구조를 새로 구성된 부처와 맞추기 위해 예산경정 요청을 의회에 제출했고 이에 대해 "의원들은 대체적으로 동의"하였다.[247]

2006년 4월 4일 처토프 장관은 이번에는 연방재난관리청 청장의 위상을 높이고, 청장은 추천과 동의절차를 거쳐 임명될 것임을 명확히 하기 위해 자신의 조직개편권한을 이용하였으며, 의회에 보내는 공지사항에 다음의 내용을 포함토록 하였다.

> 국토안보부는 재난대비대응차관(Under Secretary of Emergency Preparedness and Response)의 직위와 명칭을 "연방재난관리차관(Under Secretary of Federal Emergency Management)"으로 대체할 계획이다.
> 2005년 7월 13일 의회에 보낸 서신에서 나는 연방재난관리청이 장관인 나에게 직접 보고하게 하는 입법을 추진하겠다고 기술하였다. 의회는 2006 회계연도 예산법을 통해 이 직보 관계를 승인하였다. 이에 따라 연방재난관리청은 상원에서 승인된 청장이 보직을 맡게 될 것이다.
> (국토안보법, HSA) 1513장에 의거하여, 예전에 연방재난관리청이 의회

의 승인을 받는 직위를 모두 없애고, 이 직위들을 국토안보부로 이관하였기 때문에, 재난대비대응차관 명의의 직위가 된 것이라 할 수 있다. 따라서 나는 이 지위와 직위의 핵심임무를 강조하기 위해 이와 같이 개명하고자 한다.[248)]

따라서 대통령이 지명하고 의회의 동의를 받아 데이비드 라울리슨(R. David Raulison)이 연방재난관리차관(Under Secretary of Federal Emergency Management)으로 임명되었다.

6) 허리케인 카트리나의 의미(Hurricane Katrina Implications)

허리케인 카트리나(Hurricane Katrina) 이후 의회와 부시(Bush) 행정부는 재난대비와 대응의 실패에 대한 조사를 실시하였다. 하원이 채택한 양당의 허리케인 카트리나 대비 및 대응 조사 위원회(House Select Bipartisan Committee to Investigate the Preparation for and Response to Hurricane Katrina)[249)]는 2006년 2월 15일 9번의 청문회를 개최하고 그 결과보고서를 발간하였다.[250)] 이 보고서는 연방재난관리청과 국토안보부의 조직상 역할의 문제가 카트리나 대응에 대한 실패 원인 중의 하나라고 언급했다.

다년간 재난관리전문가들은 연방재난관리청의 대비 기능이 쇠퇴하고 있다고 경고했다. 많은 사람들은 그 원인이 연방재난관리청으로부터 대비 기능이 분리되고, 오래 근무해온 전문 직원들의 지식과 전문성이 유출되었으며, 연방재난관리청의 국가비상대응팀(national emergency response teams)이 제대로 준비되지 않았기 때문이라고 지적하였다. 이와 같은 직원, 훈련, 연방재난관리청 조직구조의 문제가 전부는 아니지만 카트리나와 같은 대규모 재난에 대해 연방재난관리청의 대응이 부적

절했던 것은 사실이다.[251)]

한편 연방정부의 대응에 초점을 맞춘 백악관의 카트리나(Katrina) 보고서가 2006년 2월 23일에 발간되었다.[252)] 보고서는 정부의 카트리나 대응 실패에 대한 평가를 일부 포함하고 있기는 하지만, "카트리나로 인한 교훈"을 통해 그동안 권고받은 발전적 변화에 초점을 두고 있다. 이 보고서에는 처토프(Chertoff) 장관의 두 번째 단계 검토(Second Stage Review, 2SR)에서 발표된 기본적인 재난관리조직이 그대로 유지되는 것으로 나타났다. 하지만 보고서에 기술된 125개 권고사항 중 일부는 조직구조와 기능 배분에 변화를 주었다. 예를 들어 백악관의 보고서는 다음을 권고하였다.

- 대비 기능을 일체화하고 통합하기 위하여 국토안보부는 대비 프로그램 담당 차관보(Assistant Secretary for Preparedness Programs), 작전계획 및 교육훈련 차관보(Assistant Secretary for Operational Plans, Training and Exercises), 공공과 시민대비 국장(Executive Director for Public and Citizen Preparedness)을 대비 차관(Under Secretary of Preparedness)의 고위직 참모로 추가해야 한다.[253)]
- 국토안보부는 통합된 부처 대외관계실(unified departmental external affairs office)을 신설하여야 하며, 이 부서는 의회 업무, 정부 간 업무 및 공공 업무를 대응과 대비체계의 핵심요소로 통합하는 역할을 담당한다.[254)]
- 연방재난관리청이 가지고 있는 국가재난의료 시스템을 보건후생부(HHS)로 이관하는 법이 제출되어야 한다.[255)]
- 주택도시개발부(HUD)는 "임시주거시설 제공의 연방 책임조직"으

로 지정되어야 한다.[256)]

- 국토안보부는 비정부조직과 다른 자원봉사자원을 연방 · 주 · 지방 정부의 재난대응계획과 신뢰기반조직을 지원하기 위한 상호지원협정에 통합하는 책임을 가진 부서를 설립하여야 한다.[257)]
- 국토안보부는 2006 회계연도 중 대비조직 내에 존재하는 훈련연습 기능을 새롭게 만들어진 훈련연습과 교훈실(Office of Training, Exercises, and Lessons Learned, TELL)로 통합해야 한다.[258)]

처토프 장관은 이와 같은 내용에 근거해 내부검토를 시행하였고 전국재난관리협회(NEMA)의 기조연설에서 허리케인 카트리나의 대응 실패로 인해 국토안보부에 생긴 변화들을 설명하였다. 그는 연설 중에서 기존 조직구조의 변경에 대해 설명하였다. 그는 조직의 재난대응능력을 갱신하고 향상된 인적자원 개발을 통한 "일관성 있는 사고지휘의 통합(integration of a unified incident command)"을 주장하였다.[259)]

상원의 국토안보정부업무위원회(Committee on Homeland Security and Government Affairs)는 22차례의 공청회를 개최하였고, 2006년 5월에는 자신들이 발견한 사항과 권고사항에 관한 보고서를 발간하였다.[260)] 위원회는 "연방재난관리청의 대비 기능이 미흡했던 몇 가지 원인에 대한 조사를 실시하였다. 여기에는 부적격한 정치적 리더십, 예산부족, 부적절한 인력, 국토안보부로 연방재난관리청 편입, 미흡하고 부적합한 대응역량 등이 포함된다"는 조사 결과를 바탕으로 연방재난관리청의 조직과 관련하여 다음과 같은 권고사항들을 제시하였다.

- 연방재난관리청을 폐지하고 "더 강력하고 보다 능력 있는 구조"로 대체되어야 한다. 이 조직은 국가대비대응청(National Preparedness and Response Authority, NPRA)으로 명명될 것이다. 국가대비대응청(NPRA)은 국토안보부 내에서 "독립조직(distinct entity)"이어야 한다.
- 국가대비대응청의 장은 차관급이어야 하며, 재난관리 문제에 대하여 대통령의 조언자 역할을 하고, 재난대응 중에는 대통령과 직접 의사소통할 수 있어야 한다.
- 국가대비대응청의 고위 공무원들은 위기관리, 조직관리와 리더십 경험이 많은 사람들 중에서 선발되어야 한다.
- 새로운 조직은 포괄적 재난관리(CEM)의 4가지 주요 기능(경감 · 대비 · 대응 · 복구)을 부여받아야 한다.
- 새 조직은 주요 기반시설 보호를 감독할 책임을 가져야 한다.
- 국가대비대응청은 연방재난관리청의 지역사무소에 근거한 기관들 간 그리고 연방 · 주 · 지방정부 간에 더 나은 조정을 위하여 10개의 지역사무소를 두어야 한다. 이러한 지역사무소가 연방의 재난에 대응하는 첫 번째 라인이 될 수 있도록 여러 분야에 관련된 다수 기관이 참여하는 "기동대(Strike Teams)"를 구성하여야 한다.
- 통합된 연방조정기구인 국가재난대응센터(National Operations Center, NOC)는 세 개의 기존 조직을 대체해야 한다.

제4장 새로운 연방재난관리청의 조직과 임무[261)]

포스트카트리나법은 국토안보부 소속의 연방재난관리청이 확고한 재난관리 기능을 갖고, 부처 내에서의 위상[262)]과 자율성을 높이도록 조직을 개편하였다(2007년 3월 31일부터 시행). 이 법에 따라 연방재난관리청에 부여된 많은 조직, 권한과 책임에 대한 사항을 자세히 기술하였다. 여러 가지 대비 활동과 관련된 특별한 권한은 대통령에게 부여(연방재난관리청 청장에 의해 시행될 것이다)되었고, 이는 국가대비(National Preparedness) 부분에 요약되어 있다.[263)]

1) 새로운 연방재난관리청의 구성요소(The New FEMA Components)

포스트카트리나법에 따라서 새로운 연방재난관리청에는 기존의 모든 기능 이외에 대비실(Preparedness Directorate) 기능도 이관되었다. 여기에는 각각의 조직, 인력, 자산, 구성요소, 권한, 지원금 프로그램, 부채 등과 각 차관의 기능까지 포함된다. 새롭게 구성된 연방재난관리청으로 이관되지 않은 대비실의 일부 조직에 관한 사항은 다음 5장 기타 국토안보부 조직(Other DHS Entities) 부분에서 서술하고 있다.[264)] 또한 이 법은 명시적인 책임과 특성을 지닌 10개의 지역사무소를 규정[265)]하고 있으며, 사고관리체계에 관한 책임과 역할을 가지게 될 국가통합센터(National Integration Center, NIC)를 규정하고 있다.[266] 이러한 기존의 요소에 추가하여 새로운 연방재난관리청은 포스트카트리나법에 의해 설립된 두 개의 직위와 하나의 조직, 즉 장애조정관(Disability Coordinator),[267] 소규모 주 및 지역지원관(Small State and Rural Advocate)[268], 국가자문위원회(National Advisory Council)[269]를 포함하고 있다. 지역 단위에서 포스트카트리나법은 지역자문위원회(Regional Advisory Councils), 지역기동대(Regional Office Strike Teams),[270] 지역재난통신조정워킹그룹(Regional Emergency Communications Coordination Working Groups)[271]의 신설을 규정하고 있다. 이 법은 또한 청장에게 미시시피, 루이지애나, 앨라배마, 텍사스에 허리케인 카트리나(Katrina)와 허리케인 휴고(Hugo) 복구사무소의 설치를 허가하였다.[272]

포스트카트리나법으로 연방재난관리청은 국토안보부 소속으로 전환된 이후 가장 큰 조직적 자율성을 부여받았다. 해안경비대(Coast Guard)나 비밀경호국(Secret Service)과 같이 연방재난관리청은 국토안보부 내에서 독립적인 조직(distinct entity)으로 분류된다.[273] 게다가 더 이상 국토안보법(Homeland Security Act of 2002, HSA)에 따른 장관의 광범위한 조직개편 권한의 영향을 받지 않는다.[274] 이 법은 2007년 3월 31일자로 연방재난관리청 청장(FEMA Administrator)이 국토안보부장관에게 통보한 후 직접 의회에 조언할 수 있는 권한을 규정하였다.[275] 연방재난관리청의 조직 자율성을 강화하는 추가적인 규정은 재원조달 및 기능과 관련된 다음 내용에 서술되어 있다.

참고 28 국가자문위원회(National Advisory Council, NAC)

국가자문위원회(National Advisory Council, NAC)는 재난관리의 모든 부분에 대해 연방재난관리청 청장에게 조언한다. 이 위원회는 연방재난관리청 청장이 임명하는 35명 이내의 위원으로 구성된다. 임기는 3년이며, 매년 위원 1/3의 임기가 종료된다. 위원은 부족정부, 지방정부, 주정부, 민간부문, 그리고 비정부기구로부터 다양한 전문 분야와 지리적 분야의 영향력 있는 고위급 지도자들로 구성된다. 이러한 위원의 다양성이 연방재난관리청 청장에게 재난관리와 국토안보 분야 고객과 협조자들의 효과적인 피드백(입력)을 제공한다.

출처 National Advisory Council Fact sheet, at https://www.fema.gov/pdf/media/factsheets/2009/nac_fact_sheet.pdf

2) 새로운 연방재난관리청의 일반적 임무(The New FEMA Mission (Generally))

2007년 3월 31일자로 공표된 포스트카트리나법은 생명과 재산의 손실을 줄이고, 확장된 개념의 포괄적 재난관리(comprehensive emergency management, CEM) 요소들에 중점을 두고, 위험기반(risk based) 시스템을 통해 통합위험요인(all hazard)으로부터 국가를 보호하고자 하는 연방재난관리청의 책임에 대한 복원을 명시하였다. 이 법에서는 4가지 포괄적 재난관리 요소에 다섯 번째 요소인 "보호(protection)"를 추가했으나 그 용어에 대한 명확한 정의는 내리지 않고 있다.[276)]

이 법에 따라 전에 대비실(Preparedness Directorate)이 수행하던 기능뿐 아니라 연방재난관리청에서 수행하던 모든 기능, 특히 비상경고 시스템, 운영의 연속성(Continuity Of Operation, COOP), 정부 활동의 연속성(continuity of government activities) 기능들이 새로운 연방재난관리청으로 이관되었다. 하지만 대비실 4개 단위조직(unit)의 기능(기반시설보호실, 국가통신시스템, 국가사이버보안국, 최고의료책임자실)은 이관에서 제외되었다.[277) 또한 포스트카트리나법을 통해 2002년 국토안보법(HSA)에 포함된 것 이상의 연방재난관리청에 대한 활동과 책임을 포함하고 있다.[278)]

이 법은 연방재난관리청의 권한, 책임이나 기능 또는 이를 수행하기 위한 연방재난관리청 역량의 지나친 축소를 명시적으로 금지하고 있다.[279)] 더 나아가서 포스트카트리나법은 연방재난관리청의 자산, 기능, 또는 임무 대부분을 국토안보부의 다른 부분으로 이관하는 것도 금지하고 있다.[280)] 예산의 재편성 또는 이관과 관련해서 포스트카트리나법은 적용 가능한 예산법률조항(appropriations act provision)에 따를 것을 요구한다.[281)]

포스트카트리나법에 따라 연방재난관리청에 주어진 특별한 기능은 다음과 같다.

- 참사 사고(catastrophic incidents)를 포함한 모든 위험에 대한 국가의 포괄적 재난관리(CEM) 활동(보호 포함)의 주도[282)]
- 국가비상관리체계 구축을 위한 비연방기관과의 협력
- 연방의 대응역량 개발
- 연방재난관리청의 포괄적 재난관리(CEM) 책임 통합
- 지역의 재난 관련 우선순위를 다루기 위한 강력한 지역사무소의 설립
- 장관의 리더십에 따른 국토안보부자원의 활용
- 원활한 의사소통역량을 포함한 재난관리역량의 구축
- 특정 사고에 필요한 각종 요구사항에 대응할 수 있는 위험기반대비 전략의 발전과 조율[283)]

포스트카트리나법은 연방재난관리청에 국토안보법에 따른 책임 이외에도 초기대응자의 안전 보장, 지원금 감독, 국가대응계획(NRP)의 관리와 시행, 연방정부의 운영연속성계획의 준비와 실행(뒤에 기술된 정부와 운영의 연속성 참조), 대응조정센터(response coordination center)의 유지와 운영을 포함한 13개의 책임을 추가로 부여하였다.[284] 이러한 활동과 책임의 시행은 연방재난관리청이 위험기반관리 시스템을 통해 모든 위험을 다룰 수 있게 하는 "공통 역량"을 기르고자 하는 동시에, 국가에 매우 큰 위험을 줄 수 있는 사고대응에 필요한 "특별한 역량"의 개발도 요구하고 있다.[285]

3) 행정적 책임(Administrative Responsibilities)

앞에서 언급된 일반적인 책임에 추가해서 포스트카트리나법은 허리케인 카트리나에 대응하는 과정에서 드러난 연방재난관리청 내부의 행정적 문제를 해결하기 위한 새로운 권한도 부여하고 있다. 연방재난관리청 청장은 연방재난관리청에서 피해를 입은 주까지 운송 과정에서 물품과 서비스를 추적할 수 있게 하는 물류 시스템의 개발을 책임지게 되었다.[286] 연방재난관리청 청장은 또한 최소한 11개 장소에 주 · 지방 · 부족정부 재난지원 활동을 지원할 수 있는 사전배치장비 프로그램(pre-positioned equipment program)을 신설해야 하는 책임도 지게 되었다.[287] 이러한 활동을 지원하기 위해 청장은 법에 명시된 연방재난관리청의 정보 시스템을 발전시키고 갱신해야만 한다.[288] 또한 청장은 성범죄자 통지 요건을 포함한 불법행위 또는 공공안전에 위협이 될 수 있는 사람들이 대피소에 대피해 있을 경우, 이들의 정보를 법 집행기관에 제공할 의무가

부과되었다. 이런 정보의 공개는 개인정보보호법(Privacy Act)의 요구에 부합해야만 한다.[289)]

4) 재난대응(Disaster Response)

연방재난관리청 청장은 재난대응을 명확하게 운영하고 작동하기 위한 권한을 부여받았다. 청장에게 재난대응에 필요한 인력과 "자원의 종류"의 인증기준에 대해 비연방공무원과 공식적인 합의를 하도록 하는 책임도 주어졌다.[290)] 또한 포스트카트리나법은 입법을 통해 대응팀과 관련된 자원을 강화하도록 하였다. 재난대응팀(Emergency Response Teams)은 적절하게 구성되어야 하고 목표역량에 맞춘 준비자세를 갖추어야 한다.[291)] 포스트카트리나법은 공식적으로 도시수색구조팀(Urban Search and Rescue Teams)을 인가하고 그 시스템을 위한 공인된 재원조달 수준을 설정하였다.[292)] 이 법은 또한 대도시 의료대응(Metropolitan Medical Response)지원금 프로그램을 신설하고 이 프로그램을 위한 공인된 재원조달의 수준을 설정하고 있다.

5) 재난복구(Disaster Recovery)

포스트카트리나법에 따라 스태포드(Stafford)법에 추가된 중요한 임무는 국가적 재난 발생 시 국가 재난 가족등록 및 위치정보 시스템(National Emergency Family Registry and Locator System)과 아동 위치정보센터(Child Locator Center)를 설치하여 재난 발생 이후 가족의 상봉에 초점을 두는 것이다.[293)] 포스트카트리나법은 법 시행 180일 내에 가족등록 및 위치정보 시스템을 설치하도록 했다. 이것은 법무부(DOJ), 국립 실종아동센터(National Center for Missing and Exploited Children), 보건후생부(HHS), 미국 적십자사와의 협업으로 연방재난관리청에 의해 설치되는 자발적인 시스템으로, 인터넷과 수신자부담 전화번호로 접속할 수 있어 가족의 상봉에 도움을 줄 것이다. 작업반(working group)의 양해각서는 법 시행 90일 이내에 체결하도록 하였다.

포스트카트리나법에 따라 연방재난관리청 청장은 기존 프로그램을 검토하고, 재난 이후 환경에서 그 유용성을 평가할 수 있는 복구전략을 개발해야 한다. 또한 특수한 요구사항을 충족하기 위해 연방과 비정부기관의 관련자들을 소집하여 프로그램의 적절한 활용을 위한 재원 조달과 권한에 관한 주요 이슈를 논의하도록 하고 있다. 이 전략은 재건축, 특히 좀 더 "재난에 견딜 수 있는" 건축과 재건축을 유도할 수 있는 고려사항을 다뤄야만 한다.[294)]

대형 사고에 대한 지속적인 복구 과정을 강화하기 위해 포스트카트리나법은 미시시피, 루이지애나, 앨라배마, 텍사스에 복구사무소 설치권한을 부여하고 있다(플로리다 사무소는 2004년 허리케인 이후 설치되어 있는 상태이다). 이 사무소들은 필요한 지원을 적절한 시기에 효과적인 방법으로 전달하기 위함이다. 이 법은 공공지원 프로그램 지원양식의 완성률(public assistance worksheet completion rates), 공공지원 상환 시간(public assistance reimbursement time)을 포함한 성과측정을 요구한다. 이 사무소들의 폐지 여부는 연방재난관리청 청장의 재량에 달려 있다.[295)]

참고 29 국가 재난 가족등록 및 위치정보 시스템(National Emergency Family Registry and Locator System)

국가 재난 가족등록 및 위치정보 시스템(National Emergency Family Registry and Locator System)

연방재난관리청의 국가 재난 가족등록 및 위치정보 시스템(NEFRLS)은 대통령의 재난선포에 따라, 재난으로 헤어진 가족들의 상봉을 위해 가동된다. 가동이 되면 개인과 가족들은 온라인(www.fema.gov)과 전화(1-800-588-9822)로 24시간 등록할 수 있다.

국가 재난 가족등록 및 위치정보 시스템(NEFRLS)은 연방재난관리청에서 사람들이 재난 이후 상황 또는 특정한 가족구성원의 위치를 자율적으로 등록하고 특정한 정보를 교환할 수 있는 웹기반 시스템을 제공한다.

가족등록 시스템 콜센터에 온라인으로 접속하거나 전화를 걸면 가족이나 친구들과 이별한 사람들은 본인을 비롯한 일행을 찾을 수 있는 위치 정보를 제공받을 수 있다. 동시에 헤어진 가족구성원을 찾는 사람들은 온라인(www.fema.gov) 또는 수신자부담 전화로 콜센터에 연락하기만 하면 된다.

국가 재난 아동 위치정보센터(National Emergency Child Locator Center)

21세 이하의 미성년들과 헤어진 사람들을 위해서, 연방재난관리청은 재난으로 인해 부모나 보호자와 헤어진 어린이들의 위치를 찾고 추적하는 지방정부와 부족정부, 법 집행기관들을 돕는 국가 재난 아동 위치정보센터(National Emergency Child Locator Center)를 가동하기 위해 국립 실종아동센터(National Center for Missing and Exploited Children, NCMEC)와 협조한다.

어린이들의 위치를 찾기 위해 국가 재난 가족등록 및 위치정보 시스템(NEFRLS)에 전화하는 사람들은 자동으로 국가 재난 아동 위치정보센터로 안내받게 된다.

국가 재난 아동 위치정보센터의 수신자부담전화는 1-866-908-9572이고 24시간 응답하게 되어 있다. 이 센터는 연방재난관리청의 지원을 받아 국립 실종아동센터(NCMEC)가 관리하고 있다.

출처 Federal Emergency Management agency. National Emergency Family Registry and Locator System Fact Sheet. at http://www.fema.gov/national-emergency-family-registry-and-locator-system-fact-sheet

6) 국가 재난 주거전략(National Disaster Housing Strategy)

포스트카트리나법에 따르면 앞에 기술된 "복구전략(Recovery Strategy)"과 연계한 "주거전략(housing strategy)"을 별도로 수립해야 한다. 이 전략을 개발하는 그룹의 구성원은 복구전략 개발의 구성원과 비슷하지만, 장애인과 그들의 주거 수요에 대한 대변자들까지 포함된다. 이 전략은 기존 주택(existing housing stock)을 가지고 있는 부처와 청의 주거자원을 검토하고 재난 피해자가 이용 가능한 정부와 비정부기관의 주거자원을 포함해야 한다. 이 전략은 또한 피해지역의 주거단지와 임대주택의 보수뿐 아니라 저소득층과 장애인 등 특별한 수요를 가진 주민들의 주거전략을 다루어야 한다.[296)]

7) 정부와 운영의 연속성(Continuity of Government and Operations)

포스트카트리나법은 "2006년 6월 1일 제정된" 운영연속성(Continuity of Operations, COOP)과 정부연속성(Continuity of Government, COG)에 관한 연방재난관리청의 권한을, 새로 재편된 연방재난관리청(New FEMA)으로 이관하도록 하고 있다.[297)] 이 법에 따르면 연방재난관리청 청장은 연방정부의 운영연속성(COOP) 및 정부연속성(COG)과 "연속성계획(continuity plans)"을 준비하고 실행할 책임을 져야 한다.[298)]

또한 이 법은 운영연속성(COOP)과 정부연속성(COG)을 언급하면서 이를 강제하도록 규정하고 있고, 이에 대한 요구사항과 관련이 있거나 시행에 영향을 미칠 수 있는 여러 조항을 포함하고 있다. 예를 들어, 새로운 연방재난관리청에 부여된 4가지 구체적인 임무 중 하나인 "기관의 재난대비의 통합 … 자연재난, 테러 활동, 또는 다른 인적재난의 도전에 효과적으로 대응할 책임"을 포함하고 있다.[299] 또한 연방재난관리청 청장이 지목한 장애조정관(Disability Coordinator)은 "재난대응계획에 대한 요구사항 중 장애를 가진 이들의 요구"에 관해 "연방정부의 다른 특정한 기관들"과 상호작용하게 되어 있다.[300] 반면에 연방의 운영연속성(COOP)과 정부연속성(COG) 활동과 연계하지 않는다. 이 법률에서 다른 조항들은 현행 절차에 대한 평가를 요구할 수 있다.[301]

8) 연방재난관리청 산하 부서의 임무(FEMA Sub-Units and Missions)

연방재난관리청 내에 설치되는 국가통합센터(National Integration Center, NIC)는 재난대비역량과 관련된 다양한 책임을 지게 된다. 국가통합센터(NIC)는 국가사고관리체계(NIMS)와 국가대응계획(NRP)의 관리와 유지의 책임을 진다. 또한 국가통합센터(NIC)는 국가커뮤니티 서비스집단(Corporation for National and Community Service)과 함께 자원봉사 활동을 조율할 책임과 재난 현장에 초기대응자들을 파견하는 문제에 관해 주 · 지방 · 부족정부와 같이 조정할 책임을 진다. 또한 국가통합센터는 국가대응계획의 대재앙적인 사고 부록과 대재앙적인 사고 보충자료(Catastrophic Incident Annex, Catastrophic Incident Supplement)의 개정과 발간을 책임진다.[302]

포스트카트리나법에 의거하여 연방재난관리청은 지역청장이 지휘하는 10개 지역사무소의 역할을 지정하고 있다. 각 지역사무소의 책임자는 다음을 수행해야만 한다.

- 지역에서 5가지의 포괄적 재난관리(CEM) 요소들이 조율되고 통합되

기 위해서 비연방 협력자들과 협업한다.

- "국가 참사대응 시스템(national catastrophic response system)"을 위해 지역의 역량을 개발한다.
- 비상 의사소통역량의 구축을 조율한다.
- 재난에 대한 초기대응 활동을 포함한 명시된 기준과 명시된 임무를 수행해야만 하는 지역기동대(regional strike team)를 구성하고 감독한다.
- 국가대응계획(NRP)을 지원하는 지역계획을 개발하는 책임자를 지정한다.
- 지역에서 상호지원협정(mutual aid agreements) 체결을 발전시킨다.
- 지역에서 특별한 요구를 가진 개인에 대한 현재 대응절차의 격차를 확인한다.
- 지역대응조정센터(Regional Response Coordination Center)를 유지하고 운영한다.

각 지역청장(Regional Administrator)은 재난관리 이슈에 대해 조언하고, 지역에 부족한 포괄적 재난관리(CEM) 구성요소에 대해 현실과의 차이점을 확인하기 위하여 지역자문위원회(Regional Advisory Council)를 구성해야 한다. 또한 연방재난관리청 청장은 지역기동대(regional strike teams)의 역량을 강화하기 위해 필요한 추가적인 법적 권한에 대해 의회에 보고해야 한다. 이 법은 알래스카뿐 아니라 태평양과 캐리비안 관할구역에도 지역사무소 산하의 지소를 설치할 것을 명시하고 있다.[303)]

연방재난관리청 청장은 또한 장애인들을 위한 조정관(Disability Coordinator) 선정의 책임이 있으며, 주 · 지방 · 부족정부뿐 아니라 장애인을 포함한 적절한 집단과의 협의를 통해 진행해야 한다. 이 조정관은 대피계획구역을 포함한 재난관리 정책과 실행(policy and practice)의 조정, 장애인의 입장에서의 접근성(물리적인 접근 및 가상의 접근을 모두 포함), 교통, 미디어 지원, 수범사례 발굴 등 일반적인 조정사항과 함께 관련 자원 지원과 보급을 포함하며, 장애를 가진 사람들에게 필요한 것을 알아내야 할 책임이 있다.[304]

또한 개선조치관리 프로그램(Remedial Action Management Program, RAMP) 수행과 관련하여 청장에게 주어진 책임은 국가장애위원회(National Council on Disability)와 국가자문위원회(National Advisory Council)에 의해서 조율될 것이다. 개선조치관리 프로그램(RAMP)은 기존 프로그램을 분석하고, 훈련참가자들에게 배포되는 사후조치보고서(after-action report)를 작성하는 데 사용될 것이다. 또한 장기적인 동향 분석뿐만 아니라 개선조치가 이행되었는지 추적하는 책임을 지고 있다.[305] 게다가 조정관은 장애인들을 위한 비상대응시실과 통신설비에 대한 가이드라인을 개발하기 위해 연방재난관리청 청장과 협업하여야 한다.[306]

참고 30 교육과 훈련(Education and Training)

배경(Background)[307]

국가대비(National Preparedness)는 국토안보 교육 및 훈련과 관련 기준을 포함하고 있다. 연방 국토안보 교육과 훈련 프로그램은 매우 다양하며, 여러 연방정부부처와 청에서 관련 프로그램을 제공하고 있다. 이들 부처와 청 가운데는 국방부(DOD), 에너지부(DOE), 국토안보부(DHS), 보건후생부(HHS), 법무부(DOJ), 교통부(DOT), 그리고 독립청인 환경보호청(EPA)이 있다. 각 부처와 청은 교육대상에 따라 특정한 국토안보 교육과 훈련을 제공한다. 교육받는 이들은 연방 · 주 · 지방정부 인력, 초기대응자, 민간과 공공의 주요 기반시설 종사자를 포함한다. 이 프로그램들은 개인들에게 테러리스트 공격에 대한 대비 · 대응 · 복구를 훈련시킨다. 일부 훈련 프로그램은 주요 기반시설 부문에서 일하는 이들을 위해 설계되었으며, 다른 프로그램들은 특정 위치나 목표에 관계없이 테러리스트 공격에 일반적으로 대응하는 이들을 위해 설계되었다. 테러리스트 공격으로부터 국가를 안전하게 보호할 임무를 지닌 국토안보부는 연방 · 주 · 지방의 비상대응자들에게 국토안보에 관한 교육과 훈련을 제공해야 할 책임이 있다. 따라서 국토안보부는 광범위한 주요 기반시설 종사자, 법 집행 그리고 초기대응자, 재난관리자, 정부(연방 · 주 · 지방)인력, 의료인력에 교육과 훈련을 제공하고 있다.

국토안보부는 연방 · 주 · 지방정부 종사자들에게 국토안보와 관련된 교육을 제공하기 위해서 수많은 기관과 조직 및 협력자를 활용한다. 국토안보부의 훈련은 연방사법연수원(Federal Law Enforcement Training Center, FLETC), 국가소방아카데미(National Fire Academy, NFA), 재난관리교육원(Emergency Management Institute, EMI) 등의 기관을 통해 제공된다. 연방사법연수원(FLETC)은 연방 법 집행기관에 훈련을 제공하는 기관이며, 연방재난관리청은 재난관리교육원(EMI)과 국가소방아카데미(NFA)의 훈련을 관리한다. 국가소방아카데미는 화재와 관련된 재난에 대응하는 방법과 초기대응자의 능력을 강화하기 위한 훈련을 제공하고 있다. 재난관리교육원의 훈련 과정은 재난관리자들의 능력을 강화하기 위한 합숙 과정과 비합숙 과정으로 구성되어 있다.[308]

보조금과 훈련실(Office of Grants and Training, G&T)은 국토안보부 내에서 미국에 대한 잠재적인 테러리스트 공격에 대비하는 주된 책임을 지고 있다.[309] 보조금과 훈련실은 훈련과 데이터 교환그룹(Training and Data Exchange Group, TRADE), 미국 내 대비 컨소시엄(National Domestic Preparedness Consortium, NDPC), 연방부처, 그리고 민간과 전문조직을 포함한 국토안보부의 훈련기관과 협력자를 통해서 테러와 대량살상무기(WMD)에 대한 교육을 제공한다.[310]

교육훈련기관(Education and Training Institute)

포스트카트리나법은 미국 내 대비 컨소시엄(NDPC)의 일부인 노블 훈련센터(Noble Training Center)를 국내대비센터(Center for Domestic Preparedness)로 이관했다.[311] 이 법은 또한 대통령에게 대재앙 모델링 그리고 연방 · 주 · 지방정부를 포함하는 모든 정부 수준의 선출직 공직자, 재난관리자, 초기대응자에게 시뮬레이션 훈련을 제공하는 국가시뮬레이션훈련센터(National Exercise Simulation Center)의

설치 의무를 부여하였다.[312)]

국토안보 훈련과 연습 프로그램(Homeland Security Training and Exercise Programs)

포스트카트리나법은 연방재난관리청 청장에게 국가대비목표(NPG), 국가사고관리체계(NIMS), 국가대응계획(NRP), 그리고 다른 관련된 계획과 전략을 실행하기 위한 훈련을 실시하도록 한다. 이러한 조항은 관련 연방기관의 수장, 국가장애위원회(National Council on Disability), 국가자문위원회(NAC)와의 협조를 통해 시행되어야 한다.[313)] 무엇보다도 국가대비 프로그램을 개발할 때 연방재난관리청 청장은 "정부 훈련시설, 학술기관, 민간조직, 비상관리자와 비상대응자들에게 전문화된 최첨단 훈련을 제공하는 다른 기관들과 함께 업무를 해야 하고, 전문대학, 주와 지방의 공공안전교육원, 주립 및 사립대학, 그리고 다른 기관들이 제공하는 훈련 과정을 적절하게 활용해야 한다"고 규정하고 있다.[314)]

이 법은 또한 연방재난관리청 청장에게 "국가대비목표(NPG), 국가사고관리체계(NIMS), 국가대응계획(NRP), 그리고 다른 관련된 계획과 전략을 확인하고 평가하기 위하여" 국가연습 프로그램(National Exercise Program)을 실행하도록 하며,[315)] 국가연습 프로그램에 대한 다양한 요구사항을 포함하고 있다. 이 프로그램은 "위협, 취약성, 그리고 그 결과를 포함한 현재의 위험 평가를 토대로 최대한 실질적 · 실제적이어야 하고, 국가대비체계(NPS)에 긴장감을 주도록 설계되어야 함을 명시하고 있다. 이 프로그램은 또한 실천 가능해야 하고, 주 · 지방 · 부족정부의 일부 또는 전체의 무력상황을 모의 실험할 수 있도록 설계되어야 하며, "관련자들에게는 연습의 시기와 세부사항에 대해 필요한 만큼만 알려주고, 안전과 관련된 고려사항에 부합하도록" 적절하게 시행되어야 함을 명시하고 있다.

또한 이 프로그램은 "준비에 대한 체계적인 평가를 제공하고 장애인과 같이 특별한 요구를 필요로 하는 사람들의 독특한 요구사항을 다룰 수 있도록" 설계되어야 함을 강조하고 있다.[316)]

이 국가연습 프로그램은 위에 언급된 요구사항을 충족하기 위하여 "주 · 지방 · 부족정부의 적용 가능한 계획 및 전략과 일관되게", "준비에 대한 체계적인 평가를 제공하기 위하여", "주 · 지방 · 부족정부에 연습의 계획 · 시행 · 평가에 대한 지원을 제공해야만 한다"고 명시하고 있다.[317)]

마지막으로, 이 법에는 "특히 대량살상무기(WMD)가 포함된 대규모 테러행위를 감지 · 분쇄 · 예방하는 연방 · 주 · 지방 · 부족정부의 역량을 측정하기 위해" 그리고 "대규모 재난에 대한 연방 · 주 · 지방 · 부족정부의 조정되고 일관된 방식의 대응과 복구 준비를 측정하고 평가하기 위해" 청장은 정기적으로 국가적 수준의 연습을 시행하도록 하고 있다. 특히 이러한 국가적 수준의 연습은 최소한 격년제로 시행되어야 함을 명시하고 있다.[318)]

포스트카트리나법은 또한 연방재난관리청 청장으로 하여금 재난관리자들에게 재정지원을 제공하는 기관, 생명유지를 위한 응급조치 교육과 훈련을 제공하는 기관과 협약을 체결하도록 하고 있다.[319)]

아울러 연방재난관리청에 의해 시행되는 이러한 연습과 훈련 활동에 해안경비대(Coast Guard) 훈련과 연습 프로그램을 포함하도록 요구하고 있다. 항만보안법(SAFE Port Act)은 국토안보부장관이 해안경비대장과 조율해서 항만보안훈련 프로그램(Port Security Training Program)을 설치할 것을 명시하고 있다. 이 훈련 프로그램을 통해 지역별 해상교통보안계획(Area Maritime Transportation Security Plan)을 제출해야 하는 항만시설 소유자들의 비상대비와 재난관리역량이 강화될 것이다. 항만보안법은 관련 훈련기준을 설정하고 이 프로그램이 국가사고관리체계(NIMS), 국가대응계획(NRP), 국가기반시설보호계획(National Infrastructure Protection Plan), 국가대비목표(NPG), 국가해상교통보안계획(National Maritime Transportation Security Plan), 그리고 다른 국가대비계획과 일관성 있게 시행되어야 함과 동시에 국가대비계획을 지원하도록 한다. 마지막으로, 항만보안법은 선박과 시설 보안계획에 관련 훈련 실시전략과 시기를 포함하고, 해안경비대가 다른 국토안보부기관과 연방부처들과 협의할 것을 요구한다.[320)]

국토안보부장관은 항만보안훈련 프로그램과 함께 해안경비대장과 상의해서 항만보안연습 프로그램(Port Security Excercise Program)을 신설해야 한다. 이 연습 프로그램의 목적은 모든 위험에 대한 연방 · 주 · 지방정부, 상업항만인력, 재난대응인력, 민간부문의 역량을 측정하고 평가하는 것이다. 국토안보부장관은 항만보안연습이 지역별 해상교통보안계획(Area Maritime Transportation Security Plan)을 제출해야 하는 시설에서 주기적으로 시행되도록 해야 하며, 대상시설 훈련 실시 이후에 개선계획을 마련해야 한다.[321)] 이 법은 고위험시설에서 연습과 훈련 일정이 계획되고 시행되도록 하고 있다.[322)]

국토안보교육 프로그램(Homeland Security Education Program)

국토안보부에 의해서 집행되는 프로그램뿐 아니라, 앞에서 언급된 프로그램과 함께 포스트카트리나법은 국토안보부장관이 워싱턴 지역에 대학원 수준의 국토안보교육 프로그램을 설치하도록 하고 있다. 이 프로그램은 국토안보와 재난관리에 대한 책임을 갖고 있는 고위 연방공무원, 주정부와 지방 공무원들에게 국토안보 교육과 훈련을 제공할 것이다. 이 프로그램의 관리자는 국토안보부의 기존 국토안보 자료를 활용해야 하고, 참가자들은 이 법에서 요구하고 있는 요구사항을 충족해야 한다.

장비와 훈련기준(Equipment and Training Standards)

포스트카트리나법은 국토안보부가 다른 연방부처와 국가자문위원회(NAC)의 협조하에 국토안보 장비와 훈련에 관한 표준에 대한 국가적인 공감대의 개발과 공표 및 갱신을 요구하고 있다.[323] 장비에 대한 국가적 기준은 일정한 사양(국가대비목표), 기존 기준과의 일관성, 이전에는 생각하지 못했던 위협에 대한 고려, 운영성, 효율성, 안전의 극대화와 같은 여러 요구조건을 충족해야 한다. 훈련을 위한 장비와 훈련기준은 연방재난관리청 청장에 의해 개발되어야 하고, 실제로 실시되는 훈련과 일관성이 있어야 한다.

출처 Bea, K. et al.(2006). *Federal emergency management policy changes after Hurricane Katrina: a summary of statutory provisions.* Congressional Research Service, Library of Congress.

참고 31 부처순환 프로그램(Department Rotation Program)

국토안보부장관은 직원들이 다양한 국토안보부 직위에 따른 업무를 소화할 수 있는 프로그램을 신설할 권한을 부여받았다. 이 프로그램은 부처의 인적자원전략계획(Human Capital Strategic Plan)과 조화를 이루어야 하며 입법 후 180일 이내에 신설되어야 한다. 프로그램에 따라서 중간계층(mid-level)과 상위계층(senior-level)의 국토안보부 직원들은 부처의 다양한 구성요소를 사용하여 지식을 확대할 수 있는 기회를 가질 수 있다. 이 프로그램을 통해 국토안보부는 부처 전체에 걸친 전문적인 관계와 대면접촉의 기회 개발, 직원들에게 전문적인 기회 제공, 부처의 인적자원전략계획과 활동을 포함한 주요한 결점 해결, 직원 채용 및 활동을 설명하고 직원 간

승계계획(succession plan)을 수립하게 될 것이다. 기존에 시행되고 있는 순환 프로그램은 이 새로운 계획으로 대체되지 않고 이 프로그램에 통합될 것이다.

출처 Bea, K. et al.(2006). *Federal emergency management policy changes after Hurricane Katrina: a summary of statutory provisions.* Congressional Research Service, Library of Congress.

제5장 기타 국토안보부 조직

포스트카트리나법은 기존 조직을 재배치하고, 다른 조직을 신설하고 책임을 조정함으로써 국토안보부 조직에 변화를 주었다.

일부 조직을 제외하고 대비실(Preparedness Directorate)은 재구성된 연방재난관리청으로 이관된다.[324] 대비부에 있는 조직 중 연방재난관리청으로 이관되지 않는 조직은 기반시설보호실(Office of Infrastructure Protection), 국가통신 시스템(National Communication System), 국가사이버보안국(National Cybersecurity Division), 최고의료책임자실(Office of Chief Medical Officer, CMO)이다.[325] 포스트카트리나법은 이 4개 단위조직(unit)이 새로운 단위조직을 구성하는지, 장관에게 보고하는 독립적인 조직(stand-alone office)이 되는지 또는 다른 조직체에 포함되는지는 규정하지 않고 있다.[326]

사이버보안과 통신(Cyber Security and Telecommunications) 차관보(Assistant Secretary)가 지휘하는 실(office)은 처토프(Chertoff) 장관에 의해 2005년 국토안보부 조직개편의 결과로 신설되었다.[327] 이 실(office) 내 기구는 국가통신 시스템과 국가사이버보안국을 포함한다. 포스트카트리나법에는 또한 사이버보안과 통신 차관보(Assistant Secretary for Cybersecurity and Communications)를 설치할 것을 명시하고 있다. 하지만 이 법은 국가통신 시스템[328]과 국가사이버보안부서가 이 조직의 일부가 되는지는 명시하지 않았다. 이 법은 또한 재난통신실(Office of Emergency Communications)을 신설하고, 관련 국장이 사이버보안과 통신 차관보에게 보고하도록 했다.[329] 최고의료책임자실 또한 처토프 장관에 의해 2005년 국토안보부 조직개편의 일부로 신설되었다.[330] 포스트카트리나법은 최고의료책임자(CMO)의 신설을 명시하였으나, 국토안보부 내에서 이 조직이 가지는 위치는 명시하지 않았다.[331] 최고의료책임자는 부처 내에서 자연재난, 테러 활동, 그리고 다른 인적재난과 관련된 의료이슈에 관한 주요 책임을 맡게 되었다.[332]

미국 애국법(USA PATRIOT)[333]에 따라 설치된 국가기반체계 시뮬레이션분석센터(National Infrastructure Simulation and Analysis Center, NISAC)[334]는 대비실(Directorate of Preparedness)의 전신인 국토안보부가 설립될 때 정부 분석과 기반체계보호실(Directorate for Information Analysis and Infrastructure Protection)로 이관되었다.[335] 대비실(Directorate of Preparedness)이 연방재난관리청으로 재배치되면서 포스트카트리나법은 조직 내의 위치에 관한 추가적인 명시 없이 국토안보부 내에 국가기반시설 시뮬레이션 분석센터(NISAC)의 설치를 의무화하였다. 이 법은 또한 "자연재난, 테러 활동, 또는 다른 인적재난과 관련된 활동의 지원"을 포함하는 것으로 국가기반시설 시뮬레이션 분석센터의 권한을 확대하였고, 이 법은 국토안보 대통령령 7(HSPD-7)에 따라서 주요 기반시설에 대한 책임을 갖고 있는 연방기관들은 국가기반시설 시뮬레이션 분석센터와 공식적인 관계를 설정하도록 강제하였다.[336]

국가재난대응센터(National Operations Center, NOC)는 연방재난관리청과는 분리된 국토안보부 내의 작전조정실(Office of Operations Coordination)

의 일부가 되었다.[337] 포스트카트리나법에는 "부처의 주요한 재난대응센터"[338]로서 국가재난대응센터(NOC)를 설치하게 되어 있으나 부처 내에서의 위치는 명시하지 않고 있다.

포스트카트리나법은 명시적으로 국토안보부에 위치하지 않는 두 조직을 규정한다. 대통령은 국가훈련시뮬레이션센터(National Exercise Simulation Center)의 설치 책임을 부여받았다.[339] 추가로 이 법은 재난통신대비센터(Emergency Communications Preparedness Center)의 설치를 의무화하고 있다. 이 센터는 국토안보부(DHS), 연방통신위원회(Federal Communications Commission), 국방부(DOD), 상무부(DOC), 법무부(DOJ), 그리고 다른 연방부처와 청의 수장 또는 지명받은 자가 공동으로 운영할 것이다.[340] 이 새로운 법률은 청장에게 두 가지 비상위치추적장치와 재결합 서비스, 국립 실종아동센터(National Center for Missing and Exploited Children) 내에 위치하게 되는 국가 재난 아동 위치정보센터(National Emergency Child Locator Center), 그리고 조직 내의 위치가 확정되지 않은 국가 재난 가족등록 및 위치정보 시스템(National Emergency Family Registry and Locator System)을 설치하도록 하고 있다.[341]

참고 32 **국토안보부 조직도(2013년 4월 기준)**

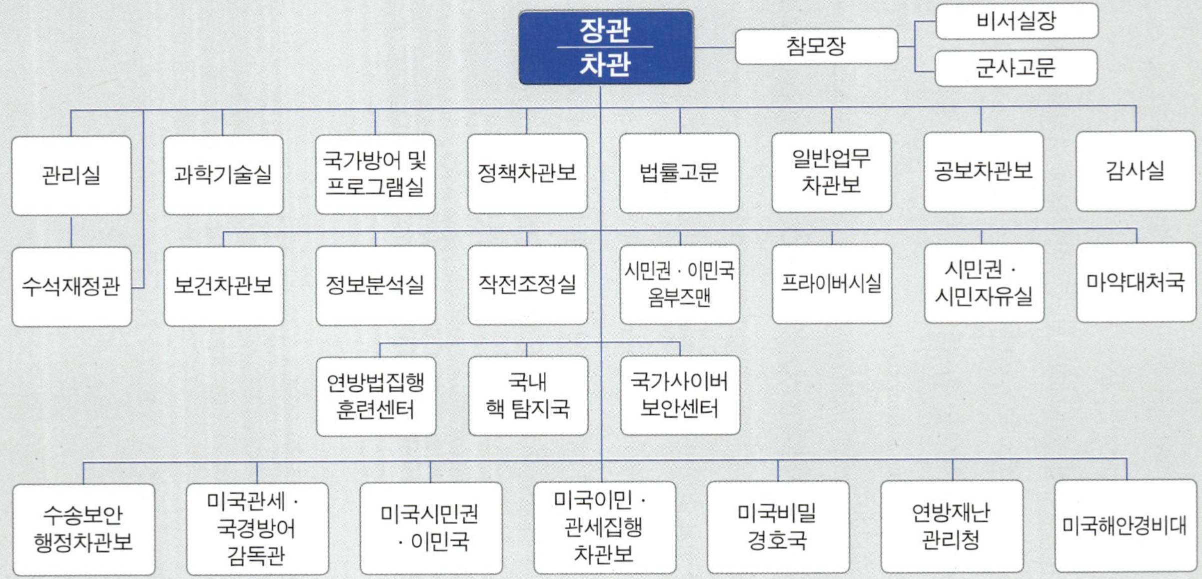

출처: DHS Website, at http://www.dhs.gov/sites/default/files/publications/dhs-orgchart.pdf

참고 33 연방재난관리청 조직도(2015년 7월 기준)

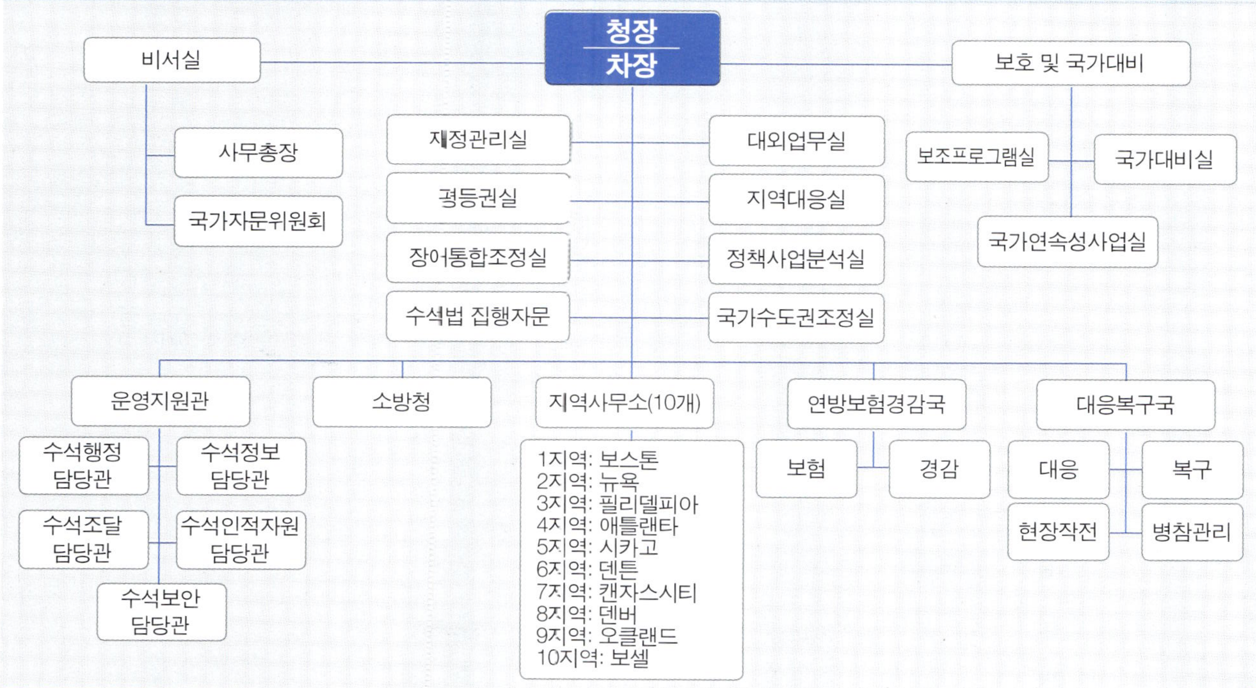

【첨부 1】 연방 비상관리 및 국토안보 조직: 1947~2005년 주요 발전

연도	권한	조직 발전
1947	국가보안법(National Security Act of 1947, 61 Stat. 499)	국가안보자원위원회(National Security Resources Board, NSRB)가 신설된다.
1949	1949년 조직개편계획 4호 (Reorganization Plan No. 4 of 1949)	국가안보자원위원회(NSRB)가 대통령비서실(Executive Office of the President, EOP)로 이관된다.
1950	1950년의 방위생산법(Defense Production Act of 1950, 64 Stat. 798), 후속 행정명령(E.O.) 10193	대통령비서실(EOP)에 국방동원실(Office of Defense Mobilization, ODM)이 신설된다.
1950 ~ 1951	1950년의 재난구호법(Disaster Relief Act of 1950, 64 Stat. 1109), 후속 행정명령(E.O.) 10221	이 법은 최초의 종합적인 연방 재난구호 법률이고, 이 법은 대통령에게 일부 비상관리권한을 부여한다. 이러한 권한들은 주택금융청장(Housing and Home Finance Administrator)에게 부여된다.
1950	행정명령(E.O.) 10186	대통령비서실(EOP)의 10년 된 비상관리실(Office of Emergency Management, OEM)에 연방민방위청(Federal Civil Defense Administration, FCDA)이 신설되고, 연방민방위청(FCDA)은 이전에 국가안보자원위원회(NSRB)가 수행하던 일부 민방위 업무를 맡는다.
1951	1950년의 민방위법 (Civil Defense Act of 1950, 64 Stat. 1245)	연방민방위청(FCDA)이 대통령비서실(EOP) 외부로 이동되어 독립기관으로 설립된다. 민방위자문위원회(Civil Defense Advisory Council, CDAC)가 설치된다.
1952	행정명령(E.O.) 10346	연방민방위청(FCDA)에 비상시 서비스 제공계획과 기능의 연속성에 관해 연방기관을 지원하는 주요한 역할이 주어진다.
1953	행정명령(E.O.) 10427	이전에 주택금융청장(Housing and Home Finance Administrator)에게 부여되었던 비상관리권한이 연방민방위청(FCDA)에 다시 부여된다. 연방민방위청(FCDA)에는 연방·주·지방기관이 재난에 대한 계획을 수립하는 것을 지원하는 기능이 추가로 부여된다.
	1953년의 조직개편계획 3호 (Reorganization Plan No. 3 of 1953)	구(舊) 국방동원실(ODM)의 기능과 폐지된 국가안보자원위원회(NSRB)의 기능을 가진 신(新) 국방동원실(ODM)이 설립된다.

연도	권한	조직 발전
1955	행정명령(E.O.) 10638	국방동원실(ODM)에는 적의 공격 시에 비축물자 방출과 관련된 추가적인 책임이 부여된다.
1956	행정명령(E.O.) 10660	국방동원실(ODM)에는 새롭게 설립된 국방행정준비단(National Defense Executive Reserve)에 대한 책임이 부여된다.
1958	1958년의 조직개편계획 1호(Reorganization Plan No. 1 of 1958)	국방동원실(ODM)과 연방민방위청(FCDA)의 모든 비상관리권한은 대통령에게 이관되고, 두 기관과 민방위자문위원회(CDAC)가 대통령비서실(EOP)의 국방민간동원실(Office of Defense and Civilian Mobilization, ODCM)로 통합된다.
	행정명령(E.O.) 10773	1958년의 조직개편계획 1호에 따라 대통령에게 이관되었던 권한은 국방민간동원실(ODCM)에 다시 위임된다. 국방민간동원실장과 연방부처 · 청의 수장들을 포함하는 국방민간동원위원회(Defense and Civilian Mobilization Board)가 구성된다.
	72 Stat. 861; 행정명령(E.O.) 10782	의회는 국방민간동원실(ODCM)을 민간국방동원실(Office of Civil and Defense Mobilization, OCDM)로 개명했다. 그리고 대통령은 이 변화를 반영하여 전에 발령한 행정명령을 수정하는 행성녕령을 발령한다.
1961	행정명령(E.O.) 10952	일부 민방위 기능이 국방부장관에게 다시 위임된다. 국방부장관은 이들 기능을 집행하기 위해 민방위실(Office of Civil Defense, OCD)늘 설치한나.
	행정명령(E.O.) 10958	일부 의약품 및 식품 비축 기능이 민간국방동원실(OCDM)에서 보건교육복지장관(Secretary of Health, Education, and Welfare)과 농무부장관(Secretary of Agriculture)에게 각각 재위임된다.
	75 Stat. 630	의회는 민간국방동원실 명칭을 비상기획실(Office of Emergency Planning, OEP)로 변경한다.
1962	행정명령(E.O.) 11051	비상기획실(OEP)의 자문과 관리 기능이 재확인되고 확대된다.

연도	권한	조직 발전
1964	행정권한(Administrative authority)	민방위실(OCD)이 국방장관실(Office of the Secretary of Defense)에서 육군부(Department of the Army)로 이관된다.
1968	82 Stat. 1194	의회가 비상기획실의 명칭을 비상대비실(Office of Emergency Preparedness)로 변경한다.
1969	1969년의 재난경감법(Disaster Relief Act of 1969, 83 Stat. 125)	연방정부의 재난경감 책임이 확대된다.
	행정명령(E.O.) 11495	1969년의 재난경감법(Disaster Relief Act of 1969)의 많은 조항의 집행이 비상대비실에 위임된다.
1972	행정권한(Administrative authority)	육군부(Department of the Army)에 있는 민방위실(OCD)이 폐지되고 그 대신 국방장관실에 방위민간대비청(Defense Civil Preparedness Agency, DCPA)이 설치된다.
1973	1973년의 조직개편계획 1호(Reorganization Plan No. 1 of 1973)	다른 조항들 가운데 비상대비실을 폐지하는 계획과 이전에 비상대비실과 비상대비실장에게 부여되었던 권한이 대통령에게 이관된다. 또한 이 계획으로 1950년에 설립된 민방위자문위원회(Civil Defense Advisory Council)를 폐지한다.
	행정명령(E.O.) 11725	1973년 조직개편계획 1호(Reorganization Plan No. 1 of 1973)에 따라 대통령에게 이관된 기능들이 주택도시개발부(HUD), 조달청(GSA), 재무부(Department of the Treasury)에 위임된다.
1978	1978년 조직개편계획 3호(Reorganization Plan No. 3 of 1978)	대통령이 국방부, 상무부, 주택도시개발부, 조달청(Departments of Defense, Commerce, Housing and Urban Development, GSA)의 5개 기관들을 하나의 새로운 독립기관, 연방재난관리청(FEMA)으로 통합하는 것을 제안하고 의회가 동의한다.
1979	행정명령(E.O.) 12127	1978년의 조직개편계획 3호를 실행하기 위해 상무부(화재 예방과 통제, 일부 비상방송체계), 주택도시개발부(홍수보험), 대통령(다른 비상방송체계 기능)으로부터 일부 기능들이 연방재난관리청(FEMA)으로 이관된다.

연도	권한	조직 발전
1979	행정명령(E.O.) 12148	1978년의 조직개편계획 3호를 실행하기 위해, 국방부(민방위), 주택도시개발부(연방 재난 지원), 조달청(연방 대비), 과학기술정책실(지진위험감축)로부터 추가적인 기능들이 연방재난관리청(FEMA)으로 이관된다. 연방재난관리청에는 또한 댐 안전, "자연 및 핵 재난경고체계" 그리고 "주요 테러 사고의 영향을 줄이기 위한 대비와 계획의 조율"에 추가하여 "모든 민방위 그리고 민간 비상대비계획, 관리, 경감 그리고 지원 기능을 조율"하는 권한이 주어진다. 연방재난관리청(FEMA)과 예산관리처(OMB)의 국장들과 대통령이 지명하는 다른 위원들로 구성되는 연방비상관리위원회(Federal Emergency Management Council)가 설치된다.
1993	연방재난관리청 청장(FEMA Dire-ctor)의 권한	국가 안보 비상과 관련된 조직인 국가대비실(National Preparedness Directorate)이 폐지된다.
1996	내각 구성원 자격을 결정할 대통령의 권한	대통령은 내각 구성원 자격을 연방재난관리청 청장으로 확대한다.
2001	내각 구성원 자격을 결정할 대통령의 권한	후임 대통령은 행정부를 구성하면서 내각 구성원 자격을 연방재난관리청 청장으로 확대하지 않는다.
	연방재난관리청 청장(FEMA Director)의 권한	대통령은 연방재난관리청 청장(FEMA Director)에게 "대량살상무기 관리와 관련된 모든 연방 프로그램을 조율"하는 국가대비실(National Preparedness Directorate)의 구성을 요청한다.
2002	2002년의 국토안보법(The Homeland Security Act of 2002, P.L. 107-296, 116 Stat. 2135)	2002년 국토안보법(Homeland Security Act of 2002)이 시행되고, 연방재난관리청(FEMA)의 기능이 2003년 3월 1일자로 국토안보부(DHS)로 이관된다.
2004	국토안보부 재조직화계획(Department of Homeland Security Reorganization Plan)	국토안보부(DHS) 내에서 조직 단위가 통합되고, 기능이 재배치된다. 다른 변화들 가운데 "국토안보법 502항과 503항에 따라서 비상대비대응차관(Under Secretary for Emergency Preparedness and Response)이 행사하던 지원금 지급 선정 기능이 장관에게 직접 보고하는 주·지방정부 조정 및 대비실(Office of State and Local Government Coordination and Preparedness) 내로 통합된다.

연도	권한	조직 발전
2005	2002년의 국토안보법 872조 (Section 872 of the Homeland Security Act of 2002)에 따른 국토안보부장관의 권한	재난대비대응국(Emergency Preparedness and Response Directorate)에 소속된 대부분의 대비 기능들이 신설된 대비실(Preparedness Directorate)로 이관되다. 연방재난관리청(FEMA)은 국토안보부(DHS) 내에서 독립된 조직이 된다. 연방재난관리청 청장은 국토안보부장관에게 직접 보고하고 3개 부분(대응, 경감, 복구)과 수많은 조직을 직접 감독한다.
2006	2002년의 국토안보법 872조 (Section 872 of the Homeland Security Act of 2002)에 따른 국토안보부장관의 권한	비상대비대응차관(Under Secretary for Emergency Preparedness and Response) 직위의 명칭이 연방재난관리차관(Under Secretary for Federal Emergency Management)으로 변경된다. 연방재난관리청 청장이 이 직위에 보임된다.

【첨부 2】 32가지 핵심역량 해설(Core capabilities)[342)]

- 기획(planning): 공통

정의된 목표를 충족하기 위하여 전략과 작전, 전술적 수준의 접근을 개발하는 데 적절한 전체 사회가 참여할 수 있는 체계적 절차를 시행한다.

- 공보와 경보(public information and warning): 공통

취해진 조치 그리고 이용 가능한 지원뿐만 아니라 모든 위협과 위험요인에 관한 정보를 효과적으로 전달하기 위해 모든 지역사회에 신속하고 믿을 수 있으며 실행 가능하게 정리된 정보를 알아듣기 쉽고, 접근 가능하며, 문화적 · 언어적으로 적절한 일관된 수단을 통해 전달한다.

- 작전의 조율(operational coordination): 공통

핵심역량 시행의 모든 주요한 이해관계자와 지원을 적절히 통합하는 통합되고 조율된 작전구조와 절차를 구축하고 유지한다.

- 법의학과 원인규명(forensics and attribution): 예방/보호

법의학의 분석과 테러공격의 원인을 포함한 초기 및 후속 공격에 대비하고 예방하며 대응방법을 발전시키기 위해 법의학과 테러리즘의 수단과 방법을 포함한 테러의 원인과 결과의 근원에 대한 분석을 실시한다.

- 첩보와 정보공유(intelligence and information sharing): 예방/보호

미국, 미국 국민들, 재산 또는 이해 또는 국민들에 대한 위협, 대량살상무기의 개발 · 확산 · 사용 또는 연방 · 주 · 지방 · 다른 이해관계자들에 의해서 국가 또는 국토안보와 관련된 다른 문제들과 관련된 이

용 가능한 정보의 계획, 지시, 수집, 이용, 처리, 분석, 생산, 보급, 평가, 환류를 통해 시의적절하고 정확하며 행동 가능한 정보를 제공한다. 정보 공유는 정보, 정보 데이터 또는 지식을 연방 · 주 · 지방 또는 민간 분야 기관들과 적절하게 교환하는 능력이다.

• 차단과 중단(interdiction and disruption): 예방/보호

위협 및 위험을 지연 · 전환 · 차단 · 정지 · 이해하고 이러한 위험으로부터의 보호를 보장한다.

• 검사, 수색, 탐지(screening, search, and detection): 예방/보호

능동적 및 수동적 감시와 수색절차를 통해 위협/위험요인을 확인하고 발견하거나 위치를 찾아낸다. 이것은 체계적인 실험과 평가, 감응기술 또는 물리적 조사와 정보 활용을 포함할 수 있다.

• 접근 통제와 신분 확인(access control and identity verification): 보호

주요한 장소나 시스템에 대한 접근을 통제하기 위해 물리적 · 기술적 · 사이버 조치를 취하거나 지원한다.

• 사이버보안(cybersecurity): 보호

전자의사소통 시스템, 정보, 서비스를 피해상황 또는 인가받지 않거나 부당하게 이용되는 상황으로부터 보호(필요시 복구)한다.

• 물리적 보호 조치(physical protective measures): 보호

주요 재난대응 활동 그리고 주요 기반시설 분야와 연계된 국민 · 국경 · 구조물 · 물자 · 제품 · 시스템을 보호하기 위하여 알려진 위험에 상응하는 조치나 정책을 시행하고 유지한다.

• 보호 프로그램과 활동에 대한 위험관리(risk management for protection program and activities): 보호

보호 활동, 대응조치 그리고 투자에 정보를 제공하기 위하여 위험을

확인하고, 평가하고 우선순위를 부여한다.

• 공급망 통합과 안전(Supply Chain Integrity and Security): 보호
공급망의 안전과 복원력을 강화한다.

• 지역사회복원력(community resilience): 경감
위험에 대한 인식, 이해, 의사소통, 계획을 가능하게 하고, 개인과 지역사회가 미래의 사고에 적응하고 견뎌내어 빠르게 복구하는 데 필요한 정보에 기초하여 위험관리에 관한 의사결정을 할 수 있게 한다.

• 장기 취약성 저감(long-term vulnerability reduction): 경감
자연적 · 기술적 · 인적 위협과 위험에 따른 부정적 결과의 가능성과 강도, 기간을 줄임으로써 취약성을 줄이기 위하여 복원력이 있는 시스템, 지역사회와 주요 기반시설 그리고 주요 자원 공급선을 구축하고 유지한다.

• 위험과 재난복원력 측정(risk and disaster resilience assessment): 경감
의사결정자, 대응자, 지역사회 구성원들이 그들 조직의 위험을 줄이고 복원력을 강화하는 데 필요한 정보에 기초한 행동을 취할 수 있도록 위험과 재난복원력을 측정한다.

• 위협과 위험의 확인(threats and hazard identification): 경감
지역사회 또는 조직의 필요를 명확하게 인식하기 위하여 지역에서 발생하는 위협과 위험, 빈도와 정도를 확인하고 이것을 분석과 계획 과정에 조합한다.

• 주요 교통수단(critical transportation): 대응
사람과 동물의 대피, 피해지역에 필수적인 대응인력 · 장비 · 서비스의 전달을 포함한 대응 우선순위 목적을 위해서 교통수단(기반시설 접근과 접근 가능한 교통 서비스 포함)을 제공한다.

• 환경 대응/보건과 안전(environmental response/health and safety): 대응
대응자 운영 및 피해 지역사회 지원을 통해 모든 위험으로부터 대중과 업무자들뿐만 아니라 환경의 건전성과 안전을 확실하게 보호하기 위하여 적절한 조치를 취한다.

• 사상자관리 서비스(fatality management service): 대응
장례절차, 임시 안치나 영구 안치 방안을 제공하기 위해 지방 · 주 · 부족 · 자치령 · 섬 지역 · 연방기관들 간에 협업하고, 가족구성원과 실종자/유가족과 함께하는 보호자들의 재결합을 목적으로 집단구호 서비스를 제공하고 정보를 교환하며, 유가족들에게 상담을 제공함으로써 유가족의 회복을 돕고 희생자 확인을 포함한 사상자관리 서비스를 제공한다.

• 화재관리와 진압(fire management and suppression): 대응
피해를 입은 지역에서 생명과 재산, 환경을 보호함으로써 모든 종류와 형태 및 복잡한 화재를 관리하고 진압하기 위한 구조물, 산불 및 특수 소방역량을 제공한다.

• 기반시설체계(infrastructure systems): 대응/복구
생존 가능하고 복원력 있는 지역사회를 지원하기 위해 주요 기반시설의 기능을 안정화하고, 건강과 안전에 대한 위협을 최소화하며, 시스템과 서비스를 효과적으로 복구한다.

• 물류와 공급망 관리(logistics and supply chain management): 대응
피해를 입은 지역사회와 생존자들을 지원하기 위하여 긴급 전력과 연료 지원뿐만 아니라 지역사회 상업중심지에 대한 접근의 조율을 포함한 필수적인 물품과 장비, 서비스를 전달한다. 물류역량을 동기화하고 영향을 받은 공급망을 기능하게 한다.

- 집단구호 서비스(mass care service): 대응

피해를 입은 사람들에게 물, 식료품, 대피소, 임시주거, 대피자 지원, 재결합, 비상물자의 분배를 포함한 생명 유지와 복지 서비스를 제공한다.

- 대형 수색구조작전(mass search and rescue operations): 대응

최대한 짧은 시간 내에 위험에 처한 사람을 구조하는 것을 목적으로 어려움에 처한 생존자들에게 인력, 서비스, 동물과 자산을 포함한 전통적이고 이례적인 수색과 구조역량을 전달한다.

- 현장안전, 보호, 법 집행(on-scene security, protection and law enforcement): 대응

법 집행과 그와 관련된 안전과 보호 조치를 통해 영향을 받는 지역 내에 위치한 사람들과 지역사회 그리고 인명구조와 생명유지 활동에 참여하고 있는 대응인력들에게 안전하고 안심할 수 있는 환경을 보장한다.

- 작전통신(operational communications): 대응

이용 가능한 모든 수단을 통해 안전과 상황인식, 작전을 지원해서 피해 지역에 있는 영향을 받은 지역사회와 모든 대응전력 간의 시의적절한 의사소통역량을 보장한다.

- 공중보건, 건강관리, 의료 서비스(public health, healthcare, and medical service): 대응

응급의료 서비스와 관련된 조치를 통해 인명구조, 의학적 치료를 제공하고, 피해를 입은 사람들을 대상으로 공중보건, 의료, 행동건강 지원과 제품을 제공함으로써 추가적인 질병과 상해를 방지한다.

- 상황 평가(situational assessment): 대응

위험의 성질과 정도, 폭포 효과(cascading effects), 대응상황에 관한 의사결정과 관련된 정보를 모든 의사결정자들에게 제공한다.

- 경제회복(economic recovery): 복구

경제적으로 활력 있는 지역사회를 만들기 위해 경제와 사업 활동(식품과 농업 포함)을 원래 상태로 되돌리고, 새로운 사업과 취업의 기회를 개발한다.

- 보건 및 사회복지 서비스(Health and Social Service): 복구

복원력, 독립성, 건강(행동 건강 포함) 그리고 전체 지역사회의 복지를 증진시키기 위해 보건과 사회복지 서비스역량과 네트워크를 복구하고 개선한다.

- 주거(Housing): 복구

전체 지역사회의 필요를 효과적으로 지원하고 지역사회의 지속성과 복원성에 기여하는 거주 대책을 시행한다.

- 자연과 문화자원(Natural and Cultural Resources): 복구

재난 후 지역사회의 우선순위와 모범사례와 일치하는 적절한 환경적 역사적 보존 법률과 행정명령에 따라서 자연, 문화자원과 역사유적을 보호 · 보존 · 재활 · 복구하기 위하여 적절한 계획 · 경감 · 대응 · 복구 활동을 통해 자연과 문화자원, 역사적 유물을 보호한다.

【첨부 3】 약자와 용어

영문	약자	번역
Army Corps of Engineers	–	육군공병대
Assistant to the President for Homeland Security and Counterterrorism	–	국토안보대테러보좌관
Attorney General	–	법무부장관
Border Patrol	–	국경순찰대
Budget Control Act	BCA	예산통제법
Code of Federal Regulations	C.F.R.	연방규정집
Chief Medical Officer	CMO	최고의료책임자
Clean Air Act	–	대기오염방지법
Clean water Act	–	수질오염방지법
Close-out	–	종료
Community Development Block Grant	CDBG	지역사회개발 포괄지원금
comprehensive emergency management	CEM	포괄적 재난관리
cost share	–	비용 분담
Congressional Research Service	CRS	의회조사국
Continuity of Operations	COOP	운영의 연속성
Continuity of Government	COG	정부의 연속성
Comprehensive Environmental Response Compensation and Liability Act	CERCLA, Superfund	환경대응보상법
defence support of civil authorities	DSCA	행정당국에 대한 국방지원
Defence Production Act	–	방위생산법
Disaster Relief Fund	DRF	재난구호기금
disaster	–	재난
emergency	–	비상/재난
emergency management	–	비상관리/재난관리
Emergency Management Accreditation Program	EMAP	비상관리인증 프로그램

영문	약자	번역
Emergency Management Institute	EMI	미국재난관리교육원
Emergency Relief	ER	재난구호
Executive Office of President	EOP	대통령비서실
Executive Order	E.O.	행정명령
Environmental Protection Agency	EPA	환경보호청
Farm Service Agency	–	농업진흥청
Federal Aviation Administration	FAA	연방항공국
Federal Bureau of Investigation	FBI	연방수사국
Federal Civil Defence Act	–	연방민방위법
Federal Civil Defence Administration	FCDA	연방민방위청
Federal Communications Commission	–	연방통신위원회
Federal Emergency Management Agency	FEMA	연방재난관리청
Federal Highway Administration	–	연방도로관리청
Federal Law Enforcement Training Center	FLETC	연방사법연수원
Federal Response Plan	–	연방대응계획
Forest Service	–	산림청
hazard	–	위험요인
Hazard Mitigation Grant Program	HMGP	위험경감지원금 프로그램
Homeland Security Act	HSA	국토안보법
Homeland Security Council	HSC	국토안전보장회의
Homeland Security Presidential Directive	HSPD	국토안보 대통령령
Incident Annexes	–	사건부록
Incident Command System	ICS	사고명령체계
Individual Assistance	IS	개인지원
International Association of Emergency Managers	IAEM	국제재난관리자협회
Invest Justification	IJ	투자 입증
Joint Information Center	JIC	합동정보센터

영문	약자	번역
major disaster	–	주요 재난
mitigation	–	경감
Multi-Agency Coordination	MAC	다기관조정
Multi-Agency Situation Unit	MASU	다기관상황조직
National Academy of Public Administration	NAPA	국가공공행정아카데미
National Domestic Preparedness Consortium	NDPC	미국 내 대비 컨소시엄
National Disaster Recovery Framework	NDRF	국가재난복구 프레임워크
National Emergency Management Association	NEMA	전국재난관리협회
National Fire Academy	NFA	국가소방아카데미
National Governors' Association	NGA	전국주지사협의회
National Guard	–	방위군
National Homeland Security Act	NHS	국토안보법
National Incident Management System	NIMS	국가사고관리체계
National Integration Center	NIC	국가통합센터
National Mitigation Framework	–	국가경감 프레임워크
National Oil and Hazardous Substances Pollution Contingency Plan (National Contingency Plan)	NCP	국가비상계획
National Operations Center	NOC	국가재난대응센터
National Performance Review	NPR	국가성과관리보고서
National Preparedness and Response Authority	NPRA	국가대비대응청
national preparedness goal	NPG	국가대비목표
national preparedness system	NPS	국가대비체계
National Prevention Framework	–	국가예방 프레임워크
National Protection Framework	–	국가보호 프레임워크
National Security Resources Board	NSRB	국가안보자원위원회

영문	약자	번역
National Response Framework	NRF	국가대응 프레임워크
National Response Plan	NRP	국가대응계획
National Security Act	–	국가보안법
National Security Council	–	국가안전보장회의
Natural Resources Conservation Service	–	자연자원보호청
Office of Civil Defence	OCD	민방위실
Office of Emergency Planning	OEP	비상기획실
Office of Emergency Preparedness	OEP	비상대비실
Office of Grants and Training	G&T	기금과 훈련실
Oil Pollution Act	OPA	유류오염방지법
Pets Evacuation and Transportation Standard Act of 2006	PETS Act	반려동물법
Public Law	P.L.	공법(기본법)
Posse Comitatus Act	–	군의 대민지원에 관한 법률
Post Katrina Emergency Management Reform Act of 2006	Post-Katrina Act	포스트카트리나법
preparedness	–	대비
prevention	–	예방
Presidential Policy Directive	PPD	대통령 정책 지시
Privacy Act	–	개인정보보호법
protection	–	보호
Public Assistance	PA	공공지원
recovery	–	복구
Remedial Action Management Program	RAMP	개선조치관리 프로그램
response	–	대응
risk	–	위험
Robert T. Stafford Disaster Relief and Emergency Assistance Act	Stafford Act	스태포드법

영문	약자	번역
Second Stage Review	2SR	두 번째 단계 검토
Security and Accountability for Every Port Act	SAFE Port Act	항만보안법
Support Annexes	–	지원부록
Small Business Administration	SBA	중소기업청
Training and Data Exchange Group	TRADE	훈련과 데이터 변환 그룹
Transportation Security Administration	–	교통안전국
Universal Task List	–	공통과업목록
(U.S.) Coast Guard	–	해안경비대
U.S. Code	U.S.C.	미국법
(U.S.) Department of Agriculture	USDA	농무부
(U.S.) Department of the Army	–	육군부
(U.S.) Department of Commerce	DOC	상무부
(U.S.) Department of Defence	DOD	국방부
(U.S.) Department of Energy	DOE	에너지부
(U.S.) Department of Health and Human Services	HHS	보건후생부
(U.S.) Department of Homeland Security	DHS	국토안보부
(U.S.) Department of Housing and Urban Development	HUD	주택도시개발부
(U.S.) Department of Interior	–	내무부
(U.S.) Department of Justice	DOJ	법무부
(U.S.) Department of State	–	국무부
(U.S.) Department of Transportation	–	교통부
(U.S.) Department of Treasury	–	재무부
(U.S.) Fire Administration	–	소방청
(U.S.) General Service Administration	GSA	조달청
(U.S.) Postal Service	USPS	미국 우정청
(U.S.) Secret Service	–	비밀경호국
weapons of mass destruction	WMD	대량살상무기

【첨부 4】 미국 연방 법률의 명칭과 고유번호[343]

흔히 판례법 내지 불문법 국가로 분류되어 온 미국은, 사실 매년 무수히 많은 법률들이 연방이나 주의회를 통과하여 대통령이나 주지사의 서명을 통해 제정되고 있는 성문법(Geschriebenes Recht) 국가이기도 하다.[344] 다만, 이들 성문법을 표기하고 읽는 방식에 있어서는 법의 체계나 법 제정주체의 구조에서 나타나는 미국만의 특징으로 인하여 다른 나라에서 찾아보기 어려운 몇 가지 특징들이 나타나고 있다.

미국 연방의회는 1789년에 제1기가 소집된 이래, 2년마다 선거에 의하여 재구성된다. 의회의 회기도 의원의 임기인 4년이 아니라 그 중간의 2년을 주기로 하고 있으며, 의회의 회기번호가 그에 따라 부여된다. 이때 각 회기의 의회를 통과하는 다수의 연방 법률에 대해서도 당해 회기 내의 제정순서에 따라 일련번호가 주어지는데, 이 일련번호와 의회의 회기번호를 조합하여 법률의 고유번호가 부여되고 있다. 법률에 부여된 일련의 고유번호는 연방 차원에서 제정된 특정 법률이 어느 회기에서 몇 번째로 제정된 것인지를 표시해 주는 의미를 갖는다.

예를 들자면 2010년 2월 기준 연방의회는 2009년 1월에 소집된 것으로 제111차 회기에 해당되는데, 이 회기 중에 제정된 첫 번째 법률에 대해서는 'Public Law No. 111－1'이라는 고유번호가 부여된다.

이러한 법률은 통상 'Public Law'로 편재된다. 여기서 말하는 Public Law란 공법(公法)을 의미하는 것이 아니라 특정 개인이나 단체, 지역에 국한되지 않고 보편적인 규범력을 지닌다는 의미에서의 공법(共法) 혹은 일반법(一般法)을 뜻하는 것이라 할 수 있다. Public Law의 일련번호는 1901년부터 의회에 의해 배정되기 시작하였는데, 1957년 이전까지는

'Ch.15'와 같은 章(chapter) 번호와 '117 Stat.24'와 같은 Statue at Large 번호를 병기하기도 하였다. 하지만 현재는 이를 모두 생략하고 간단히 Public Law의 고유번호만을 가지고 연방 법률의 일련번호를 부기하고 있다.

이와는 대조적으로 연방의회가 특정인이나 단체, 지역 고유의 법적 문제를 규율하는 법률을 제정한 경우에는 Public Law라는 표기를 붙이지 않고, 대신에 'Private Law' 내지 'Special Law'로 분류하는 한편 별도의 법률번호를 부여한다. 예를 들어, 이민법(immigration law)에서 개인구제와 관련하여 제정된 다수의 법률들은 현재 Private Law로 분류 및 편성되어 있다.

최근 들어서는 각 법률의 첫 부분에 해당 법률의 간략한 내용을 나타내는 단어나 숙어, 제정연도 등을 조합하여, 예컨대 "…Act of 2004"와 같은 형식으로 줄여 표기하는 방식을 다시 선호하고 있다. 그 외에 저명한 법률의 경우에는 속칭(popular name)이 널리 사용된다. 이 경우 당해 약칭을 법률의 공식 명칭으로 인용해도 무방하다.

한편 미국의 법명 중에는 해당 법률 내용을 상징하는 단어를 조합하는 대신 법안을 발의한 의원의 실명을 법률의 정식명칭으로 활용하는 경우도 적지 않다. 'Sherman Act'나 'Sarbanes−Oxley Act' 등과 같은 표기방식을 예로 들 수 있는데, 이런 경우에는 법명만으로 그 내용이나 주제를 파악하기 쉽지 않기 때문에 당해 법률에 대한 속칭(popular name)과 법률명을 연계하여 숙지해 둘 필요가 있다.

【주】

1) (역자 주) 'Emergency'는 재난, 비상, 비상사태 등 다양한 번역이 가능하다. 본서에서는 하나의 용어로 국한하지 않았으며, 문맥의 의미나 우리나라의 재난관리 분야에서 통용되는 용어를 고려하여 세 가지(재난, 비상, 비상사태) 용어를 혼용하여 번역하였음을 밝혀 둔다.

2) (역자 주) 역자가 부연설명이 필요하다고 생각한 경우에는 별도로 미주 형태의 '역자 주'와 본문 내 〈참고〉를 추가하여 보고서를 이해하는 데 도움이 되도록 하였다.

3) William L. Waugh, Jr.(2000). *Living with Hazards, Dealing with Disasters An Introduction to Emergency Management*(Armonk, NY: M. E. Sharpe).

4) (역자 주) 2007년 3월 연방재난관리청 재난관리고등교육 프로젝트(Emergency Management Higher Education Project)의 웨인 블랜차드(Wayne Blanchard) 박사는 연방재난관리청 산하 재난관리교육원(Emergency Management Institute, EMI) 원장인 코르테즈 로렌스(Cortez Lawrence) 박사의 감독에 따라 재난관리 원칙을 숙고하기 위해 재난관리 분야의 실무자와 학자들을 소집하였다. 이 프로젝트는 수많은 책과 논문, 보고서가 재난관리의 원칙에 대해 언급하고 있지만 재난관리의 원칙이 무엇인지에 대한 공통된 의견이 없다는 데서 출발하였다. 그 결과 8개의 재난관리 원칙(Principles of Emergency Management)을 선정하였다(FEMA et al., 2007).

5) The White House, *Homeland Security Presidential Directive 5: Management of Domestic Incidents,* at http://www.dhs.gov/publication/homeland-security-presidential-directive-5

6) 예를 들어 사고지휘체계(ICS) 이전에는 경찰과 소방이 동일한 사건에 대응하면서 다른 주파수를 통해 다른 용어를 사용해서 의사소통했다. 일반적으로 심폐소생술이 필요한 응급상황을 의미하는 "Code blue"가 서로 다른 의미를 지녔고, 조직구조도 서로 달랐다. 한 조직의 지휘관이 다른 조직의 지휘관과는 다른 권한과 책임을 가질 수 있었다. 사고지휘체계(ICS 또는 NIMS)는 이러한 차이로 인한 혼란을 없애기 위한 시도이다.

7) (역자 주) 이러한 재난관리의 4단계는 1979년 전국주지사협회(National Governors' Association)의 연구(Comprehensive Emergency Management A Governor's Guide) 결과로서 널리 사용되고 있다.

8) 비상 및 재난과 관련된 용어는 http://www.fema.gov/pdf/emergency/nrf/nrf-glossary.pdf에서 찾아볼 수 있다.(역자 주) 웨인 블랜차드(Wayne Blanchard)가 2008년에 정리한 "*GUIDE TO EMERGENCY MANAGEMENT AND RELATED TERMS, DEFINITIONS, CONCEPTS, ACRONYMS, ORGANIZATIONS, PROGRAMS, GUIDANCE, EXECUTIVE ORDERS & LEGISLATION*"에 비상과 재난 관련 단어의 정의와 개념이 잘 정리되어 있다.

9) (역자 주)Baird, M. E.(2010). *The "Phases" of Emergency Management.* www.memphis.edu/ifti/pdfs/cait_phases_of_mngt.pdf에서 재난관리의 단계를 잘 설명하고 있다.

10) 대통령 정책명령 8(PPD-8)에 관한 더 자세한 분석을 원한다면 Jared T. Brown이 쓴 CRS

Report R42073, *Presidential Policy Directive 8 and the National Preparedness System: Background and Issues for Congress*를 보라.

11) 국토안보 대통령령 8(HSPD-8)은 국토안보부장관에게 다른 기관들 사이에서 대비 · 보호 · 대응 · 복구에 대한 폭넓은 권한을 부여하였다. 국토안보 대통령령 8은 국가대비목표(National Preparedness Goal)의 작성과 국가대비시스템(National Preparedness System)의 실행을 요구하였다. 국토안보 대통령령 8은 나중에 포스트카트리나법에 제시된 위험에 기반을 둔 프레임워크(a risk-based framework) 내에서 통합위험요인의 접근 · 대비의 수준을 측정하기 위한 척도의 사용 같은 많은 요구들을 이행했으나 많은 요구들은 실행되지 않았다.

12) The White House, ***Presidential Policy Directive/PPD-8***, March 30, 2011, p. 1, at http://www.dhs.gov/xlibrary/assets/presidential-policy-directive-8-national-preparedness.pdf.

13) P.L. 109-295, 6 U.S.C. §741- 764, 120 Stat. 1424-1433.

(역자 주) P.L.은 Public Law의 줄임말로 공법(共法) 또는 일반법(一般法)을 의미한다. U.S. Statutes at Large는 연방의회가 통과시킨 각종 법률 및 결의문들을 수록해 놓은 미국정부의 공식법전이다. 통상 Statutes at Large로 줄여서 부르는데, 문헌에 인용될 때는 단순히 Stat. 혹은 STAT.로 표기되기도 한다. 회기별 수록방식의 법전으로서 Statutes at Large가 가지는 한계는 현재 United States Code(이하, 'U.S.C.')를 통해 보완되고 있다. U.S.C.는 주제별 수록방식의 법전 가운데 현재 활용되는 가장 대표적인 것이라고 할 수 있다.(출처: 신영수(2010). 미국 법전의 편재방식과 법령정보의 검색 · 인용방법. 법학논고, 32, 677-708.)

14) The White House, ***Presidential Policy Directive/PPD-8***, March 30, 2011, p. 3, at http://www.dhs.gov/xlibrary/assets/ presidential-policy-directive-8-national-preparedness.pdf.

15) Ibid., p. 3.

16) 이러한 기술은 결정된 것으로 봐서는 안 된다. 일부 계획 프레임워크는 개선되고 있고 아직 초안 형태이므로 실행되기 전에 형식과 내용이 많이 바뀔 수 있다.

(역자 주) 이 보고서가 작성된 2012년 11월 30일에는 개발단계에 있는 프레임워크들도 있었으나 2015년 12월 기준 모든 프레임워크들의 개발이 완료되어 적용되고 있다. National Prevention Framework(2013년 5월). National Protection Framework(2014년 7월), National Mitigation Framework(2013년 5월), National Response Framework(2013년 5월, 2판).

17) Federal Emergency Management Agency, ***Presidential Policy Directive 8: National Preparedness: Working Drafts of the National Planning Frameworks - Prevention Framework,*** p. 9.

18) (역자 주) 앞에서 살펴본 바와 같이 국가 보호 프레임워크(National Protection Framework)는 2014년 7월에 완성되었다.

19) Ibid., p. 10.

20) Ibid., p. 1.

21) Ibid., p. 12.

22) 국가대응 프레임워크(NRF)에 관한 더 자세한 정보는 Bruce R. Lindsay가 쓴 CRS Report RL34758, *The National Response Framework: Overview and Possible Issues for Congress*를 참조하라.

23) (역자 주) 국가대응 프레임워크(NRF)에서는 세 가지 부록 외에 국가대응 프레임워크(NRF) 체계의 핵심문서(core document)와 협력자 가이드(Partners Guides)를 포함하고 있다. 핵심문서(core document)는 국가의 대응 활동, 대응조직, 그리고 발생 가능한 사고에 대해 국가가 효과적으로 대응을 완수하기 위한 계획의 필요사항과 원칙을 설명하고 있다. 협력자 가이드(Partners Guides)는 연방 · 주 · 지방 · 부족정부 소속의 민간부문 대응 협력자들의 역할과 활동을 서술하고 준비 참고자료를 제공하고 있다.(출처: U.S. Department of Homeland Security, *National Response Framework*. January 2008.)

또한 국가사고관리체계(National Incident Management System, NIMS)는 대응 활동에 적용할 수 있는 표준적인 명령과 관리의 구조를 제공하는 국가대응 프레임워크(NRF)의 동반문서이다. 국가사고관리체계(NIMS)는 연방 · 주 · 부족 · 지방정부, 민간부문 그리고 비정부기구가 원인, 크기, 위치 또는 복잡성에 관계없이 예방, 대비, 대응, 복구, 그리고 사고의 영향을 완화하기 위해 협업을 가능하게 하는 일관되고, 전국적인 견본을 제공한다. 일관성은 매일 발생하는 사고부터 연방의 조정을 필요로 하는 사고까지 모든 사고에 대한 국가사고관리체계(NIMS) 적용의 기초를 제공한다.(출처: U.S. Department of Homeland Security, *National Response Framework*. January 2008.)

24) Federal Emergency Management Agency, ESF Annexes Introduction, January 2008, at http://www.fema.gov/pdf/emergency/nrf/nrf-esf-intro.pdf.

(역자 주) 재난지원 기능 부록(ESF)은 국가의 대응에서 가장 자주 요구되는 기능 분야에 따라 자원과 역량을 분류한 연방의 조정구조를 설명한다.(출처: U.S. Department of Homeland Security, *National Response Framework(2nd Edition)*. May 2013.)

25) (역자 주) 지원 부록(Support Annexes)은 대다수 사건에서 가장 공통적으로 필수적인 지원 절차와 고려사항을 설명한다.(출처: U.S. Department of Homeland Security, *National Response Framework(2nd Edition)*. May 2013.)

(역자 주) 8개의 지원 부록(Support Annexes)은 다음과 같다. 주요 기반체계 및 주요 자원(Critical Infrastructure and Key Resources), 재무관리(Financial Management), 국제적인 조율(International Coordination), 민간부문의 조율(Private-Sector Coordination), 공보(Public Affairs), 부족 관계(Tribal Relations), 자원봉사와 기부관리(Volunteer and Donations Management), 업무자 안전과 보건(Worker Safety and Health).(출처: U.S. Department of Homeland Security, *National Response Framework*. January 2008.)

26) Federal Emergency Management Agency, Support Annexes: Introduction, January 2008, at http://www.fema.gov/pdf/emergency/nrf/nrf-support-intro.pdf.

27) (역자 주) 사고 부록(Incident Annexes)은 사고 분야별로 고유한 대응 측면을 설명한다.(출처: U.S. Department of Homeland Security, *National Response Framework(2nd Edition).* May 2013.)

(역자 주) 8개의 사고부록(Incident annexes)은 다음과 같다. 생물학적 사고(Biological Incident), 참사 사고(Catastrophic Incident), 사이버 사고(Cyber Incident), 음식물과 농업 사고(Food and Agriculture Incident), 핵/방사능 사고(Nuclear/Radiological Incident), 유류와 위험물질 사고(Oil and Hazardous Materials Incident), 테러사건 법 집행과 조사(Terrorism Incident Law Enforcement and Investigation).(출처: U.S. Department of Homeland Security, *National Response Framework.* January 2008.)

28) Federal Emergency Management Agency, *Introduction to NRF Incident Annexes,* at https://emilms.fema.gov/IS830/index.htm.

29) Federal Emergency Management Agency, *National Disaster Recovery Framework: Strengthening Disaster Recovery for the Nation, September 2011,* p. 1, at http://www.fema.gov/pdf/recoveryframework/ndrf.pdf.

30) (역자 주) 이 부분은 Bea, K. et al.이 쓴 CRS 보고서 *Federal emergency management policy changes after Hurricane Katrina: a summary of statutory provisions*의 국가대비에서 배경 부분을 번역한 것이다.

31) P.L. 109-296, §502, 116 Stat. 2212, 6 U.S.C. 312.

32) U.S. President(Bush), "Management of Domestic Incidents," Homeland Security Presidential Directive-5, Feb. 28, 2003.

33) U.S. President(Bush), "National Preparedness," Homeland Security Presidential Directive 8, Dec. 17, 2003.

34) Ibid., Sec. 6.

35) (역자 주) 앞에서 살펴본 바와 같이 대통령 정책명령 8(PPD 8)은 2003년 12월 7일 부시(George W. Bush) 대통령이 서명한 국토안보 대통령령 8(HSPD-8)을 대체하였다.

36) (역자 주) 이 부분은 뉴욕 주정부 홈페이지에 있는 재난관리계획 개요 부분과 위험경감계획, 대응 및 응급복구계획, 항구복구계획(Hazard Mitigation Plan, Response and Short-term Recovery Plan, Long-term Recovery Plan)의 일부분을 발췌한 것이다.

37) (역자 주) 국가계획 프레임워크(National Planning Frameworks)는 실제 재난관리계획이 아니라 주정부 또는 지방정부가 재난관리계획을 세우는 데 있어 고려할 사항을 체계적으로 제시하기 위한 가이드라인이다. 따라서 국가계획 프레임워크(National Planning Frameworks)를 통해서 제시된 내용들은 주정부 또는 지방정부의 계획을 통해 구체화된다.

38) (역자 주) 우리나라의 경우도 지방자치단체 풍수해저감종합계획에 반영된 재해예방사업에 대해 국민안전처의 국고보조사업을 우선 지원하고 있다.

39) (역자 주) 우리나라의 경우, 재난이 예상되거나 실제 발생했을 때 그 전개되는 상황에 따라 국민안전처 비상단계, 중앙재난안전대책본부 1단계, 중앙재난안전대책본부 2단계 등 3단계의 비상단계를 가지고 있다.

40) (역자 주) 기능별 소속기관(Functional Branches)의 의미는 재난이 발생한 분야와 관련된 부서, 예를 들어 폭설에 따른 교통마비가 있다면 뉴욕 주의 교통부(Department of Transportaion, DOT)를 의미하는 것이다.

41) 42 U.S.C. §5121 이하에 성문화되어 있다. 스태포드법에 대한 더 자세한 분석은 Francis X. McCarthy가 쓴 CRS Report RL33053, *Federal Stafford Act Disaster Assistance: Presidential Declarations, Eligible Activities, and Funding*을 보라.

42) P.L. 93-288, 42 U.S.C. §5191(b). 대통령은 실제에 있어서 주지사와 상의하라는 요구를 받게 된다. 이러한 선포의 예는 1995년 4월 19일 오클라호마 시(Oklahoma City)의 연방건물(Alfred P. Murrah Building)과 2001년 9월 11일 버지니아(Virginia)에 있는 국방부(Pentagon)에 대한 폭탄 테러를 포함한다.

43) (역자 주) 허리케인 카트리나(Hurricane Katrina)에 대한 연방의 부실한 대응으로 의회는 인명 구조, 고통 예방, 피해 경감이 절실한 경우, 주의 요청 없이도 신속한 연방의 지원을 허락하도록 카트리나법으로 스태포드법을 개정했다. 주의 "요청(pull)"을 기다리기보다는 연방의 대응자원을 "배치(push)"하는 이러한 권한은 대통령이 "주요 재난(major disaster)"을 선포했을 때로 한정된다.

44) 재난과 재난선포에 관한 더 자세한 분석은 Francis X. McCarthy가 쓴 CRS Report RL34146, *FEMA's Disaster Declaration Process: A Primer* 그리고 Francis X. McCarthy & Jared T. Brown이 쓴 CRS Report R41981, *Congressional Primer on Major Disasters and Emergencies*를 보라.

45) 미국(자치령을 포함)에는 10개의 연방재난관리청 지역사무소가 있다. 연방재난관리청(FEMA) 지역사무소 국장을 통해 화재관리 지원(FMAG)을 발령할 수 있도록 한 것은 가능한 빨리 화재관리 지원을 발령할 수 있도록 하기 위한 것이다.

46) P.L. 93-288, 42 U.S.C. §5122(2).

47) 44 C.F.R. §206.48.
(역자 주) 연방행정부가 발한 명령들은 법령전서형의 Federal Register(Fed. Reg.)를 통해 확인할 수 있으며, U.S.C.와 유사하게 50편으로 구성된 주제별 행정명령집으로서 Code of Federal Regulations(C.F.R.)도 행정명령의 검색을 위한 유용한 자료를 제공하고 있다.(출처: 신영수(2010). 미국 법전의 편재방식과 법령정보의 검색·인용방법. 법학논고, 32, 677-708.)

48) (역자 주) 우리나라의 경우, 특별재난지역 선포 요건은 공공시설물의 피해액(사유시설 피해는 포함되지 않음)에 기초하고 있으며 지자체별 재정여건을 고려하여 기준이 되는 피해액을 달리 정하고 있다. 최종적인 선포결정권한은 대통령에게 부여되어 있다.

49) 더 자세한 정보는 Public Assistance Policy Reference Manual 전체, http://www.fema.gov/pdf/government/grant/pa/policy.pdf를 보라. 사기업은 공공지원(PA) 자격이 없다.

50) 최고금액은 물가의 변동을 반영해서 변동되어 왔다.

51) P.L. 109-295, §684, Stafford Act amended §404, 120 Stat. 1447.

52) 미국 수정헌법 제10조 "헌법에 의하여 미국에 부여되지 않은 권력 또는 헌법에 의해 각 주에 금지되지 않은 권력은 각 주 또는 국민에게 있다."

53) (역자 주) Banks, W. C.(2011). *The Legal Landscape for Emergency Management in the United States,* National Security Studies Program Policy Paper.

54) (역자 주) Banks, W. C.(2011). *The Legal Landscape for Emergency Management in the United States,* National Security Studies Program Policy Paper.

55) (역자 주) 미국에서 일부 주들은 헌법에서 또는 입법적으로 시와 카운티 그리고 지방정부에 자치(home rule)를 허용하고 있다. 이런 주들은 자치주(Home rule state)라고 불린다. 자치주에서 지방정부는 주와 연방헌법 내에서 자신들의 운영에 더 잘 부합한다고 생각하는 경우 자유롭게 조례나 규칙을 통과시킬 수 있다. 그러나 다른 주들에서, 지방정부는 "딜런의 원칙(Dillon's Rule)"으로 알려진 법 원칙에 따라 주의 입법으로 명백하게 부여된 권한을 보유한다.(출처: National Association of Counties(2004). *Dillon's Rule or Not?* Research Brief, Vol.2, No.1)

(역자 주) 지방대응의 토대는 자치 또는 딜런의 원칙(Cornerstone of Local Response: Home Rule or Dillon's Rule)이다. 주들은 자치 또는 딜런의 원칙을 통해서 지방정부가 자신들의 업무를 관리하는 권한을 부여한다.

- 자치(Home Rule)는 지방자치를 구축하고 주의 지방 사무에 대한 관여를 제한한다.
- 딜런의 원칙(Dillon's Rule)은 1868년 아이오와의 판사 딜런(John F. Dillon)의 판결문에서 비롯된 것으로, 지방정부가 어떤 권한을 가지고 있는지에 대한 주법(State law)을 해석하는 데 이용된다.

대다수의 주에서 딜런의 원칙을 채택하고 있지만, 어떤 권한이 주의 통치권으로부터 위임된 권한으로서 나오는지에 주목할 필요가 있다.(출처: Federal Emergency Management Agency(2010). *Fundamentals of Emergency Management Independent Study 230.a*)

56) (역자 주) Lindell, M. K., Prater, C. S., & Perry, R. W.(2006). *Fundamentals of Emergency Management,* at https://training.fema.gov/hiedu/aemrc/booksdownload/fem/.

57) (역자 주) 도시정부가 가지는 그 지방자치단체의 헌법적 성격을 띤 기본법(基本法). 즉, 도시헌장이란 지방자치단체인 도시정부의 조직과 운영에 관한 사항, 관할구역, 인사관리 등을 규정한 도시정부의 기본법을 말한다.(출처: 행정학용어 표준화연구회(2010). 이해하기 쉽게 쓴 행정학용어사전. 새정보미디어)

58) (역자 주) Federal Emergency Management, Emergency Management Institute, Public Admin-

istration and Disaster Management, ***Session3 Disasters and Intergovernmental Relations Power Point material,*** at https://www.training.fema.gov/hiedu/docs/paem/pa&em_session_3[1].pptx.

59) (역자 주) Department of Homeland Security, National Response Framework(2nd Edition). May 2013, at http://www.fema.gov/media-library-data/20130726-1914-25045-1246/final_national_response_framework_20130501.pdf.

60) (역자 주) James Jay Carafano, & Richard Weitz.(March 21, 2006). *Learning from Disaster: The Role of Federalism and the Importance of Grassroots Response.* Backgrounder No. 1923. Heritage Foundation.

61) (역자 주) Schneider, S.(2008). Who's to Blame?(Mis) perceptions of the Intergovernmental Response to Disasters. ***Publius: The Journal of Federalism,*** 38(4), 715-738.

62) (역자 주) U.S. Department of Homeland Security, Federal Emergency Management Agency, "Notice of Adjustment of Statewide Per Capita Impact Indicator," 79 *Federal Register*, 62645, October 20, 2014.

63) (역자 주) U.S. Department of Homeland Security, Federal Emergency Management Agency, "Notice of Adjustment of Countywide Per Capita Impact Indicator," 79 *Federal Register*, 61886, October 15, 2014.

64) 44 C.F.R. §206.48(b)(1).

65) 44 C.F.R. §206.48(b)(4).

66) 42 U.S.C. §5155.

67) 비상사태 선포(Emergency declarations)는 "주 비상사태(state of emergency)"와는 다르다. 주 비상사태는 일반적으로 주지사에 의해 선포되고 주별로 다르다. 주 비상사태는 위협과 사고에 대응하기 위해 주 수준에서 어떤 조직의 편성이나 고지를 촉발한다.

68) P.L. 93-288, 42 U.S.C. §5122(1).

69) (역자 주) 앞에서 살펴본 바와 같이 주요 재난 선포에서 공공지원(PA)을 위해 고려되는 요소 가운데 주 전체의 1인당 영향지표(Statewide Per Capita Impact Indicator)와 카운티 전체의 1인당 영향지표(Countywide Per Capita Impact Indicator) 두 가지 인당 공식이 활용되고 있으나 비상사태 선포에서는 이러한 인당 공식은 사용되지 않는다는 것이다.

70) 사건 전 선포의 최근 예는 허리케인 카트리나(Katrina), 리타(Rita), 구스타브(Gustav)가 육지에 상륙하기 전에 발령된 비상사태 선포를 포함하고 있다(각각 비상사태 선포 3212, 3260, 3290).

71) P.L. 93-288, 42 U.S.C. §5187(a).

72) (역자 주) 미주 69를 보라.

73) P.L. 93-288, 42 U.S.C. §5170b.

74) 42 U.S.C. 5172(b).

75) Per 44 C.F.R. §206.47(Cost-share adjustment). 주가 전통적인 비용분담 면제를 받기 위해서는 주의 1인당 누적 피해액이 125달러 이상이어야 한다. 스태포드법에 따른 연방의 모든 재난지원 프로그램에 비용분담이 행정적으로 면제되지는 않는다. 예를 들어 위험경감 보조프로그램(Hazard Mitigation Grant Program)과 기타 수요지원 프로그램(Other Needs Assistance Program)은 기존의 법적인 비용분담이 있어서 법적인 면제가 필요하다.

76) 비용분담(cost-shares)에 관한 더 자세한 분석은 Francis X. McCarthy가 쓴 CRS Report R41101, *FEMA Disaster Cost-Shares: Evolution and Analysis*를 보라.

77) 재난구호기금(DRF)에 관한 더 자세한 분석은 Bruce R. Lindsay와 Justin Murray가 쓴 CRS Report R40708, *Disaster Relief Funding and Emergency Supplemental Appropriations*를 보라.

78) 대부분의 세출은 정해진 기간 이후에 만료되지만, 연도제한 없는 세출(no-year appropriations)은 연장되는 한 이용이 가능하다. 이것은 사회간접자본시설 복구와 보수공사에 몇 년이 걸릴 수 있기 때문에 재난복구에 도움이 된다.

79) (역자 주) 임무부여(Mission Assignment, MA)는 연방재난관리청(FEMA)이 다른 연방기관에 특정한 업무의 완수(completion of specific task), 자금조달(citing funding), 다른 관리적 통제(managerial control), 지침(guidance)을 주는 업무지시이다(Title 44 Code of Federal Regulations(44 C.F.R.) 206.2(18)). 임무부여(MA)는 지원금이나 다른 연방기관과의 계약이 아니다. 오히려 임무부여(MA)는 변제할 수 있는 선포 이전 또는(그리고) 이후에 시행될 수 있는 특정한 업무에 대한 업무지시이다. 임무부여는 연방기관의 고유한 자원을 재난대응에서 생명안전(life-safety)과 생명구조(life-saving) 활동에 활용하기 위한 기제이다(EMI. IS-293 - Mission Assignment Overview. at https://emilms.fema.gov/is293/MAO0101000.htm).

80) 예산통제법(P.L. 112-25, Budget Control Act of 2011, BCA)은 논란이 있지만 스태포드법에 근거한 주요 재난 선포에 따른 지출을 제한하기 위해 설계된 메커니즘을 제공한다.

81) 지원을 위한 요청은 마감의 적용을 받는다. 그러나 일부 지원은 마감날짜를 제공해 왔으나 대통령은 마감을 연장할 수 있는 재량을 갖고 있다(예: 임시주거).

82) Richard L. Skinner, *Opportunities to Improve FEMA's Disaster Closeout Process,* U.S. Department of Homeland Security Office of Inspector General, OIG-10-49, Washington DC, January 27, 2010, p. 4, at http://www.oig.dhs.gov/assets/Mgmt/OIG_10-49_Feb10.pdf.

83) Federal Emergency Management Agency, *Program Management and Grant Closeout: Standard Operating Procedure,* p. 30, http://www.fema.gov/pdf/government/grant/pa/9570_14.pdf를 보라.

84) (역자 주) 중소기업청장은 농무부장관에 의한 자연재난, 또는 상무부장관에 의한 어업자원재난 또는 상업적 어업 실패가 발생했다는 결정 같은 범정부적인 요청에 따라 주택과 기업 그리고 경제적 손실에 대한 융자를 제공할 수 있는 권한을 갖고 있다(P.L. 85-536, Section

7(b) Stat. 387, as amended).

85) 재난구호기금(DRF)의 재원은 다른 권한이나 기관의 임무에 따라 착수된 활동 또는 조정된 연방의 대응을 필요로 하는 비 스태포드(non-Stafford)법 사고에는 이용할 수 없다.

86) 공중보건법(Public Health Service Act)은 이 보고서의 보건후생부(Department of Health and Human Services) 부분에 언급되어 있으며, **표 1-1** 을 참고하라.(역자 주) 역자가 좀 더 자세한 이해를 위해 공중보건법에 관한 자료를 참고로 추가하였다.

87) 그러나 화학, 방사능, 또는 핵 공격에 따라서 이동제한을 명령하는 연방법령은 없다. 이러한 원천에 의한 오염은 연방법령과 권한에서 "전염병"이 아니다.

88) P.L. 109-295.

89) P.L. 107-296, 116 Stat. 2140-2321, as amended, 6 U.S.C. 101 이하 참조.

90) P.L. 109-295, §§642 and 643, 120 Stat. 1425.

91) P.L. 109-295, §643(b) 120 Stat. 1425.

92) P.L. 109-295, §§642 and 643, 120 Stat. 1425.

93) U.S. Congress, House Committee on Homeland Security, Compilation of Homeland Security Directives(HSPD), Updated through December 31, 2007), 110th Cong., 2nd sess., December 31, 2007, Committee Print110-B(Washington: GPO, 2008)를 보라.

94) P.L. 107-296.

95) 이 부분은 David M. Bearden, Specialist in Environmental Policy, Resources, Science, and Industry Division이 집필하였다.

96) 국가비상계획(NCP)은 또한 공중보건과 복리에 긴급하고 상당한(imminent and substantial) 영향을 미칠 수 있는 오염물질(pollutant and contaminants)의 유출에도 적용된다.

97) 40 C.F.R. Part 300.

98) 각각 33 U.S.C. §2701 이하, 그리고 33 U.S.C. §1321을 참조한다. 유류오염방지법(OPA)과 수질오염방지법(Clean Water Act)의 311조(Section 311) 권한에 관한 더 자세한 정보는 Jonathan L. Ramseur가 쓴 CRS Report RL33705, *Oil Spills in U.S. Coastal Waters: Background and Governance*를 보라.

99) 42 U.S.C. §9601 이하를 참조한다. 환경보상대응법(CERCLA)의 권한에 관한 더 자세한 논의는 David M. Bearden이 쓴 CRS Report R41039, *Comprehensive Environmental Response, Compensation, and Liability Act: A Summary of Superfund Cleanup Authorities and Related Provisions of the Act*를 보라.

100) 고형폐기물처리법(Solid Waste Disposal Act Subtile I)은 지하저장탱크에서의 석유유출을 다룬다. 이 역할은 주로 환경보호청(EPA)과의 협조계약에 따라 주가 시행한다.

101) 행정명령(executive order) 12580은 환경보상대응법(CERCLA)에 따른 대통령의 권한을 위임하고, 행정명령 12777은 유류오염방지법(OPA)과 수질오염방지법(Clean Water Act)

의 311조(Section)에 따른 권한을 위임한다. 행정명령 13286은 2003년 해안경비대(Coast Guard)가 교통부(DOT)에서 국토안보부(DHS)로 이전된 것을 반영하여 이러한 행정명령들을 수정하였다.

102) 40 C.F.R. §300.5.

103) 40 C.F.R. §300.180(f).

104) 연방시설이나 선박에서 발생하는 사고에 대한 대응비용은 그러한 시설과 선박에 대한 행정적인 관할권을 가지고 있는 기관의 별도 전용을 통해서 조달된다.

105) 기름유출책임기금(Oil Spill Liability Trust Fund)의 세입 대부분은 국내와 수입되는 유류에 부과되는 배럴당 8센트로부터 나온다. 이 세금은 2017년에 종료되도록 되어 있다. 위험물질 슈퍼펀드(Hazardous Substance Superfund)의 재원을 조달하던 수입 또는 국내에서 생산되는 유류, 화학적 공급원료와 기업의 수입에 대한 세금이 1995년 말에 만료된 이후 재무부의 일반회계에서 전출되어 오는 재원으로 충당되고 있다.

106) 이 부분은 Lawrence Kapp, Specialist in Military Manpower Policy, Foreign Affairs, Defense, and Trade Division이 집필하였다.

107) 이 주제에 관한 더 자세한 정보는 국방부 부분을 보라.

108) 예비군(Reserve Personnel)의 활용에 관해서는 Lawrence Kapp가 쓴 CRS Report RL30802, *Reserve Component Personnel Issues: Questions and Answers*를 보라.

109) 이 부분은 Dennis Shields, Specialist in Agricultural Policy; Megan Stubbs, Specialist in Agricultural Conservation and Natural Resources Policy 그리고 Tadlock Cowan, Analyst in Natural Resources and Rural Development, Resources, Science and Industry Division이 집필하였다.

110) 더 자세한 정보는 Dennis A. Shields가 쓴 CRS Report RS21212, *Agricultural Disaster Assistance*를 보라. 농무부(USDA) 농업신용청(Farm Service Agency)의 재난 프로그램(disaster programs)의 요약에 관해서는 http://www.fsa.usda.gov/Internet/FSA_File/emerfsaprograms.pdf를 보라. 곡물보험(crop insurance)에 관해서는 Dennis A. Shields가 쓴 CRS Report R40532, *Federal Crop Insurance: Background and Issues*를 보라.

111) CRS Report R40763, *Agricultural Conservation: A Guide to Programs, by Megan Stubbs for information on watershed assistance*(p. 14) 그리고 *private land assistance*(p.13)를 보라. CRS Report RL31065, *Forestry Assistance Programs, by Megan Stubbs,* for information *on forestry programs*(p. 17)를 보라.

112) Rural Development programs에 관한 정보는 www.rd.usda.gov/programs-services/services/rural-development-disaster-assistance 그리고 Tadlock Cowan이 쓴 CRS Report RL31837, *An Overview of USDA Rural Development Programs*(p. 31)를 보라.

113) 이 부분은 Lawrence Kapp, Specialist in Military Manpower Policy, Foreign Affairs, Defense,

and Trade Division이 집필하였다.

114) U.S. Department of Defense, Department of Defense Directive 3025.18, "*Defense Support of Civil Authorities*," Washington, DC, December 29, 2010, para. 4.g., at http://www.dtic.mil/whs/directives/corres/pdf/302518p.pdf.

115) 국방부(DOD)가 지원요청을 어떻게 다루는가에 대해서는 Joint Publication 3-28, Civil Support, September 14, 2007, pages II-3 to II-7, http://www.dtic.mil/doctrine/new_pubs/jp3_28.pdf를 보라.

116) 육군 예비군, 해군 예비군, 해병대 예비군, 공군 예비군으로 이루어지며, 보통 해안경비대 소속 예비군의 운용은 국토안보부장관의 통제하에 있다.

117) 예비군 대원을 동원할 수 있는 주요한 법률은 10 U.S.C. §12301(a), 12301(b), 12301(d), 12302, 12304, 12304a, 12304b이다. 각 권한은 의회, 대통령, 또는 해당 장관(Service Secretary)이 발령할 수 있는가, 얼마나 많은 수의 예비군이 동원될 수 있는가, 예비군이 얼마나 오랫동안 동원될 수 있는가, 예비군이 활용될 수 있는 목적은 무엇인가, 또는 방위군 세력의 동원에 대한 제한이 있다. 최근에 주요 재난과 비상사태에 사용되는 권한은 최근에 입법화된 10 U.S.C. 12304a이 근거다. 이 조항은 주지사가 주요 재난이나 비상사태에 대응하여 연방정부의 지원을 요청했을 때 육군 예비군, 해군 예비군, 해병대 예비군, 공군 예비군 구성원을 120일까지 동원할 수 있도록 허락한다. 방위군인력 또한 10 U.S.C. §331-333과 §12406에 따라서 주정부에 대한 폭동 진압, 연방법 집행, 주와 연방법 방해 예방과 그러한 방해가 어떤 계층의 권리, 인권, 책임의 면제 또는 헌법에 명시된 보호를 박탈하는 것을 포함하는 어떠한 목적의 연방 서비스를 위해 동원될 수 있다.

118) 이 부분은 Charles Stern, Specialist in Natural Resources Policy, Resources, Science and Industry Division이 집필하였다.

119) 공병대는 군사와 민간의 임무를 가진 국방부 내의 기관이다. 공병대의 비상권한과 관련한 더 많은 정보는 Nicole T. Carter and Charles V. Stern이 쓴 CRS Report R41243, *Army Corps of Engineers Water Resource Projects: Authorization and Appropriations*를 보라.

120) 오염된 폐기물의 관리는 환경보호청(EPA)이 조율한다. Linda Luther가 쓴 CRS Report RL33477, *Disaster Debris Removal After Hurricane Katrina: Status and Associated Issues*를 보라.

121) 이 프로그램은 재활과 점검 프로그램(rehabilitation and inspection program)으로 알려져 있다. Natalie Keegan et al이 쓴 CRS Report R41752, *Locally Operated Levees: Issues and Federal Programs*를 보라.

122) 33 U.S.C. 708 그리고 33 U.S.C. 701n을 참조하라. 저수지 취수의 경우, 행정정책이 주지사가 선포한 가뭄비상의 적용과 99에이커 피트(참고: 1에이커 푸트는 43,560입방 피트)까지 제한한다.

123) 이 부분은 Sarah A. Lister, Specialist in Public Health and Epidemiology, Domestic Social Policy Division이 집필하였다. 공중보건과 의료비상에 관한 더 자세한 분석은 Sarah A. Lister가 쓴 CRS Report RL33579, *The Public Health and Medical Response to Disasters: Federal Authority and Funding*을 보라.

124) HHS, Public Health and Emergency Preparedness cooperative agreements(a type of grant), http://www.cdc.gov/phpr/coopagreement.htm; 그리고 Hospital Preparedness Program, http://www.phe.gov/preparedness/planning/hpp/pages/default.aspx를 보라.

125) Public Health Service Act §319; 42 U.S.C. 247d.

126) 이 부분은 Maggie McCarty, Specialist in Housing Policy, Domestic Social Policy Division이 집필하였다.

127) 예를 들어, 지역사회는 프로그램의 "긴급한 필요(urgent needs)" 조항을 근거로 주택도시개발부(HUD)의 승인 없이 지역사회개발 포괄지원금(CDBG)으로 재원 조달되는 지역사회 개발계획을 수정할 수 있다.

128) 재난대응에 있어서 주택도시개발부(HUD)의 역할에 관해서는 Maggie McCarty, Libby Perl, 그리고 Eugene Boyd가 쓴 CRS Report RS22358, *The Role of HUD Housing Programs in Response to Hurricane Katrina;* Maggie McCarty, Libby Perl, 그리고 Bruce E. Foote가 쓴 CRS Report RL33078, *The Role of HUD Housing Programs in Response to Past Disasters;* 그리고 Eugene Boyd가 쓴 CRS Report RL33330, *Community Development Block Grant Funds in Disaster Relief and Recovery*를 보라.

129) 지역사회 개발 포괄지원금(CDBG)에 관한 더 자세한 정보는 Eugene Boyd가 쓴 CRS Report RL33330, *Community Development Block Grant Funds in Disaster Relief and Recovery*를 보라.

130) 이 부분은 Robert Kirk, Specialist in Transportation Policy, Resources, Science and Industry Division이 집필하였다.

131) U.S. Department of Homeland Security, *National Response Framework. "Emergency Support Function #1* - Transportation Annex Washington, at http://www.fema.gov/pdf/emergency/nrf/nrf-esf-01.pdf.

132) 재난구호(ER) 프로그램에 관한 더 자세한 정보는 Robert S. Kirk가 쓴 CRS Report R42021, *Emergency Relief Program: Federal-Aid Highway Assistance for Disaster-Damaged Roads and Bridges*를 보라. 그리고 Robert S. Kirk가 쓴 CRS Report RS22268, *Repairing and Reconstructing Disaster-Damaged Roads and Bridges: The Role of Federal-Aid Highway Assistance*를 보라. 상황에 따라 연방항공국(Federal Aviation Administration, FAA)과 연방교통국(Federal Transit Administration, FTA)이 재난지원을 제공하기도 한다.

133) 주별로 하나의 지역사무소가 있다.

134) 이 부분은 David M. Bearden, Specialist in Environmental Policy, and Linda Luther, Analyst in Environmental Policy, Resources, Science, and Industry Division이 집필하였다.

135) 개별적인 비상지원 기능(ESF)들을 포함해서 국가대응 프레임워크(National Response Framework)에 따른 환경보호청(EPA)의 책임에 관해서는 환경보호청(EPA)의 웹사이트 "Federal Response Plans", http://www.epa.gov/homelandsecurityportal/lawsfedresponse.htm#nrf를 보라.

136) 다양한 비상지원 기능(ESFs)과 국토안보 대통령령 7(HSPD-7)에 따른 환경보호청(EPA)의 책임에 대한 요약은 환경보호청(EPA) factsheet *"EPA's Support to the Water Sector Under the National Response Framework"*(출처: www.epa.gov/sites/production/files/2015-03/documents/fs-nat1_response_framework_nrf_fact_sheet.pdf)에 제공되고 있다.

137) 국가기반시설보호계획(National Infrastructure Protection Plan)과 분야별 기관의 역할에 대한 정보는 국토안보부(DHS) 웹사이트, http://www.dhs.gov/national-infrastructure-protection-plan을 보라.

138) 42 U.S.C. §300i.

139) 더 자세한 정보는 Linda Luther가 쓴 CRS Report RL34576, *Managing Disaster Debris: Overview of Regulatory Requirements, Agency Roles, and Selected Challenges*를 보라.

140) 카트리나(Katrina) 이후의 청소와 관련된 환경보호청(EPA) 활동의 예는 Robert Esworthy et al.이 쓴 CRS Report RL33115, *Cleanup After Hurricane Katrina: Environmental Considerations*에서 볼 수 있다.

141) 더 자세한 정보는 Linda Luther가 쓴 CRS Report RL34576, *Managing Disaster Debris: Overview of Regulatory Requirements, Agency Roles, and Selected Challenges*를 보라.

142) 환경보호청(EPA) 웹사이트, "Fuels Waivers Response to 2005 Hurricanes", http://www.epa.gov/enforcement/fuel-waivers를 보라.

143) 이 부분은 Kelsi Bracmort, Specialist in Agricultural Conservation and Natural Resources Policy, Resources, Science, and Industry Division에 의해서 집필되었다.

144) 내무부(Department of Interior)는 훨씬 더 적은 재원을 받지만 다른 하나의 연방기관이다.

145) 산불의 재원조달에 관한 더 많은 정보는 Kelsi Bracmort가 쓴 CRS Report RL33990, *Federal Funding for Wildfire Control and Management*를 보라.

146) 소극적인 노력이 적합한 경우도 있다.

147) 산림청은 국가통합화재센터(NIFC)의 구성원 중 하나이다.

148) 국가통합화재센터(NIFC)는 산불진압을 위한 각 기관으로 구성되는 국가적인 지원센터이다.

149) 42 U.S.C. §5187.

150) 중소기업청(SBA) 재난융자(disaster loans)에 대한 더 자세한 분석은 Bruce R. Lindsay가 쓴 CRS Report R41309, *The SBA Disaster Loan Program: Overview and Possible Issues for*

*Congress*를 보라.

151) (역자 주) 이 부분은 Shawn Reese(2009)가 쓴 CRS Report R40246 *Department of Homeland Security Assistance to State and Localities: A summary and Issues for the 111th Congress*를 번역한 것이다.

152) (역자 주) 미국의 회계연도(Fiscal Year, FY) 는 10월 1일에 시작하여 9월 30일에 종료한다. 즉, 2003 회계연도는 2002년 10월 1일부터 2003년 9월 30일까지를 의미한다.

153) (역자 주) 보조금 배분 시 최소 보장금액을 공제하고 배분비율을 결정하는 방식과 이를 공제하지 않고 배분비율을 결정한 후, 최소 보장금액을 공제하는 방식은 수혜기관별 보조금에 차이가 발생할 수 있다. 여기에서는 후자의 방식을 따른다는 의미로 해석된다.

154) (역자 주) 해양영역인지(Maritime Domain Awareness)는 해양, 해양과 인접하여 발생하는 각종 상황에 대한 정확하고 사실적이며 적절한 시간 내의 파악을 의미한다.

155) (역자 주) 연방정부 보조 프로그램이 테러대비 등에 용도가 한정되는 것은 바람직하지 않다는 입장이다.

156) 2012년 국토안보부가 제시하고 있는 주요 임무에도 테러가 최우선순위로 되어 있다. 국토안보부는 '국토안보부전략계획'에서 자신들의 주요 임무를 ① 테러 예방(preventing terrorism), ② 국경 안전과 관리(securing and managing our borders), ③ 이민법의 집행과 관리(enforcing and administering our immigration laws), ④ 사이버 공간의 보호와 안전(safeguarding and securing cyberspace), ⑤ 재난으로부터 복원력 보장(ensuring resilience to disaster) 순으로 밝히고 있다(자세한 내용은 'Department of Homeland Security Strategic Plan: FY 2012-2016' 참조). 그러나 이러한 경향은 2010년 이후 다소 변화하고 있는데, 2016년 국가정보부장(Director of National Intelligence)이 밝힌 미국에 대한 위협 순위를 보면 ① 사이버(Cyber), ② 테러(Terrorism), ③ 대량살상 및 오염무기(Weapons of Mass Destruction and Proliferation), ④ 우주공간과 우주무기(Space and Counterspace), ⑤ 대첩보(Counterintelligence) 등이다. 자세한 내용은 'Worldwide Threat Assessment of the US Intelligence Community'를 참조하기 바란다.

157) 실제 2011년부터 주 국토안보 보조 프로그램(State Homeland Security Grant Program)을 통해 여러 통합위험대비(All Hazard Preparedness) 지원이 이루어지고 있다.

158) 그러나 동 보고서와는 달리 의회는 포괄보조 프로그램에 대해 부정적인 입장을 견지하고 있다. 즉, 2013 회계연도부터 2016 회계연도까지 3년 동안 국토안보부에서는 포괄보조금 편성을 의회에 요청하고 있으나 의회는 전년도 자금 배정에 기초하여 각 프로그램에 대해 자금을 할당하고 있다. 자세한 내용은 'Department of Homeland Security Appropriations: FY 2015'을 참조한다.

159) (역자 주) 이 부분은 Federal Emergency Management Agency(2012) *Citizens Corps Councils Registration and Profile Data FY2011 National Report*를 번역한 것이다.

160) 처토프계획(initiative)에 대한 더 자세한 정보는 Harold C. Relyea 그리고 Henry B. Hogue가 쓴 CRS Report RL33042, *Department of Homeland Security Reorganization: The 2SR Initiative,* 의회 예산 위원들의 관련 성명서에 대해서는 U.S. Congress, Committee on Conference, *Making Appropriations for the Department of Homeland Security for the Fiscal Year Ending September 30, 2006, and for Other Purposes,* report to accompany H.R. 2360, 109th Cong., 1st sess., H.Rept. 109-241(Washington: GPO, 2005), p. 30을 보라.

161) 이 주제에 관한 더 자세한 정보와 분석은 Keith Bea가 쓴 CRS Report RL33064, *Organization and Mission of the Emergency Preparedness and Response Directorate: Issues and Options for the 109th Congress*에서 찾아볼 수 있다.

162) (역자 주) 수정헌법 10조는 연방주의에 대한 헌법의 원리를 언급하고 있다. "헌법에 의하여 미국에 부여되지 않은 권력 또는 헌법에 의해 각 주에 금지되지 않은 권력은 각 주 또는 국민에게 있다."

163) 2007 National Strategy for Homeland Security, 2008 U.S. DHS Strategic Plan Fiscal Years 2008-2013, 2010 National Security Strategy, 2010 Quadrennial Homeland Security Review, 2010 Bottom-Up Review, 2011 National Strategy for Counterterrorism, 2012 Strategic Plan

164) Seth Borenstein, "Experts Blast Federal Response," *Philadelphia Inquirer,* Sept. 1, 2005, p. A13.

165) Michele L. Landis, "Let Me Next Time Be Tried by Fire: Disaster Relief and the Origins of the American Welfare State 1789-1874," *Northwestern University Law Review,* vol. 92, spring 1998, pp. 967-1034. 1803년부터 1943년까지 의회에 의해 입법화된 재난법률의 목록은 Rep. Harold Hagen, Statement for the Record, Congressional Record, vol. 96, Aug. 7, 1950, pp. 11900-11902에서 찾아볼 수 있다.

166) 이에 대한 예외는 19세기 후반부터 시행된 홍수 예방 정책과 관련된다. Rawle O. King이 쓴 CRS Report RL32972, *Federal Flood Insurance: The Repetitive Loss Problem*를 보라.

167) 비상관리실(Office for Emergency Management, OEM)은 대통령비서실(Executive Office of President, EOP) 내에 1940년 5월 25일 행정명령(Executive Order 8248, Federal Register, vol. 4, Sept. 12, 1939, p. 3864)으로 설치되었다.

168) 64 Stat. 1109. 이 법의 public law 번호 P.L. 81-875를 따라서 P.L. 875로 언급된다.

169) 행정명령(Executive Order) 10221, Federal Register, vol. 16, Mar. 6, 1951, p. 2051.

170) 61 Stat. 499.

171) 당시, 수정된 1949년 조직개편법(Reorganization Act of 1949)에 따라 대통령이 제출한 조직개편계획은 의회에서 부동의 결의안을 통과시키지 않으면 발효되었다. 대통령의 조직개편권한의 역사에 관한 더 많은 것은 Ronald C. Moe가 쓴 CRS Report RL30876, *The President''s Reorganization Authority: Review and Analysis*를 보라.

172) Harry S. Truman, *Public Papers of the Presidents of the United States, 1950*(Washington: GPO, 1965), p. 641.

173) 행정명령(Executive Order) 10186, *Federal Register,* vol. 15, Dec. 5, 1950, p. 8557.

174) 64 Stat. 1245.

175) 1950년 연방민방위법(Federal Civil Defense Act of 1950)은 대통령이 임명하는 12명의 위원으로 구성된 민방위자문위원회(Civil Defense Advisory Council)를 설치하였고 1973년까지 지속되었다.

176) 64 Stat. 1251.

177) 64 Stat. 798.

178) 행정명령(Executive Order) 10193, *Federal Register,* vol. 15, Dec. 19, 1950, p. 9031.

179) 행정명령(Executive Order) 10346, *Federal Register,* vol. 17, Apr. 19, 1952, p. 3477.

180) 행정명령(Executive Order) 10427, *Federal Register,* vol. 18, Jan. 20, 1953, p. 407.

181) (역자 주) 연방민방위청(FCDA)에 평시 재난 프로그램 관리 기능을 부여한 것은 "이중 사용(dual use)"의 아이디어다. 첫째, 민방위조직이 자연재난에 참여하면 핵공격 이후에 대응하는 능력을 향상시킬 수 있다. 둘째, 연방민방위청이 민방위 목적으로 주 · 지방정부와 기존에 맺은 관계, 사람과 자원이 연계되어 작동할 수 있으므로 평시 자연재난을 대응하는 데 매우 유용하다. Kreps, G. A.(1990). The federal emergency management system in the United States: Past and present. *International journal of mass emergencies and disasters,* 8(3), 275-300.

182) 미주 156을 보라.

183) 행정명령(Executive Order) 10638, *Federal Register,* vol. 20, Oct. 13, 1955, p. 7637.

184) 행정명령(Executive Order) 10660, *Federal Register,* vol. 21, Feb. 18, 1956, p. 1117

185) Office of Management and Budget, President's Reorganization Project, *Federal Emergency Preparedness and Response Historical Survey*(Washington: 1978), p. 11.

186) 미주 181을 보라.

187) 행정명령(Executive Order) 10773, *Federal Register,* vol. 23, July 3, 1958, p. 5061.

188) 72 Stat. 861.

189) 행정명령(Executive Order) 10782, *Federal Register,* vol. 23, Sept. 10, 1958, p. 6971.

190) John F. Kennedy, *Public Papers of the Presidents of the United States, 1961*(Washington: GPO, 1962), p. 5.

191) 행정명령(Executive Order) 10952, *Federal Register,* vol. 26, July 22, 1961, p. 6577.

192) John F. Kennedy, *Public Papers of the Presidents of the United States, 1961*(Washington: GPO, 1962), p. 525.

193) 행정명령(Executive Order) 10958, *Federal Register,* vol. 26, Aug. 16, 1961, p. 7571.

194) 75 Stat. 630.

195) 행정명령(Executive Order) 11051, *Federal Register,* vol. 27, Oct. 2, 1962, p. 9683.

196) Harry B. Yoshpe, *Our Missing Shield: The U.S. Civil Defense Program in Historical Perspective*(Washington: FEMA, 1981), p. 377.

197) 82 Stat. 1194.

198) 83 Stat. 125.

199) 행정명령(Executive Order) 11495, *Federal Register,* vol. 34, Nov. 20, 1969, p. 18447.

200) 이 계획에 관한 정보는 U.S. Executive Office of the President, Office of Management and Budget, *Papers Relating to the President's Departmental Reorganization Program: A Reference Compilation*(Washington: GPO, 1971)을 보라.

201) 미주 181을 보라.

202) 행정명령(Executive Order) 11725, *Federal Register,* vol. 38, June 29, 1973, p. 17175.

203) Yoshpe, *Our Missing Shield,* chapter 7.

204) 예를 들어 National Governors' Association, *Comprehensive Emergency Management: A Governor's Guide*(Washington: GPO, 1979)를 보라.

205) National Governors' Association, "National Governors' Association Policy Position A. - 17: Emergency Preparedness and Response," *1978 Emergency Preparedness Project: Final Report*(Washington: GPO, 1979), pp. 363-364.

206) U.S. Congress, House, *Message from the President of the United States Transmitting A Reorganization Plan to Improve Federal Emergency Management and Assistance, Pursuant to 5 U.S.C. 903(91 Stat. 30),* H.Doc. 95-356, 95th Cong., 2nd sess.(Washington: GPO, 1978).

207) 이 조직개편권한은 Chapter 9 of Title 5 of the U.S.C.(Executive Reorganization)에 근거한다. 이 장의 내용들은 1980년과 1984년에 개정되었다. 그 이래로 이 권한은 휴면 중이다.

208) 당시 1997년 조직개편법(Reorganization Act of 1977)에 따라서 대통령에 의해 제출된 조직개편계획은 의회에서 불승인 결의안을 통과시키지 않으면 발효되었다. 대통령이 계획을 제출했을 때 하원 정부운영위원회(House Government Operations Committee)와 상원 총무위원회(Senate Governmental Affairs Committee) 위원장에 의해서 그러한 결의안이 제출되어야만 했다. 이번 경우 하원(House)은 9월 14일 불승인 결의안을 부결시켰고, 상원(Senate)은 9월 18일에 만장일치 동의로 결의안을 무기한 연기했다. 대통령의 조직개편권한의 역사에 관한 더 많은 것은 Ronald C. Moe가 쓴 CRS Report RL30876, *The President's Reorganization Authority: Review and Analysis*를 보라.

209) 행정명령(Executive Order) 12127, *Federal Register,* vol. 44, Apr. 3, 1979, p. 19367.

210) 행정명령(Executive Order) 12148, *Federal Register,* vol. 44, July 24, 1979, p. 43239.

211) 현재는 회계감사원(Government Accountability Office)으로 불리고 있다.

212) U.S. General Accounting Office, *Management of the Federal Emergency Management Agency - A System Being Developed,* GAO Report GGD-83-9(Washington: Jan. 6, 1983), pp. i-v.

213) U.S. General Accounting Office, *Disaster Assistance: Federal, State, and Local Responses to Natural Disasters Need Improvement,* GAO Report RCED-91-43(Washington: Mar. 1991), p. 66.

214) Thomas W. Lippman, "Hurricane May Have Exposed Flaws in New Disaster Relief Plan," *Washington Post,* Sept. 3, 1992, p. A21.

215) 이 계획의 첫 번째 시행에 대한 논의는 Federal Emergency Management Agency, *Federal Response Plan*(Washington: 1992)을 보라.

216) U.S. Department of Commerce, National Oceanic and Atmospheric Administration(NOAA), "Hurricane Andrew," (출처: www.aoml.noaa.gov/hrd/hurdat/andrew.html)

217) Bob Davis, "Brewing Storm: Federal Relief Agency Is Slowed by Infighting, Patronage, Regulations-FEMA Is Widely Criticized for Hurricane Response, and It's Part of a Pattern - 'Political Dumping Ground'," *Wall Street Journal,* Aug. 31, 1992, p. A1.

218) U.S. Congress, Conference Committee, *Making Appropriations for the Departments of Veterans Affairs and Housing and Urban Development, and for Sundry Independent Agencies, Commissions, Corporations, and Offices for the Fiscal Year Ending September 30, 1993, and for Other Purposes,* conference report to accompany H.R. 5679, H.Rept. 102-902, 102nd Cong., 2nd sess.(Washington: GPO, Sept. 24, 1992), p. 63.

219) National Academy of Public Administration, *Coping with Catastrophe: Building an Emergency Management System to Meet People''s Needs in Natural and Manmade Disasters*(Washington: Feb. 1993).

220) Ibid., p. ix.

221) Ibid., pp. xii-xiii.

222) U.S. General Accounting Office, *Disaster Management: Improving the Nation's Response to Catastrophic Disasters,* GAO Report RCED-93-186(Washington: July 1993), p. 2.

223) Ibid.

224) Ibid., p. 7.

225) Office of the Vice President, *From Red Tape to Results: Creating a Government ThatWorks Better & Costs Less. Report of the National Performance Review*(Washington: Sept. 7, 1993), p. 140. 그리고 Office of the Vice President, *From Red Tape to Results: Creating a Government That Works Better & Costs Less: Federal Emergency Management Agency. Accompanying Report of the National Performance Review*(Washington: Sept. 1993)를 참조하라.

226) Aaron Schroeder, Gary Wamsley, & Robert Ward, "The Evolution of Emergency Manage-

ment in America: From a Painful Past to a Promising but Uncertain Future," in *Handbook of Crisis and Emergency Management,* edited by Ali Farazmand(New York: Marcel Dekker, 2001). 국가성과관리보고서(NPR) 권고사항의 적용은 좀 더 점진적으로 진행된 것으로 보인다. 1994년 12월 회계감사원(GAO)은 2개의 국가성과관리보고서(NPR) 권고사항은 부분적으로 실행되었고, 2개는 전혀 실행되지 않았음을 확인했다.(U.S. General Accounting Office, *Management Reform: Implementation of the National Performance Review's Recommendations,* GAO Report OCG-95-1(Washington: Dec. 1994), pp. 130-136.) 국가성과관리보고서(NPR)의 1995년 9월 자체 평가결과는 모든 권고사항이 실행되었고 대부분이 "완결"되었다고 언급했다.(Office of the Vice President, *Common Sense Government Works Better & Costs Less*(Washington: Sept. 1995), p. 99.) 연방재난관리청(FEMA)과 국가성과관리보고서(NPR)에 관한 더 많은 것은 Saundra K. Schneider, "Reinventing Public Administration: A Case Study of the Federal Emergency Management Agency," *Public Administration Quarterly,* vol. 22, spring 1998, p. 35를 보라.

227) James L. Witt, Memorandum for All FEMA Employees, "Organizational Structure and Management," Nov. 5, 1993.

228) U.S. President(Clinton), "Telephone Remarks to the National Emergency Management Association Meeting," *Weekly Compilation of Presidential Documents,* vol. 32, Feb. 26, 1996, pp. 380-381.

229) Ken Herman, "Bush Ponders Slimming Down His Cabinet," *Austin American Statesman,* Feb. 24, 2001, p. A1.

230) (역자 주) 국제재난관리자협회(IAEM) 웹사이트에 따르면 2015년 기준 9,000명이다.

231) R. Steven Daniels & Carolyn L. Clark-Daniels, *Transforming Government: The Renewal and Revitalization of the Federal Emergency Management Agency*(Washington: Price water house Coopers Endowment for The Business of Government, 2000). 클린턴(Clinton) 행정부에서 연방재난관리청(FEMA)에 관한 추가적인 평가는 Schneider, "Reinventing Public Administration," p. 35를 보라.

232) U.S. Commission on National Security/21st Century, *Road Map for National Security: Imperative for Change*(Washington: 2001).

233) Ibid., p. 15.

234) Ibid., p. 21.

235) U.S. Congress, House Committee on Transportation and Infrastructure, Subcommittee on Economic Development, Public Buildings, and Emergency Management, and House Committee on Government Reform, Subcommittee on National Security, Veterans Affairs, and International Relations, *Combating Terrorism: Options to Improve the Federal Response,* joint

hearings, 107th Cong., 1st sess., Apr. 24, 2001(Washington: GPO, 2001).

236) Joe M. Allbaugh, Memorandum to All FEMA Employees, "Functional Realignment," June 5, 2001.

237) P.L. 107-296, 116 Stat. 2135.

238) Stephan R. Vina가 쓴 CRS Report RS21450, *Homeland Security: Scope of the Secretary's Reorganization Authority*를 보라.

239) U.S. White House Office, "Department of Homeland Security Reorganization Plan," (Washington: Nov. 25, 2002), Washington DC, at http://www.whitehouse.gov/news/releases/2002/11/reorganization_plan.pdf.

240) 국토안보부장관 톰 리지(Tom Ridge)가 상원의원 조셉 리버만(Joseph I. Lieberman)에게 2004년 1월 26일 쓴 편지.

241) U.S. Department of Homeland Security, "Secretary Michael Chertoff, U.S. Department of Homeland Security Second Stage Review Remarks," Ronald Reagan Building, Washington, DC, July 13, 2005, at http://www.dhs.gov/dhspublic/display?theme=44&content=4597.

242) 국토안보부장관 마이클 처토프(Michael Chertoff)가 하원 국토안보위원회(Committee on Homeland Security) 의장 크리스토퍼 콕스(Christopher Cox)에게 2005년 7월 13일 쓴 편지, pp. 4-5.

243) 조직개편계획에 관한 더 자세한 정보는 CRS Report RL33064, *Organization and Mission of the Emergency Preparedness and Response Directorate* 그리고 CRS Report RL33042, *Department of Homeland Security Reorganization: The 2SR Initiative*를 보라.

244) 전국재난관리협회(NEMA) 총재 데이비드 리버바흐(David E. Liebersbach)가 수잔 콜린스(Susan M. Collins)와 조셉 리버만(Joseph I. Lieberman)에게 2005년 7월 27일 쓴 편지.

245) Cory Reiss, "FEMA Weathers Battles: Proposed Restructure Looms as Agency Faces Sharp Criticism," Herald Tribune, Aug. 22, 2005.

246) National Emergency Management Association, "Directors Meet with Secretary Chertoff," at http://www.nemaweb.org/dynamic/previous_News/index.cfm?Date=09/06/2005.

247) U.S. Congress, Committee on Conference, *Making Appropriations for the Department of Homeland Security for the Fiscal Year Ending September 30, 2006, and for Other Purposes,* report to accompany H.R. 2360, 109th Cong., 1st sess., H.Rept. 109-241(Washington: GPO, 2005), p. 30.

248) 국토안보부장관 마이클 처토프(Michael Chertoff)가 상원 국토안보총무위원회(Committee on Homeland Security and Governmental Affairs) 의장 수잔 콜린스(Susan M. Collins)에게 2006년 4월 4일 쓴 편지.

249) 이 위원회의 보고서는 민주당 지도부로 선출된 이들이 공식적인 패널로 지정하지 않았지

만 일부 민주당 위원들이 개인적인 관점에서 참여를 선택했다.

250) U.S. Congress, House Select Bipartisan Committee to Investigate the Preparation for and Response to Hurricane Katrina, *A Failure of Initiative,* 109th Cong., 2nd sess.(Washington: GPO, 2006).

251) Ibid., p. 158.

252) U.S. White House Office, Assistant to the President for Homeland Security and Counterterrorism, *The Federal Response to Hurricane Katrina: Lessons Learned*(Washington: Feb. 2006).

253) Ibid., p. 91.

254) Ibid.

255) Ibid., p. 105.

256) Ibid., p. 108.

257) Ibid., p. 115.

258) Ibid., p. 118.

259) U.S. Department of Homeland Security, "Remarks by Homeland Security Secretary Michael Chertoff at the National Emergency Management Association Mid-Year Conference," Washington, DC, Feb. 13, 2006, at http://www.dhs.gov/dhspublic/display?theme=44&content=5414.

260) U.S. Congress, Senate Committee on Homeland Security and Governmental Affairs, *Hurricane Katrina: A Nation Still Unprepared,* 109th Cong., 2nd sess. [Washington: 2006].

261) (역자 주) 여기서부터가 허리케인 카트리나 이후 연방 비상관리 정책의 변화: 법률조항 요약(Federal Emergency Management Policy Changes After Hurricane Katrina: A Summary of Statutory Provisions) 부분이다.

262) 새 법률은 연방재난관리청 청장(FEMA Administrator)의 위치를 차관(Deputy Secretary) 수준으로 높이고, 업무 범위를 확대하며, 장관에게 직접 보고하게 하고, 특히 재난 중에 대통령 · 국토안보회의(Homeland Security Council) · 장관과의 법적인 자문관계를 부여함으로써 국토안보부(DHS) 내에서 연방재난관리청(FEMA)의 위상을 높였다(새로운 연방재난관리청 청장의 직위와 관련해서 더 많은 것은 이 보고서의 "재난관리 리더십(Emergency Management Leadership)" 부분의 "새로운 직위(New Position)"를 보라.

263) (역자 주) 국가대비 부분은 〈참고 9〉에 제시되어 있다.

264) P.L. 109-295, §611(13), new section 505 of the Homeland Security Act of 2002(HSA), 120 Stat. 1400. 이관은 2006년 6월 1일에 존재하는 기관들이다. 국토안보부(DHS) 웹사이트와 국토안보부 관리들과의 대화(2006년 11월 8일)를 통해 얻은 정보에 기초해서, 대비실(Preparedness Directorate)에서 연방재난관리청(FEMA)으로 이관된 조직은 소방청(U.S.

Fire Administration), 보조금훈련실(Office of Grants and Training), 국가수도권조정실(Office of National Capital Region Coordination) 그리고 신앙기반지역사회센터(Center for Faith-Based and Community Initiatives)(http://www.dhs.gov/xabout/structure/editorial_0794.shtm)이다. 국토안보부(DHS) 관리들은 부처가 연방재난관리청(FEMA) 외부에 남는 조직의 지위뿐 아니라 대비실(Preparedness Directorate)의 어느 부분이 이관될 것인가를 명확히 하는 재구조계획을 수립하고 있음을 시사한다.

265) P.L. 109-295, §611(13), new HSA Sec. 507, 120 Stat. 1401.

266) P.L. 109-295, §611(13), new HSA Sec. 509, 120 Stat. 1405.

267) P.L. 109-295, §611(13), new HSA Sec. 513(a), 120 Stat. 1408.

268) P.L. 109-295, §689g, 120 Stat. 1453.

269) P.L. 109-295, §611(13), new HSA Sec. 508(a), 120 Stat. 1403.

270) P.L. 109-295, §611(13), new HSA Sec. 507(e)-(f), 120 Stat. 1402.

271) P.L. 109-295, §671(b), new HSA Sec. 1805(a), 120 Stat. 1439.

272) P.L. 109-295, §638(a), 120 Stat. 1422.

273) P.L. 109-295, §611(13), new HSA Sec. 506(a), 120 Stat. 1400. 해안경비대(U.S. Coast Guard)와 비밀경호국(U.S. Secret Service) 두 조직은 "독립적인 조직(distinct entities)"으로서 국토안보부(DHS) 내로 이관되었다(6 U.S.C. §381; 6 U.S.C. §468). 교통안전국(Transportation Security Administration) 또한 국토안보법(HSA) 시행 후 2년간은 독립적인 조직(distinct entity)으로 유지되었다(6 U.S.C. §234).

274) P.L. 109-295, §611(13), new HSA Sec. 506(b), 120 Stat. 1400.

275) P.L. 109-295, §611(11), new HSA Sec. 503(c)(4)(B)(iii), 120 Stat. 1398.

276) P.L. 109-295, §611(11), new HSA Sec. 503(b), 120 Stat. 1396.
(역자 주) 포괄적 재난관리(CEM)의 4가지 요소는 경감, 대비, 대응, 복구이다.

277) P.L. 109-295, §611(13), new HSA Sec. 505, 120 Stat. 1400.

278) P.L. 109-295, §611(12), revised HSA Sec. 504, 120 Stat. 1398.

279) P.L. 109-295, §611(13), new HSA Sec. 506(c)(1), 120 Stat. 1400.

280) P.L. 109-295, §611(13), new HSA Sec. 506(c)(2), 120 Stat. 1400.

281) P.L. 109-295, §611(13), new HSA Sec. 506(d), 120 Stat. 1400.

282) 포스트카트리나법(P.L. 109-295, §602(4), 120 Stat. 1394)은 "참사 사고(catastrophic incident)"라는 단어를 정의하고 있다.
(역자 주) 주민, 기반시설, 환경, 경제, 국가적 사기 또는 정부 기능 중 하나에 심각하게 영향을 미치는 엄청난 수준의 결과 또는 피해 또는 혼란을 야기하는 어떤 자연재난, 테러 활동, 인적재난을 뜻한다.

283) P.L. 109-295, §611(11), new HSA Sec. 503(b)(2), 120 Stat. 1396.

284) P.L. 109-295, §611(12), HSA revised Sec. 504(as redesignated), 120 Stat. 1398.

285) P.L. 109-295, §611(11), HSA new Sec. 503(b)(2)(H), 120 Stat. 1397.

286) P.L. 109-295, §636, 120 Stat. 1422.

287) P.L. 109-295, §637, 120 Stat. 1422.

288) P.L. 109-295, §640, 120 Stat. 1423.

289) P.L. 109-295, §640a , 120 Stat. 1424.

290) P.L. 109-295, §611(11), 120 Stat. 1406, HSA new Sec. 510.

291) P.L. 109-295, §633, 120 Stat. 1421, amends Stafford Act Sec. 303.

292) P.L. 109-295, §634, 120 Stat. 1421.

293) P.L. 109-295, §689b and §689c, 120 Stat. 1449, 1451.

294) P.L. 109-295, §682, 120 Stat. 1445.

295) P.L. 109-295, §638, 120 Stat. 1422.

296) P.L. 109-295, §683, 120 Stat. 1446.

297) P.L. 109-295, 120 Stat. 1400, revised Sec. 505(a)(1) of the Homeland Security Act.

298) P.L. 109-295, 120 Stat. 1399, 6 U.S.C. 314(a)(15), revised Sec. 504 of the Homeland Security Act. "continuity of plans"라는 단어는 정의되거나 만들어지지 않았다.

299) P.L. 109-295, 120 Stat. 1397, new Sec. 503(b)(2)(D) of the Homeland Security Act.

300) P.L. 109-295, 120 Stat. 1408, new Sec. 513(b)(2) of the Homeland Security Act.

301) 운영연속성(COOP)과 정부연속성(COG) 활동은 간혹 "연방대비(federal preparedness)"라고 불리는 더 큰 정책영역의 일부로 간주된다. "연방대비(Federal Preparedness)"라는 제목의 653 of P.L. 109-295, 120 Stat. 1430은 연방기관들이 국가대응계획(National Response Plan)에 명시된 역할과 국가대비 시스템(national preparedness system)의 다른 구성요소들로서의 역할을 확실히 하기 위하여 연방기관들이 명시된 활동에 착수하도록 한다. 자세한 것은 이 보고서의 "국가대비체계(National Preparedness System)"를 보라.

302) P.L. 109-295, §611(13), Sec. 509(b), 120 Stat. 1405.

303) P.L. 109-295, §611(13), new HSA Sec. 507, 120 Stat. 1401.

304) P.L. 109-295, §611(13), new HSA Sec. 513(b), 120 Stat. 1408.

305) P.L. 109-295, §650, 120 Stat. 1428.

306) P.L. 109-295, §689(a), 120 Stat. 1448.

307) 이 부분은 Shawn Reese, Government and Finance Division이 집필하였다.

308) U.S. Department of Homeland Security, "Working with DHS," at http://www.dhs.gov/dhspublic/display?theme=82, visited Oct. 27, 2004.

309) P.L. 107-296(Homeland Security Act of 2002), Sec. 430(d).

310) U.S. Department of Homeland Security, Office for Domestic Preparedness, "Training Over-

view," (출처: https://cdp.dhs.gov/training)

311) P.L. 109-295, §663, 120 Stat. 1433. 노블훈련센터(Noble Training Center)는 자연재난과 인적재난에 따른 다수 사상자사건에 대응하는 재난관리자와 공중보건 전문가들에게 교육을 제공한다. 더 자세한 정보는 Federal Emergency Management Agency, Center for Domestic Preparedness(출처: https://cdp.dhs.gov/about)를 참고하라. 국내대비센터(Center for Domestic Preparedness, CDP)는 대비실조직(Preparedness Directorate Offices)의 하나였고 연방재난관리청(FEMA)의 일부가 될 보조금훈련실(Office of Grants and Training)에 소속되어 있다.

312) P.L. 109-295, §664, 120 Stat. 1433.

313) P.L. 109-295, §648(a)(1), 120 Stat. 1427.

314) P.L. 109-295, §648(a)(2), 120 Stat. 1427.

315) P.L. 109-295, §648(b)(1), 120 Stat. 1427.

316) P.L. 109-295, §648(b)(2)(A), 120 Stat. 1427.

317) P.L. 109-295, §648(b)(2)(B), 120 Stat. 1428.

318) P.L. 109-295, §648(b)(3), 120 Stat. 1428.

319) P.L. 109-295, §639, 120 Stat. 1423.

320) P.L. 109-347, §113.

321) P.L. 109-347, §114.

322) P.L. 109-347, §115.

323) P.L. 109-295, §647, 120 Stat. 1426. 국토안보기준과 그러한 기준의 설정 관련 절차에 대해서는 Keith Bea가 쓴 CRS Report RL32520, *Emergency Management Preparedness Standards: Overview and Options for Congress*를 보라.

324) 이는 앞에서 논의한 대로 새로운 국토안보법 505(a)항(new HSA Sec. 505(a))에 기초하고 있다. 이 조항은 모든 기능, 인력, 자산, 구성요소, 권한, 지원금 프로그램, 부채 관련 대비차관(Under Secretary for Preparedness)의 기능을 포함하여 2006년 6월 1일 구성된 대로 대비실(Directorate of Preparedness)이 새롭게 조직된 연방재난관리청(FEMA)으로 이관된다고 규정하고 있다. Sec. 505(b)는 이관에 대한 예외를 확인하고 있다. 505(b)항(Sec. 505(b))은 부서(directorate) 자체는 연방재난관리청(FEMA) 외부에 있다고 할 수 있는데, "대비실 내의 다음은 이관되지 않을 것이다"로 시작하기 때문이다.

325) P.L. 109-295, §611(13), new HSA Sec. 505(b), 120 Stat. 1400.

326) 국토안보법(HSA)에 따라서 이 실(office)을 재구성할 권한은 장관이 갖고 있다(6 U.S.C. 452). 국토안보부(DHS) 관료들은 연방재난관리청(FEMA) 외부에 남는 이들 조직들의 위상을 명확하게 하기 위해 국토안보부가 조직개편계획을 수립하고 있다고 확인했다(2006년 11월 8일 국토안보부 공무원들과의 전화 대화).

327) U.S. Transportation Security Agency, "Secretary Michael Chertoff U.S. Department of Homeland Security Second Stage Review Remarks"(출처: http://www.tsa.gov/news/releases/2005/07/13/secretary-michael-chertoff-us-department-homeland-security-second-stage).

328) (역자 주) 행정명령 13618호는 국가통신 시스템(National Communications System) 해산, 연방 국가 안보와 비상대비 통신 기능을 감독하는 행정위원회 설치, 국토안보부(DHS) 내에 이 행정위원회를 지원하기 위한 기구 설치, 그리고 연방정부기관들에게 특정한 책임을 부여함으로써 국가 안보와 비상대비 통신 기능을 변경한다.(출처: Shawn Reese.(2012). CRS Report R42740, *National Security and Emergency Preparedness Communications: A Summary of Executive Order 13618,* Congressional Research Service, Library of Congress)

329) P.L. 109-295, §671(b), new HSA Sec. 1801, 120 Stat. 1433.

330) U.S. Department of Homeland Security, "Secretary Michael Chertoff U.S. Department of Homeland Security Second Stage Review Remarks"(출처: http://www.tsa.gov/news/releases/2005/07/13/secretary-michael-chertoff-us-department-homeland-security-second-stage)

331) P.L. 109-295, §611(13), new HSA Sec. 516, 120 Stat. 1409.

332) P.L. 109-295, §611(13), new HSA Sec. 516, 120 Stat. 1409.

333) (역자 주) Uniting and Strengthening America by Providing Appropriate Tools Required to Intercept and Obstruct Terrorism(USA PATRIOT) Act of 2001.

334) 42 U.S.C. §5195c(d).

(역자 주) 국가기반체계 시뮬레이션 분석센터(National Infrastructure Simulation and Analysis Center, NISAC)는 국가의 주요 기반시설에 대한 모델링, 시뮬레이션, 그리고 분석을 실시한다. 국가기반체계 시뮬레이션 분석센터(NISAC) 분석가들은 주요 기반시설의 위험, 취약성, 상호의존성, 그리고 사건의 결과를 분석한다.(출처: DHS About the National Infrastructure Simulation and Analysis Center, at http://www.dhs.gov/about-national-infrastructure-simulation-and-analysis-center)

335) 6 U.S.C. §121(g).

336) P.L. 109-295, §611(13), new HSA Sec. 511, 120 Stat. 1406.

337) 국토안보부(DHS)는 국가재난대응센터(NOC)를 운영조정실(Office of Operations Coordination) 웹사이트에서 언급하고 있다.(출처: http://www.dhs.gov/xabout/structure/editorial_0797.shtm, accessed Nov. 8, 2006)

338) P.L. 109-295, §611(13), new HSA Sec. 515, 120 Stat. 1409.

339) P.L. 109-295, §664, 120 Stat. 1433.

(역자 주) 국가연습시뮬레이션센터(National Exercise Simulation Center, NESC)는 의회에서 강제된 연방재난관리청 본부 내의 최신 훈련과 연습시설이고, 연방조정센터(Federal Coordination Center, FCC) 내에서 주요 요소로서 기능한다.(출처: The National Exercise Simulation Center(NESC) Fact sheet, at http://www.fema.gov/news-release/2009/01/12/national-exercise-simulation-center-nesc)

340) P.L. 109-295, §671, new HSA Sec. 1806, 120 Stat. 1440.

341) P.L. 109-295, §§689b(b) and 689c(b), 120 Stat. 1449, 1451.

342) Federal Emergency Management Agency Website. Core Capabilities, at https://www.fema.gov/core-capabilities

343) 신영수(2010). 미국 법전의 편재방식과 법령정보의 검색 · 인용방법. 법학논고, 32, 677-708.

344) 미국의 의회는 양원제를 채택하고 있으므로 연방법률이 제정되려면 법안(bill)이 하원(House of Representative)과 상원(Senate)을 모두 통과해야 한다. 법안의 제출은 하원과 상원에서 모두 가능한데, 제출된 순서에 따라 하원에서 제출된 법안에는 "H.R. 000", 상원에서 제출된 법안에는 "S. 000"과 같은 고유번호가 부여된다.

【참고문헌】

Aaron Schroeder, Gary Wamsley, and Robert Ward(2001). "The Evolution of Emergency Management in America: From a Painful Past to a Promising but Uncertain Future," in *Handbook of Crisis and Emergency Management,* edited by Ali Farazmand. New York: Marcel Dekker.

Banks, W. C.(2011). *The Legal Landscape for Emergency Management in the United States,* National Security Studies Program Policy Paper, at https://static.newamerica.org/attachments/4347-the-legal-landscape-for-emergency-management-in-the-united-states/Banks_Legal_Landscape.9874f9978b784787934d2c191fd07a26.pdf.

Bea, K.(2002). CRS Report RS20272, *FEMA's Mission: Policy Directives for the Federal Emergency Management Agency.* Congressional Research Service, Library of Congress.

Bea, K.(2005). CRS Report RL32520, *Emergency Management Preparedness Standards: Overview and Options for Congress.* Congressional Research Service, Library of Congress.

Bea, K.(2005). CRS Report RL32803, *The National Preparedness System: Issues in the 109th Congress.* Congressional Research Service, Library of Congress.

Bea, K.(2005). CRS Report RL33064, *Organization and Mission of the Emergency Preparedness and Response Directorate.* Congressional Research Service, Library of Congress.

Bea, K.(2006). CRS Report RS22239, *Emergency Supplemental Appropriations for Hurricane Katrina Relief.* Congressional Research Service, Library of Congress.

Bea, K.(2010). CRS Report RL33053, *Federal Stafford Act Disaster Assistance: Presidential Declarations, Eligible Activities, and Funding.* Congressional Research Service, Library of Congress.

Bea, K., Halchin, E., Hogue, H., Kaiser, F., Love, N., McCarthy, F. X., Reese, S., & Schwemle, B.(2006). *Federal emergency management policy changes after Hurricane Katrina: a summary of statutory provisions.* Congressional Research Service, Library of Congress.

Bea, K., Runyon, L. C., & Warnock, K. M.(2004). *Emergency management and homeland security statutory authorities in the states, District of Columbia, and insular areas: A summary.* Congressional Research Service, Library of Congress.

Bearden, D. M.(2012). CRS Report R41039, *Comprehensive Environmental Response, Compensation, and Liability Act: A Summary of Superfund Cleanup Authorities and*

Related Provisions of the Act. Congressional Research Service, Library of Congress.

Borenstein, S.(2005). "Experts Blast Federal Response," *Philadelphia Inquirer.*

Boyd, E.(2011). CRS Report RL33330, *Community Development Block Grant Funds in Disaster Relief and Recovery.* Congressional Research Service, Library of Congress.

Blanchard, W. B.(2008). *GUIDE TO EMERGENCY MANAGEMENT AND RELATED TERMS, DEFINITIONS, CONCEPTS, ACRONYMS, ORGANIZATIONS, PROGRAMS, GUIDANCE, EXECUTIVE ORDERS & LEGISLATION.* at https://training.fema.gov/hiedu/docs/terms%20and%20definitions/terms%20and%20definitions.pdf.

Brown, J. T.(2011). CRS Report R42073, *Presidential Policy Directive 8 and the National Preparedness System: Background and Issues for Congress.* Congressional Research Service, Library of Congress.

Carter, N. T., & Stern, C. V.(2010). CRS Report R41243, *Army Corps of Engineers Water Resource Projects: Authorization and Appropriations.* Congressional Research Service, Library of Congress.

Cowan, T.(2014). CRS Report RL31837, *An Overview of USDA Rural Development Programs.* Congressional Research Service, Library of Congress.

Esworthy, R., Schierow, L. J., Copeland, C., Luther, L., & Ramseur, J. L.(2006). CRS Report RL33115, *Cleanup After Hurricane Katrina: Environmental Considerations.* Congressional Research Service, Library of Congress.

Falk, G.(2007). CRS Report RS22246, *Temporary Assistance for Needy Families(TANF): Its Role in Response to the Effects of Hurricane Katrina.* Congressional Research Service, Library of Congress.

Federal Emergency Management Agency(1992). *Federal Response Plan.* Washington.

Federal Emergency Management Agency(2008). *ESF Annexes Introduction,* January 2008, at http://www.fema.gov/pdf/emergency/nrf/nrf-esf-intro.pdf.

Federal Emergency Management Agency(2008). *Support Annexes: Introduction,* January 2008, at http://www.fema.gov/pdf/emergency/nrf/nrf-support-intro.pdf.

Federal Emergency Management Agency(2010). *Fundamentals of Emergency Management Independent Study 230.a.*

Federal Emergency Management Agency(2011). *National Disaster Recovery Framework: Strengthening Disaster Recovery for the Nation,* at http://www.fema.gov/pdf/recoveryframework/ndrf.pdf.

Federal Emergency Management Agency. *Core Capabilities,* at https://www.fema.gov/

core-capabilities

Federal Emergency Management Agency. Emergency Management Institute, *IS-293 - Mission Assignment Overview.* at https://emilms.fema.gov/is293/MAO0101000.htm.

Federal Emergency Management Agency. Emergency Management Institute, *ICS Review Report,* at http://training.fema.gov/emiweb/is/icsresource/assets/reviewmaterials.pdf.

Federal Emergency Management Agency. Emergency Management Institute, National Earthquake Hazards Reduction Program(NEHRP) - *Introduction to emergency management.* at http://training.fema.gov/EMIWeb/EarthQuake/NEH0101220.htm.

Federal Emergency Management Agency. International Association of Emergency Managers, National Emergency Management Association, National Fire protection Association, Emergency Management Accreditation Program, *Emergency Management Definition, Vision, Mission, Principles,* at https://training.fema.gov/hiedu/docs/emprinciples/principles%20of%20emergency %20management%20brochure.doc.

Federal Emergency Management Agency. *Introduction to NRF Incident Annexes,* at https://emilms.fema.gov/IS830/index.htm.

Federal Emergency Management Agency. *Program Management and Grant Closeout: Standard Operating Procedure,* at http://www.fema.gov/pdf/government/grant/pa/9570_14.pdf.

Gorte, R. W.(2004). CRS Report RL31065, *Forestry Assistance Programs.* Congressional Research Service, Library of Congress.

Gorte, R. W.(2011). CRS Report RL33990, *Federal Funding for Wildfire Control and Management.* Congressional Research Service, Library of Congress.

Harry S. Truman(1965). *Public Papers of the Presidents of the United States, 1950.* Washington: GPO.

Harry B. Yoshpe(1981). *Our Missing Shield: The U.S. Civil Defense Program in Historical Perspective.* Washington: FEMA.

Herman, K.(2001). "Bush Ponders Slimming Down His Cabinet," *Austin American Statesman.*

Hogue, H. B., & Bea, K.(2006). Order Code RL33369, *Federal Emergency Management and Homeland Security Organization: Historical Developments and Legislative Options.* Congressional Research Service, Library of Congress.

James L. Witt(1993). *Memorandum for All FEMA Employees,* "Organizational Structure and Management," Nov. 5.

James Jay Carafano, & Richard Weitz.(2006). Learning from Disaster: The Role of Federalism and the Importance of Grassroots Response. *Backgrounder No. 1923.* Heritage Foundation.\

Kahan, J.(2014). "One DHS" Revisited: Can the Next Homeland Security Secretary Unite the Department?. *Journal of Homeland Security and Emergency Management, 11*(1), 1-24.

John F. Kennedy(1962). *Public Papers of the Presidents of the United States, 1961.* Washington: GPO.

Kapp, L., & Torreon, B. S.(2014). CRS Report RL30802, *Reserve Component Personnel Issues: Questions and Answers.* Congressional Research Service, Library of Congress.

Keegan, N., King, R. O., Carter, N. T., & Stubbs, M.(2011). CRS Report R41752, *Locally Operated Levees: Issues and Federal Programs.* Congressional Research Service, Library of Congress.

King R. O.(2005). CRS Report RL32972, *Federal Flood Insurance: The Repetitive Loss Problem.* Congressional Research Service, Library of Congress.

Kirk, R. S.(2006). CRS Report RS22268, *Repairing and Reconstructing Disaster-Damaged Roads and Bridges: The Role of Federal-Aid Highway Assistance.* Congressional Research Service, Library of Congress.

Kirk, R. S.(2012). CRS Report R42021, *Emergency Relief Program: Federal-Aid Highway Assistance for Disaster-Damaged Roads and Bridges.* Congressional Research Service, Library of Congress.

Kreps, G. A.(1990). The federal emergency management system in the United States: Past and present. *International journal of mass emergencies and disasters, 8*(3), 275-300.

Landis, M. L.(1998). "Let Me Next Time Be Tried by Fire: Disaster Relief and the Origins of the American Welfare State 1789-1874," *Northwestern University Law Review*, vol. 92, spring 1998, pp. 967-1034.

Lindell, M. K., Prater, C. S., & Perry, R. W.(2006). *Fundamentals of Emergency Management*, at https://training.fema.gov/hiedu/aemrc/booksdownload/fem/

Lindsay, B. R.(2008). CRS Report RL34758, *The National Response Framework: Overview and Possible Issues for Congress.* Congressional Research Service, Library of Congress.

Lindsay, B. R.(2010). CRS Report R41309, *The SBA Disaster Loan Program: Overview and Possible Issues for Congress.* Congressional Research Service, Library of Congress.

Lindsay, B. R.(2012). CRS Report R42845, *Federal emergency management: A brief intro-*

duction. Congressional Research Service, Library of Congress.

Lindsay, B. R., & Painter, W. L., & McCarthy, F. X.(2013). CRS Report R42352, *An Examination of Federal Disaster Relief Under the Budget Control Act.* Congressional Research Service, Library of Congress.

Lindsay, B. R., & Murray, J.(2011). CRS Report R40708, *Disaster Relief Funding and Emergency Supplemental Appropriations.* Congressional Research Service, Library of Congress.

Lister, S. A.(2007). CRS Report RL33579, *The Public Health and Medical Response to Disasters: Federal Authority and Funding.* Congressional Research Service, Library of Congress.

Lunder, E. K.(2006). CRS Report RS22344, *The Gulf Opportunity Zone Act of 2005.* Congressional Research Service, Library of Congress.

Luther, L.(2006). CRS Report RL33477, *Disaster Debris Removal After Hurricane Katrina: Status and Associated Issues.* Congressional Research Service, Library of Congress.

Luther, L.(2010). CRS Report RL34576, *Managing Disaster Debris: Overview of Regulatory Requirements, Agency Roles, and Selected Challenges.* Congressional Research Service, Library of Congress.

Malcolm E. Baird.(2010). *The "Phases" of Emergency Management.* at http://www.vanderbilt.edu/vector/research/emmgtphases.pdf.

McCarthy, F. X.(2010). CRS Report RL34146, *FEMA's Disaster Declaration Process: A Primer.* Congressional Research Service, Library of Congress.

McCarthy, F. X.(2010). CRS Report RL34146, *FEMA's Disaster Declaration Process: A Primer.* Congressional Research Service, Library of Congress.

McCarthy, F. X.(2010). CRS Report R41101, *FEMA Disaster Cost-Shares: Evolution and Analysis.* Congressional Research Service, Library of Congress.

McCarthy, F. X.(2011). CRS Report RL33053, *Federal Stafford Act Disaster Assistance: Presidential Declarations, Eligible Activities, and Funding.* Congressional Research Service, Library of Congress.

McCarthy, F. X., & Brown, J. T.(2013). CRS Report R41981, *Congressional Primer on Responding to Major Disasters and Emergencies.* Congressional Research Service, Library of Congress.

McCarthy, F. X., & Brown, J. T.(2015). CRS Report R41981, *Congressional Primer on Major Disasters and Emergencies.* Congressional Research Service, Library of Congress.

McCarty, M., Perl, M., & Foote, B. E.(2008). CRS Report RL33078, *The Role of HUD Hous-*

www.dhs.gov/presidential-policy-directive-8-national-preparedness.

The White House. *Homeland Security Presidential Directive 5: Management of Domestic Incidents,* at http://www.dhs.gov/publication/homeland-security-presidential-directive-5

Thomas W. Lippman(1992). "Hurricane May Have Exposed Flaws in New Disaster Relief Plan," *Washington Post.*

U.S. Commission on National Security/21st Century(2001). *Road Map for National Security: Imperative for Change.* Washington. at http://fas.org/irp/threat/nssg.pdf.

U.S. Congress(1978). *House, Message from the President of the United States Transmitting A Reorganization Plan to Improve Federal Emergency Management and Assistance, Pursuant to 5 U.S.C. 903*(91 Stat. 30), H.Doc. 95-356, 95th Cong., 2nd sess. Washington: GPO.

U.S. Congress(2005). Committee on Conference, *Making Appropriations for the Department of Homeland Security for the Fiscal Year Ending September 30, 2006, and for Other Purposes,* report to accompany H.R. 2360, 109th Cong., 1st sess., H.Rept. 109-241. Washington: GPO.

U.S. Congress(2007). House Committee on Homeland Security, *Compilation of Homeland Security Directives(HSPD),* Updated through December 31, 2007, 110th Cong., 2nd sess., December 31, 2007, Committee Print110-B. Washington: GPO.

U.S. Department of Commerce. National Oceanic and Atmospheric Administration(NOAA), *"Hurricane Andrew,"* at http://www.noaa.gov/hurricaneandrew.html.

U.S. Department of Defense(2010). *Department of Defense Directive 3025.18, "Defense Support of Civil Authorities,"* Washington DC, December 29, at http://www.dtic.mil/whs/directives/corres/pdf/302518p.pdf.

U.S. Department of Homeland Security(2007). *National Preparedness Guidelines.*

U.S. Department of Homeland Security(2011). *National Preparedness Goal*(First Edition), at http://www.fema.gov/media-library-data/20130726-1828-25045-9470/national_preparedness_goal_2011.pdf.

U.S. Department of Homeland Security(2013). *National Response Framework(2nd Edition).* at http://www.fema.gov/media-library-data/20130726-1914-25045-1246/final_national_response_framework_20130501.pdf.

U.S. Department of Homeland Security(2014). Federal Emergency Management Agency, "Notice of Adjustment of Countywide Per Capita Impact Indicator," *79 Federal Register,* 61886, October 15, 2014.

U.S. Department of Homeland Security(2014). Federal Emergency Management Agency, "Notice of Adjustment of Statewide Per Capita Impact Indicator," *79 Federal Register,* 62645, October 20, 2014.

U.S. Department of Homeland Security(2014). *Overview of the National Planning Frameworks,* at http://www.fema.gov/media-library-data/1406718145199-838ef5bed6355171a1f2d934c25f8ad0/FINAL_Overview_of_National_Planning_Frameworks_20140729.pdf.

U.S. Department of Homeland Security. Federal Emergency Management Agency, *Presidential Policy Directive/PPD-8, Working Draft?-National Response Framework,* at http://www.fema.gov/library/viewRecord.do?fromSearch=fromsearch&id=5450.

U.S. Department of Homeland Security. Federal Emergency Management Agency, *Citizen Corps Councils Registration and Profile Data: FY 2011 National Report,* at https://s3-us-gov-west-1.amazonaws.com/dam-production/uploads/20130726-1854-25045-2121/citizen_corps_councils_final_report_9_27_2012.pdf

U.S. Department of Homeland Security. Federal Emergency Management Agency, *Overview of the National Planning Frameworks,* at https://www.fema.gov/media-library-data/1406718145199-838ef5bed6355171a1f2d934c25f8ad0/FINAL_Overview_of_National_Planning_Frameworks_20140729.pdf

U.S. Department of Homeland Security. Federal Emergency Management Agency, *National Incident Management Fact Sheet,* at https://www.fema.gov/pdf/media/factsheets/2011/npd_nims.pdf.

U.S. Department of Homeland Security. *National Response Framework. Emergency Support Function #1 - Transportation Annex,* at http://www.fema.gov/pdf/emergency/nrf/nrf-esf-01.pdf.

U.S. Department of Homeland Security. *"Secretary Michael Chertoff U.S. Department of Homeland Security Second Stage Review Remarks,"* at http://www.dhs.gov/xnews/speeches/speech_0255.shtm.

U.S. Environmental Protection Agency. EPA factsheet *"EPA's Support to the Water Sector Under the National Response Framework,"* at http://www.epa.gov/safewater/watersecurity/pubs/fs_natl_response_framework_nrf_fact_sheet.pdf.

U.S. General Accounting Office(1983). *Management of the Federal Emergency Management Agency - A System Being Developed,* GAO Report GGD-83-9. Washington.

U.S. General Accounting Office(1991). *Disaster Assistance: Federal, State, and Local Responses to Natural Disasters Need Improvement,* GAO Report RCED-91-43. Washington.

U.S. General Accounting Office(1993). *Disaster Management: Improving the Nation's Response to Catastrophic Disasters,* GAO Report RCED-93-186. Washington.

U.S. General Accounting Office(1994). *Management Reform: Implementation of the National Performance Review's Recommendations,* GAO Report OCG-95-1. Washington.

U.S. Executive Office of the President(1971). Office of Management and Budget, *Papers Relating to the President's Departmental Reorganization Program: A Reference Compilation*. Washington: GPO.

U.S. President(Clinton)(1996). "Telephone Remarks to the National Emergency Management Association Meeting," *Weekly Compilation of Presidential Documents,* vol. 32, Feb. 26, 1996.

Vina, S. R.(2005). CRS Report RS21450, *Homeland Security: Scope of the Secretary's Reorganization Authority.* Congressional Research Service, Library of Congress.

William L. Waugh, Jr.(2000). *Living with Hazards, Dealing with Disasters An Introduction to Emergency Management*(Armonk, NY: M.E. Sharpe).

신영수(2010). 미국 법전의 편재방식과 법령정보의 검색 · 인용방법. 법학논고, 32, 677-708.

/ 찾 / 아 / 보 / 기 /

국문

영문

【역자 약력】

정종제

서울대학교 정치학과 (학사)
서울대학교 행정대학원 (행정학석사)
미국 오리건주립대학교 (정책학석사)
前 안전행정부 안전정책국장
前 국민안전처 기획조정실장
前 국민안전처 안전정책실장
現 행정안전부 재난관리실장

김광용

고려대학교 무역학과 (학사)
서울대학교 행정대학원 (석사)
미국 뉴욕주립대학교 (행정학석사)
서울대학교 행정대학원 (박사과정수료)
前 국민안전처 생활안전정책관
前 국정기획자문위원회 재난분과 전문위원
現 행정안전부 재난대응정책관

김윤희

동국대학교 사범대학 (학사)
동국대학교 공과대학 (공학석사)
미국 조지워싱턴 대학교 (이학박사)
前 조지워싱턴대학교 위기관리연구소 연구원
前 국제통화기금(IMF) 기술지원부 시스템 엔지니어
前 국민안전처 국가민방위재난안전교육원 전임교수
現 동의대학교 소방행정학과 교수

이종설

연세대학교 대학원 (공학박사)
現 한국재난관리표준학회 이사
現 한국방재학회 연구위원회 위원장
現 한국수자원학회 방재위원회 위원장
現 행정안전부 국립재난안전연구원 안전연구실장

지용구

서울대학교 사범대학 (학사)
미국 뉴욕주립대학교 (행정학석사)
現 행정안전부 재난영향분석과장

저자와의
협의하에
인지생략

미국의 재난관리
(U.S. Federal Emergency Management)

2017년 8월 25일 초판 인쇄
2017년 8월 30일 초판 1 쇄 발행

저 자 : 정종제 · 김광용 · 김윤희 · 이종설 · 지용구
발행인 : 정광식
발행처 : **비앤엠북스**
서울특별시 금천구 가산디지털1로 70 B1－103
등 록 2004. 12. 29. / 제313－2004－00298호
전 화 2627－5710～13, 팩스 2627－5720
홈페이지 www.대학교재.net
이 메 일 bnmbook@daum.net

가격 30,000원 ISBN 978－89－6821－065－5